白葡萄酒颜色深浅

白葡萄酒颜色类型

红葡萄酒深浅

红葡萄酒颜色类型

桃红葡萄酒颜色类型

葡萄酒闻香三个位置

中国职业技术教育学会
智慧旅游职业教育专业委员会推荐用书

专家指导委员会主任／韩玉灵
总主编／康　年
副总主编／卓德保

| 葡萄酒文化与营销系列教材 |

葡萄酒品鉴与侍酒服务

Wine Tasting & Service

王培来　王立进　梁　扬◎主　编

邢宁宁　杨月其　陆　云　孙　昕◎副主编

立体化教学资源

北京・旅游教育出版社

葡萄酒文化与营销系列教材
专家指导委员会、编委会

专家指导委员会

主　　　任：韩玉灵

委　　　员：杜兰晓　闫向军　魏　凯　丁海秀

编委会

总　主　编：康　年

副总主编：卓德保

执行总主编：王国栋　王培来　陈　思

编　　　委（按姓氏笔画顺序排列）：

马克喜　王书翠　王立进　王根杰　贝勇斌　石媚山　邢宁宁

刘梦琪　许竣哲　孙　昕　李晓云　李海英　李晨光　杨月其

杨程凯　吴敏杰　张　洁　张　晶　张君升　陆　云　陈　曦

苗丽平　秦伟帅　袁　丽　梁　扬　梁同正　董书甲　翟韵扬

《葡萄酒品鉴与侍酒服务》
编委会

主　　　编：王培来　王立进　梁　扬

副　主　编：邢宁宁　杨月其　陆　云　孙　昕

近年来，我国葡萄酒市场需求与产量逐步扩大，葡萄酒产业进入快速发展的新阶段。我国各葡萄酒产区依托资源和区位优势，强化龙头带动，丰富产品体系，助力乡村振兴，形成了集葡萄种植采摘、葡萄酒酿造、葡萄酒文化旅游体验于一体的新发展模式，葡萄酒产业链更加完整和多元。

葡萄酒产业发展不断升级，新业态、新技术、新规范、新职业对人才培养提出了新要求。上海旅游高等专科学校聚焦葡萄酒市场营销、葡萄酒品鉴与侍酒服务专门人才的培养，开展市场调研，进行专业设置的可行性分析，制定专业人才培养方案，打造高水平师资团队，于2019年向教育部申报新设葡萄酒服务与营销专业并成功获批，学校于2020年开始新专业的正式招生。为此，上海旅游高等专科学校成为全国首个开设该专业的院校，开创了中国葡萄酒服务与营销专业职业教育的先河。2021年，教育部发布新版专业目录，葡萄酒服务与营销专业正式更名为葡萄酒文化与营销专业。2021年，受教育部全国旅游职业教育教学指导委员会委托，上海旅游高等专科学校作为牵头单位，顺利完成了葡萄酒文化与营销专业简介和专业教学标准的研制工作。

新专业需要相应的教学资源做支撑，葡萄酒文化与营销专业急需一套与核心课程、职业能力进阶相匹配的专业系列教材。根据前期积累的教育教学与专业建设经验，我们在全国旅游职业教育教学指导委员会、旅游教育出版社的大力支持下，开始筹划全国首套葡萄酒文化与营销专业系列教材的编写与出版工作。2021年6月，上海旅游高等专科学校和旅游教育出版社牵头组织了葡萄酒文化与营销核心课程设置暨系列教材编写研讨会。来自全国开设相关专业的院校和行业企业的近20名专家参加了研讨会。会上，专家团队研讨了该专业的核心课程设置，审定了该专业系列教材大纲，确定了教材编委会名单，并部署了教材编写具体工作。同时，在系列教材的编写过程中，我们根据研制中的专业教学标准，对系列教材的编写工作又进行了调整和完善。经过一年多的努力，目前已经完成系列教材中首批教材的编写，将于2022年8月后陆续出版。

本套教材涵盖与葡萄酒相关的自然科学与社会科学的基础知识和基础理论，文理渗透、理实交汇、学科交叉。在编写过程中，我们力求写作内容科学、系统、实用、通俗、可读。

本套教材既可作为中高职旅游类相关专业教学用书，也可作为职业本科旅游类专业教学参考用书，同时可作为工具书供从事葡萄酒文化与营销的企事业单位相关人员借鉴与参考。

作为全国第一套葡萄酒文化与营销系列教材，难免存在一些缺陷与不足，恳请专家和读者批评指正，我们将在再版中予以完善与修正。

总主编：康年

2022年8月

经过四十多年的发展与积累，中国葡萄酒产业在葡萄的品种选育、种植管理、采收酿造、陈年储藏直至葡萄酒营销与社会培训等方面取得了巨大的进步，逐渐奠定了"中国葡萄酒"IP 的品牌基础。中国葡萄酒品牌的建设与发展，增强了从业者的产业自信、文化自信和对产品的品质自信，同时，也标志着中国葡萄酒从品质时代进入了品牌时代。葡萄酒产业发展不断升级，新业态、新技术、新规范、新职业不断涌现，对职业人才培养提出了更高更新的要求。2019 年，上海旅游高等专科学校审时度势，紧跟行业发展趋势，率先在全国旅游院校开设了葡萄酒文化与营销专业，为葡萄酒行业的可持续发展提供优质的人才储备。正是在上述背景下，由上海旅游高等专科学校酒店与烹饪学院牵头，组织行业资深专家和头部旅游院校编写了国内第一套教材，本书是该专业的核心课程教材。

当人们面对一瓶葡萄酒时，通常希望了解它是怎样的一款酒，品尝起来具有哪些风味以及与哪些菜品搭配最为合适。对于大部分人而言，能够了解这三个问题就能够愉悦地欣赏和品鉴葡萄酒了。侍酒师、酒水经理、葡萄酒采购顾问、葡萄酒销售、酒庄接待、葡萄酒报刊编辑、葡萄酒培训师等是葡萄酒文化与营销专业教学培养的主要从业人员，葡萄酒品鉴和侍酒服务是上述从业者的必备核心能力之一。

《葡萄酒品鉴与侍酒服务》教材主要以侍酒师等葡萄酒文化与营销

从业人员的岗位能力要求为出发点，以侍酒师职业素养培养为导向，将"1+X"葡萄酒推介与侍酒服务职业技能等级标准和岗位任务融入教材，满足育训结合的新型职业人才培养需求，将行业新知识、新技术与新规范融入教材内容，通过行业最新标准引领专业技能提升，为葡萄酒文化与营销产业发展提供人才保障。本书采用活页教材形式，将岗位任务和工作流程转换为启发式引导问题，以使理论和实践的联系更加紧密。本书既可作为中高职旅游类相关专业教学用书，也可作为职业本科旅游类专业教学的参考用书，同时还可作为工具书供从事葡萄酒文化与营销的企事业单位相关人员借鉴与参考。

本书共分为葡萄酒品鉴技能、侍酒师操作技能、餐酒搭配技能和侍酒师管理技能等四个项目。项目一葡萄酒品鉴技能主要以培养侍酒师等从业人员的葡萄酒品鉴专业素养为目标，包括品鉴标准与独立感知、品鉴质量的体系建立、葡萄酒品鉴风格确立、葡萄酒杯型选择、葡萄酒品鉴准备工作、葡萄酒品酒辞的撰写等六个任务。项目二侍酒师操作技能主要以侍酒服务与顾客满意度为核心，重点培养侍酒师的核心操作技能，包括侍酒师仪容仪表及基础技能、侍酒师对工具的认知与使用、酒具的清洁与储存、餐前准备与餐桌摆放、侍酒服务的基本流程、静止葡萄酒侍酒服务、起泡葡萄酒侍酒服务、特种葡萄酒侍酒服务、烈酒与鸡尾酒侍酒服务、侍酒服务突发情况处理等十个任务。项目三餐酒搭配技能主要以餐酒搭配的葡萄酒促销技能及提升顾客满意度为主要内容，包括代数三步配餐原则、葡萄酒与常见菜肴搭配、葡萄酒与常见奶酪搭配等三个任务。项目四侍酒师管理技能主要以侍酒师管理技能提升为核心，包括葡萄酒的选品管理、葡萄酒的储存管理、葡萄酒的服务管理、酒单设计与管理、活动策划与管理、侍酒师团队管理等六个任务。

本书由上海旅游高等专科学校王培来、王立进和上海聚莱三饮品有限公司总经理梁扬三人担任主编，由漳州职业技术学院邢宁宁、浙江旅游职业学院杨月其、青岛酒店管理职业技术学院陆云、By Little Somms品牌创始人和集团 CEO 孙昕担任副主编。具体编写分工如下：项目一的任务一、二、三、四由梁扬编写；项目一任务五、六和项目二任务一、十由杨月其编写；项目二任务二、三、四、五由邢宁宁编写；项目二任务六、七、八、九由王立进编写；项目三和项目四任务四、五、六由孙昕编写；项目四任务一、二、三由陆云编写。全书由王培来、王立进拟定教材体例大纲，并负责全书统稿工作。为便于教师教学和学生学习，本书配备了多幅精美插图和数字化课程资源，读者可扫码阅读和观看。

本书在编写过程中得到了多位院校和行业专家的大力支持与无私的帮助，得到了旅游教育出版社的支持，同时参考了国内外诸多专家和学者的相关书籍与资料，在此一并表示衷心的感谢。

由于作者水平有限，本书难免有不足和疏漏之处，敬请各位专家、同行、读者批评指正。

王培来

2022 年 7 月于上海

目录 CONTENTS

项目一
葡萄酒品鉴技能

项目导读

    本项目以侍酒师等从业人员的葡萄酒品鉴技能的专业素养培养为目标，通过品鉴标准与独立感知、品鉴质量的体系建立、葡萄酒品鉴风格确立、葡萄酒杯型选择、葡萄酒品鉴准备工作、葡萄酒品酒辞的撰写等任务的学习，能够建立葡萄酒的品鉴标准和品鉴质量体系，能够确立葡萄酒的品鉴风格，能够根据酒款特点选择适宜的葡萄酒杯型，能够为葡萄酒品鉴活动做好准备工作，为客人解读酒标和进行酒款解说，形成侍酒师所具备的葡萄酒品鉴技能体系。

思维导图

- 品鉴标准与独立感知
  - 任务情境描述
  - 学习目标
  - 任务分组
  - 品鉴准备
  - 观色
  - 闻香
  - 品鉴
  - 评价反馈
  - 相关知识点

- 品鉴质量的体系建立
  - 任务情境描述
  - 学习目标
  - 任务分组
  - 品鉴质量体系
  - 评价反馈
  - 相关知识点

- 葡萄酒品鉴风格确立
  - 任务情境描述
  - 学习目标
  - 任务分组
  - 品鉴风格确立
  - 评价反馈
  - 相关知识点

葡萄酒品鉴技能

- 葡萄酒杯型选择
  - 任务情境描述
  - 学习目标
  - 任务分组
  - 葡萄酒杯型选择
  - 评价反馈
  - 相关知识点

- 葡萄酒品鉴准备
  - 任务情境描述
  - 学习目标
  - 任务分组
  - 品酒环境确认
  - 葡萄酒标解读
  - 品酒器具准备
  - 侍酒工具准备
  - 评价反馈
  - 相关知识点

- 葡萄酒品酒辞撰写
  - 任务情境描述
  - 学习目标
  - 任务分组
  - 品鉴纲要
  - 酒款描述
  - 评价反馈
  - 相关知识点

任务一 品鉴标准与独立感知

一、任务情境描述

每个人的品鉴能力和感受敏感度不尽相同，所以如何准确地从多个角度来描述一款葡萄酒，用标准表述与公众交流，成为葡萄酒从业者一项不可或缺的技能。

二、学习目标

通过完成该任务，认知葡萄酒中的元素（例如酸、单宁），建立感官认知，并通过反复品鉴练习，能够准确表述各种品鉴指标的不同程度。

具体要求如下：

表1-1 具体要求

序号	要求
1	能够掌握葡萄酒品鉴的基本步骤。
2	能够建立葡萄酒的颜色、香气、酸度、余味、酒精、酒体等指标标准认知。
3	能够使用品鉴指标描述品鉴的葡萄酒。
4	能够综合运用各指标因素为葡萄酒购买决策提供依据。

三、任务分组

表1-2 学生分组表

班级		组号		指导老师	
组长		学号			

续表

	学号	姓名	角色	轮转顺序
组员				
备注				

表1-3 工作计划表

工作名称：			
（一）工作时所需工具			
1	6	11	16
2	7	12	17
3	8	13	18
4	9	14	19
5	10	15	20
（二）所需材料及消耗品			
名称	说明	规格	数量
（三）工作完成步骤			
序号	工作步骤	卫生安全注意事项	工作注意事项
1			
2			
3			
4			
5			
6			
注意：现在你已经完成你的作业，请不要着急提交，先思考一下，有没有其他更好的办法呢？有没有遗漏呢？请将你的作业交给老师，然后再开始工作。			

四、品鉴准备

引导问题 1：适宜葡萄酒品鉴的环境有哪些要求？

_____

_____

小提示：

葡萄酒品鉴的环境

葡萄酒品鉴室需要有良好的自然光线，以便于品酒者判断葡萄酒的外观；环境中不可有异味，以免干扰葡萄酒的香气；此外还需要有足够的空间摆放酒杯、吐酒桶等物品。

引导问题 2：品鉴葡萄酒时对酒杯有什么要求吗？

_____

_____

小提示：

品酒时的酒杯必须是无色、无味及无清洁剂等残留物。推荐使用国际标准品酒杯（ISO Glass），该酒杯的球形杯底和向内收拢的杯口有助于葡萄酒打旋和在顶部聚集香气。

图 1-1 ISO 杯

引导问题 3：你知道品鉴葡萄酒的基本步骤吗？

_____

_____

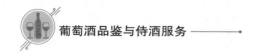
小提示：

品鉴葡萄酒可以分为观色、闻香和品鉴三个步骤。

观色是指在适宜的品鉴环境下，将品酒杯在面前向外倾斜45度，观察酒的颜色。

闻香是指判断酒中是不是有异味、香气浓烈程度和香气类型等内容。

品鉴是指将酒液含在嘴里，吸一口气，在口腔中咀嚼，分析其中酸度、甜度、单宁、酒精、香气等各因素的特点和强烈程度。

五、观色

引导问题4：葡萄酒颜色主要观察哪几个方面呢？

_____

_____

小提示：

葡萄酒颜色的观察主要包括酒液颜色的深浅度、类型和清澈度。

引导问题5：如何观察白葡萄酒颜色的深浅程度？

_____

_____

小提示：

观察白葡萄酒时，将标准的ISO杯注满至杯肚最宽处，杯子向正前方倾斜，并使酒液边缘距离杯口为一指宽度（可用自己的食指作为标准，宽度大约1.5cm），观察酒液中心是否带有明显的黄色沉积，以及该黄色带来的影响是否到达酒液边缘。

图1-2　白葡萄酒颜色深浅

如酒液中心无明显黄色沉积，可定义为浅；

如酒液中心有明显黄色沉积，但黄色无法抵达酒液边缘（通常有一道水色的边缘带）可定义为中等；

如酒液中心有明显黄色沉积，且黄色已抵达酒液边缘，（几乎没有水色边缘带）可定义为深。

引导问题 6： 如何描述白葡萄酒的颜色类型？

_____

_____

小提示：

在描述白葡萄酒的颜色类型时，可以进行如下操作。

葡萄酒中心处不带任何色素沉积，酒液几乎为无色透明的水色，可定义为无色；

葡萄酒中心处带黄色色素沉积，且仅有黄色色泽，可定义为柠檬黄色；

葡萄酒中心处带黄色色素沉积，且带有红色色泽，可定义为金黄色；

葡萄酒中心处带茶色色素沉积，且带有茶色色泽，可定义为琥珀色。

图 1-3　白葡萄酒颜色类型

引导问题 7： 如何观察红葡萄酒颜色的深浅程度？

_____

_____

小提示：

观察红葡萄酒时，将标准的 ISO 杯注满至杯肚最宽处，杯子向正前方倾斜，并使酒液边缘距离杯口为一指宽度（可用自己的食指作为标准，宽度大约 1.5cm），将手指置于杯子正下方，并从杯子正上方透过酒液观察酒液下方的手指。

图 1-4　红葡萄酒颜色深浅

如果从酒液边缘及中心上方，均可清晰观测到对应位置下的手指，可定义为浅；

如果从酒液边缘处可清晰观测到下方手指，但从中心处无法清晰观测到下方手指，可定义为中等；

如果从酒液边缘及中心，均无法清晰观测到下方手指，可定义为深。

引导问题 8：如何描述红葡萄酒的颜色类型？

_____

_____

小提示：

在描述红葡萄酒的颜色类型时，可以进行如下操作。

图 1-5　红葡萄酒颜色类型

葡萄酒中心处带红色色素，且边缘带有蓝紫色色泽，可定义为紫红色；

葡萄酒中心处带红色色素，且边缘仍带有红色色泽，可定义为宝石红色；

葡萄酒中心处带红色色素，且边缘仍带有黄色色泽，可定义为砖红色；

葡萄酒中心处带茶色色素，且边缘带有茶色色泽，可定义为红茶色。

引导问题 9：如何描述桃红葡萄酒的颜色类型？

_____

_____

小提示：

在描述桃红葡萄酒的颜色类型时，可以进行如下操作。

图 1-6 桃红葡萄酒颜色类型

葡萄酒中心及边缘仅带有粉红色色素，可定义为粉红色；
葡萄酒中心带有浅红色的色素，且带有黄色色泽，可定义为黄红色；
葡萄酒中心及边缘仅带有橙色色素，可定义为橙色。

六、闻香

引导问题 10：葡萄酒的闻香主要观察哪几个方面呢？

_____

_____

小提示：

葡萄酒的闻香主要包括闻香气强度和香气种类。

引导问题 11：如果葡萄酒的温度过低导致闻不到香气，应当如何操作呢？

_____

_____

小提示：

如葡萄酒因为待酒温度过低而表现出状态封闭，可以用手掌接触杯肚外侧，使酒温提高到适宜的待酒温度，其中白葡萄酒在 10 度左右，红葡萄酒在 15 度左右。

引导问题 12：如何判别葡萄酒的香气强度呢？

_____

_____

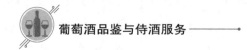

小提示：

将标准的 ISO 杯注满至杯肚最宽处，轻微摇晃葡萄酒杯，使酒液绕着杯壁内侧打旋，使香气得到一定程度的挥发。

如果酒液所表现出来的香气是健康的，可以将酒杯置于三个固定位置去嗅闻香气，分别是鼻子中部、嘴唇顶部和下巴底部。这三个固定位置的好处在于，一定程度上用距离量化了对香气浓郁度的大致判断，距离较远仍能闻到明显香气的，通常香气较浓，距离较近却不能闻到明显香气，通常香气较淡。实际品鉴时，每个人可以按照自己闻香的实际情况，调整三个固定位置，只要能方便地建立起标准即可。

头部不倾斜，杯口朝上，置于下巴底部，能闻到明显香气的，香气强度可以定义为浓；

头部不倾斜，杯口朝上，置于下巴底部，不能闻到明显香气，但上移到嘴唇顶部时能闻到明显香气的，香气强度可以定义为中等；

头部不倾斜，杯口朝上，置于下巴底部和嘴唇顶部都不能闻到明显香气，当头部向正前方倾斜，杯口向自己倾斜，使得鼻子探入杯口，此时依然不能闻到明显香气的，香气强度可以定义为淡。

图 1-7　葡萄酒闻香的三个位置

如果需要增加更多关于强度的标准，可以按照不同位置的表现情况来适度添加，例如在对中等强度定义时，如果发现 A 葡萄酒能带来浓郁的香草以及烘烤的香气，而 B 葡萄酒主要只有单一的果味香气，可以根据香气的馥郁程度，给予 A 葡萄酒更高的香气强度评价。

引导问题 13：如何描述葡萄酒的香气种类呢？

从葡萄酒发展的时间节点，国际标准通常把香气来源分为三个大类，分别称为一类、二类、三类香气。

一类香气来自于葡萄本身。例如：品种本身的常见香气，发酵带来的花果类香气，例如紫罗兰、红浆果、蓝莓等。

二类香气来自于酿造工艺。例如：酿造带来的香气，苹果酸转乳酸工艺带来的酸奶味，与橡木或橡木制品接触带来的香草或者烘烤面包香气等。

三类香气来自于陈年过程。例如：橡木桶陈年和瓶中陈年带来的焦糖、菌菇和皮革香气等。

所有香气的标准化描述，须尽量侧重于使用共识化的名词，比如：苹果（通常见于白葡萄酒）、樱桃（通常见于红葡萄酒）；尽量减少使用无法标准化的形容词，比如：柔美的，细腻的。主要是因为形容词往往更为主观且抽象，不利于标准化信息的交流和传递。当然，也可以使用共识化的名词作为主题，适度地添加形容词甚至情境，例如：刚刚切开的新鲜苹果（常见于掌握基础后的精细化描述）。

七、品鉴

引导问题 14：葡萄酒品鉴时的容量一般是多少呢?

_____

_____

小提示：

葡萄酒品鉴时，推荐品鉴容量为 50ml。该容量可以用来评估一款酒的外观、香气和味道，同时在摇晃酒杯也不至于导致酒液溢出。

引导问题 15：品鉴葡萄酒时，主要从哪些方面来感受葡萄酒的结构呢?

_____

_____

小提示：

品鉴葡萄酒时，适当抿上一口，让酒液触碰到口腔中的每个角落，然后将其吞下或吐出，之后缓缓用嘴巴吸气，用鼻子呼气。感受葡萄酒的甜度、酸度、单宁、酒精度、酒体、余味、风味等结构特点。

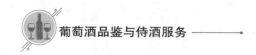

引导问题 16： 如何辨别和描述葡萄酒的甜度呢?

小提示：

甜度通常是指由葡萄酒中的残留糖分带来的甜味,残留的糖分越多,带来的甜味就越明显。从理化标准上区分,葡萄酒的甜度范围可以分为干、近乎干、半干、半甜、甜、极甜等多个不同级别的甜度。

在日常品鉴中,我们很难对残糖含量作出精确的判断,葡萄酒里含有的其他一些物质,比如酸,会让口腔对甜度的感知变得不那么鲜明,于是对处于不同甜度边缘的判断就会变得很困难。这里给大家一个小贴士帮助判断甜度,引入一个大家日常生活里会接触到的可假想的食品——豆沙包(习惯西式甜点的可使用芝士蛋糕作为参照物):

无法感受到任何甜感的称为干;

几乎不甜,但还是能感受到少量甜感的称为近乎干;

葡萄酒的甜度,如果低于日常生活里豆沙包甜度,但同时又属于西餐餐前清爽型的葡萄酒,则多为半干;

葡萄酒的甜度,如果低于日常生活里豆沙包甜度,但同时属于西餐甜点前浓郁型的葡萄酒,多为半甜;

葡萄酒的甜度,如果大致等同于日常生活里豆沙包甜度,则多为甜;

葡萄酒的甜度,如果远高于日常生活里的豆沙包甜度,则多为极甜。

引导问题 17： 如何辨别和描述葡萄酒的酸度呢?

小提示：

酸度通常是指由葡萄酒中各类酸(主要是酒石酸和苹果酸)的总和带来的酸感刺激。在日常生活中,我们尝到的食用醋,能够很直接地形成酸感刺激。在葡萄酒的世界里,需要酸感来平衡残糖带来的甜感,使葡萄酒喝起来更平衡。同时,酸度的高低有助于我们在盲品中判断其品种特性,比如:作为白葡萄品种,琼瑶浆酸度就相对较低,雷司令的酸度相对就较高;而种植在不同产区的雷司令,酸度则会因其生长环境不同而不同,在更为凉爽的气候下,酸度会相对高一些,在更为温暖的气候下,酸度则会相对低一些。

在日常品鉴中，更高的酸往往会带来更强烈的味觉刺激，随之口腔分泌唾液的量也会相对更大一些。但由于唾液的分泌量所受的影响因素较多，甚至于同一个人在不同状态下，分泌的唾液量也会有所不同，导致唾液分泌的标准是很难严格定量建立起边界的。因此，推荐大家运用这一套品鉴动作，通过相对可检测的结果来分辨酸度。

喝入适口量的葡萄酒（如多次判断，则每次的口量要尽量保持一致），并让酒液在口腔内部充分接触。低下头，面部与地面平行，将口中葡萄酒吐入吐酒桶，停顿 1~2 秒后张开嘴巴，体会口腔内口水分泌的感觉。

如果分泌的口水马上产生，不及时吸入就会滴落，即可视为酸度较高；

如果分泌的口水延时产生，稍晚吸入就不会滴落，可视为酸度中等；

如果分泌的口水几乎不产生，几乎无须吸入也不会滴落，可视为酸度较低。

对于酸度过于敏感的品饮者，可以通过调整低头的角度，找到适合个人判断酸度的倾斜角度。

引导问题 18：如何辨别和描述葡萄酒的单宁呢？

_____

_____

小提示：

单宁是指由葡萄酒带来的涩感，就像误咬了香蕉皮所带来的口腔发干的感觉，当然香蕉果肉上一条条白丝也会带来涩感。

葡萄酒里的单宁不但来源于葡萄本身（葡萄的皮、梗、籽中都含有单宁），同时也可能来自于酿造过程中橡木桶的使用。在酿造工艺上，由于红葡萄酒有更多和皮的浸渍接触，且红葡萄酒使用橡木桶相对白葡萄酒也更为常见，所以评判单宁量的多少，常见于红葡萄酒。

对于单宁质量的描述，需要拆分成质和量两个部分，通常所说的单宁的高低是基于量的评价。

关于单宁的质，请想象一下，生活中常用的三种面料，分别是丝绸布、棉布和麻布。假设用咀嚼的方式体会三种面料的质感，丝绸就相对顺滑，结合到单宁就是相对细腻；麻布就相对有较多颗粒感，结合到单宁就是相对粗糙；而棉布则是介于二者之间。在品鉴中切忌认为单宁粗糙就是高单宁，有很多葡萄酒是单宁低且相对粗的，例如博若莱村庄级以佳美这个品种酿制的红葡萄酒。

关于单宁的量，即单宁的高和低，可以结合口腔里的三个部位感受来帮助判断，这三个部位分别是舌面、牙龈和牙齿。通常单宁更高的葡萄酒，能在口腔中形成更大面积的涩感体验，且影响时间也更长。当我们喝入适口量的葡萄酒，并让酒液在口中与口腔内侧充分接触，你会感觉自己在咀嚼葡萄酒，而后吐出，感觉口中有明显涩感的部分：

如果只有一个部位（通常是舌面）或无部位有明显涩感，单宁可定义为较低；

如果有两个部位有明显涩感（通常是舌面和牙龈），单宁可定义为中等；

如果三个部位均有明显涩感，单宁可定义为高。

引导问题 19：如何辨别和描述葡萄酒的酒精度呢？

小提示：

酒精度是指葡萄酒内的酒精对喉口带来的灼烧感，通常来说酒精度较低的葡萄酒几乎不会带来灼烧感；酒精度较高的葡萄酒带来较为强烈的灼烧感。酒精本身由糖分经过发酵转化而来。因此，酒精度高的葡萄酒，理论上需要葡萄汁里含有更高的糖分，而糖分来自于光合作用的合成，也在一定程度上反映了其生长环境有更多的光照，甚至因为光照，可推断该地相对气温也会高一些。

酒精度的高低，可以通过阅读酒标上的标识而获取，虽然大部分生产国法律规定可以有正负 0.5 度的偏差，但酒标上的标示大致还是比较准确的。在国际标准中，会这样定义葡萄酒酒精度的高低：11% 以下，定义为低酒精度；11%~13.9%，定义为中酒精度；14% 及以上，定义为高酒精度。加强型葡萄酒的酒精度高低这样定义：15%~16.4%，定义为低酒精度；16.5%~18.4%，定义为中酒精度；18.5% 以上，定义为高酒精度。

在品鉴判定中，可以通过灼烧感的位置来判定酒精度。通常酒精度更高的葡萄酒灼烧的结束位置更靠食道下方，而酒精度更低的葡萄酒灼烧的结束位置更靠食道上方或者几乎没有灼烧感。但由于个体对灼烧感的敏感度差异很大，具体灼烧的结束位置在每个人的食道位置也不尽相同，所以我们可以使用多款不同酒精度的葡萄酒比对品鉴，之后找出自己食道感受灼烧感的边缘位置，以便更准确地去感知灼烧感，从而来推测酒精度。

引导问题 20：如何辨别和描述葡萄酒的酒体呢？

小提示：

酒体是指葡萄酒在口腔中的整体质感，由所有结构成分（甜度、酸度、单宁和酒精度等）综合产生的总体感受。酒体饱满的酒，会带来更顺润饱满的口感；而酒体轻盈的酒，会带来更水寡轻盈的口感。

酒精和糖分是与酒体强度相关的两个基础指标。高酒精、高糖分的葡萄酒几乎都拥有更为饱满的酒体，例如：法国波尔多苏玳地区的葡萄酒，几乎都是饱满酒体的代表。干浸出物（酚类物质含量）也会影响酒体的饱满程度，更多的酚类物质会使酒体更为饱满。例如：同为干型且酒精度一致的两款葡萄酒，拥有更多酚类物质，在品鉴中表现出更多风味的葡萄酒，往往拥有更饱满的酒体。总体来讲，酸度和单宁对酒体的影响较小，但有时也会影响人们对酒体的感知，比如过高的酸度会让人们觉得酒体更为轻盈。

引导问题 21： 如何辨别和描述葡萄酒的余味呢？

_____

_____

小提示：

余味通常是指葡萄酒被吐入吐酒桶后，仍能以愉悦的方式在口中保持的时间。风味强度较强的葡萄酒，拥有更长的余味；而风味强度较弱的葡萄酒，拥有更短的余味。但是余味的长短，对于原本强度不同的葡萄酒一概而论，也会显得不太公平。

在日常品鉴中，可以针对不同的葡萄酒特点采用时间长短来描述余味强度。例如：意大利威尼托产区的灰皮诺，可以将时间设定为 3 秒。当吐出葡萄酒后，每隔 3 秒，感受一次回味是否还能保持。如果 3 秒内回味消失，则可定义余味为短；如果能保持 3~6 秒，则可定义余味为中等；如果能保持超过 6 秒，则可定义余味为长。针对强度更高的美国纳帕谷的赤霞珠，可以将时间调整为 5 秒。每位品鉴者可以根据自己的实际状况给出单位时间，从而给予余味更可参照的操作标准。

品鉴时，会有一些瑕疵或者不愉悦的味道在口中停留特别长的时间，对于这类不愉悦的风味残留（比如过度氧化产生的辣酱油味），不应计入停留时间，因为余味计算的是愉悦风味的停留时间。

引导问题 22： 葡萄酒可能会出现哪些瑕疵呢？

_____

_____

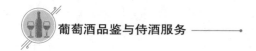

小提示：

葡萄酒因储存或处理不当，可能会存在软木塞污染、还原风味、氧化风味、挥发性酸、酒香酵母和光线破坏等瑕疵。

软木塞污染是指葡萄酒闻起来有强烈的潮湿硬纸板、发霉的气味。这种瑕疵可能是由软木塞接触氯引起的，会有 1%~3% 使用软木塞的葡萄酒受到影响。

还原风味是指葡萄酒闻起来有大蒜、熟卷心菜、臭鸡蛋和燃烧过的火柴等异味，即葡萄酒有硫化物味道。葡萄酒酿造过程如果氧气不足便会出现还原反应。醒酒和使用银质汤匙搅拌葡萄酒或将可以改善葡萄酒的气味。

氧化风味是指葡萄酒闻起来有碰伤后的苹果、菠萝蜜与亚麻籽油等气味，或者看起来还带有些许棕色（不包含陈年的加强葡萄酒）等现象。所有葡萄酒随着时间都会氧化，但是储存条件不当会导致提前氧化。

挥发性酸是指葡萄酒闻起来有明显的醋味或卸甲水味。少量挥发性酸有助于丰富葡萄酒的口感，但是对于挥发性酸极度敏感人群，则不喜欢它的存在。

酒香酵母味道是指葡萄酒闻起来有类似创可贴、小豆蔻等气味。酒香酵母是一种野生酵母，能够与酿酒酵母一同参与发酵。此类酵母对葡萄酒没有害处，因此有些酒厂会保留它的风味。许多葡萄酒品鉴者很享受酒香酵母带来的充满泥土气息的风味，但是也有不少人非常讨厌它的存在。

光线破坏是指葡萄酒暴露在直射阳光或被长时间遗留在人造光下之时造成的葡萄酒变质。光线会加剧葡萄酒中的化学反应，从而引起过早老化。白葡萄酒与起泡型葡萄酒更容易受光线的影响。

八、评价反馈

表 1-4　工作计划评价表

工作计划评价项目	分数					
	优	良	中	可	差	劣
	10	8	6	4	2	0
1. 材料及消耗品记录清晰						
2. 使用器具及工具的准备工作						
3. 工作流程的先后顺序						

续表

工作计划评价项目	分数					
	优	良	中	可	差	劣
	10	8	6	4	2	0
4. 工作时间长短适宜						
5. 未遗漏工作细节						
6. 器具使用时的注意事项						
7. 工具使用时的注意事项						
8. 工作安全事项						
9. 工作前后检查改进						
10. 字迹清晰工整						
总分						
等级						
A=90 分以上；B=80 分以上；C=70 分以上；D=70 分以下；E=60 分以下。						

表 1-5 卫生安全习惯评价表

卫生安全习惯评价项目	是	否
1. 正确使用规定器具，不随意更换		
2. 器具及材料放于适当位置并摆放整齐		
3. 操作时，集中精神，不嬉闹		
4. 操作过程中不擅自离岗		
5. 不以任何物品或肢体接触运转中的器具或设备		
6. 玻璃器皿等器具摆放之前检查是否干净安全		
7. 根据规定穿着工作服装，符合侍酒师仪容仪表规范		
8. 对工作环境进行规范和整理，保持清洁安全		
9. 随时注意保持个人清洁卫生		
10. 恰当清洗及保养器具		
总分		
等级		
A=90 分以上；B=80 分以上；C=70 分以上；D=70 分以下；E=60 分以下。 每一项"是"者得 10 分，"否"者得 0 分。		

表 1-6 学习态度评价表

学习态度评价项目	分数					
	优	良	中	可	差	劣
	10	8	6	4	2	0
1.言行举止合宜，服装整齐，容貌整洁						
2.准时上下课，不迟到早退						
3.遵守秩序，不吵闹喧哗						
4.学习中服从教师指导						
5.上课认真专心						
6.爱惜教材教具及设备						
7.有疑问时主动要求协助						
8.阅读讲义及参考资料						
9.参与班级教学讨论活动						
10.将学习内容与工作环境结合						
总分						
等级						

A=90 分以上；B=80 分以上；C=70 分以上；D=70 分以下；E=60 分以下。

表 1-7 总评价表

评分项目	单项得分	单项等第	比率（%）	单项分数	总分	等级
1.操作部分			40%			□ A
2.工作计划			20%			□ B
3.安全习惯			20%			□ C □ D
4.学习态度			20%			□ E
总评	□ 合格		□ 不合格			
备注						

A=90 分以上；B=80 分以上；C=70 分以上；D=70 分以下；E=60 分以下。

九、相关知识点

人类的味觉是由舌头味蕾、硬腭、软腭和喉咙上的专门味觉细胞产生。在口腔里有大约 5000 个味蕾，每个味蕾上又有 50~100 个味觉细胞或称化学感受体。这些味觉细胞会分别与五组化学物质中的一组产生反应，同时每组化学物质可以通过五种基本味道中的一种来诠释：生物碱会产生苦味，糖产生甜味，离子盐产生咸味，酸性物质产生酸味，氨基酸产生鲜味或咸鲜味（Savouriness）。尽管舌头上的有些部位对于特定味道会较其他的区域部位更加敏感，但"舌头示意图"将舌头划分成互不相关的味觉区域则过分夸大了实情。

味道的化学感知是由口腔中液体的物理和化学感觉所提供的。物理触感，可以感受到溶解在葡萄酒中等同于 3 微米小的颗粒，可以传递葡萄酒的温度和质感（或称口感）。溶解状态的二氧化碳所带来的刺痛感是由化学合成味觉来传递的，同样的感觉或者敏感性可以通过例如辣椒粉或者芥末等化学刺激物来确认它们的强烈感。

对气味的感觉，是位于鼻腔上皮组织内的微小绒毛状的嗅觉受体神经元受到挥发性化学物质的刺激所形成的。嗅觉受体神经元上的轴突再穿越颅骨筛骨板，并入嗅觉神经，最终汇聚到大脑嗅球。嗅觉感受器大约有 500 种，通过组合处理的形式，它们可以分辨上千种不同的气味。嗅球上的感受细胞也许是通过鼻前器官触发，由鼻孔或鼻后腔乃至口腔感应到气味。许多"品尝"实际是发生在鼻后腔，这就解释了为什么当流鼻涕或者鼻塞的时候，食物会尝起来十分清淡。

葡萄酒的"风味"是大脑综合上述所有种类感官刺激的一种完整诠释。在品鉴葡萄酒时，大脑会经历一场感官超负荷运作，常见困难在于要精确定位出独立风味和香气。为了使这一工作变得简单，大脑会依赖于最先形成的想法、环境和记忆，从而得到感官刺激反映。例如，如果一款拥有柠檬和苹果香气的白葡萄酒，用食用色素染成红色，大多数人会描述这款葡萄酒具有红莓的香气，并且如果一瓶餐酒用标有"Grand Cru"的酒瓶呈上，大多数人会用"复杂"、"平衡"这样的文字去描述它。嗅球是大脑边缘系统中的一部分，而这一系统与品鉴者的情绪和记忆是紧密相关的。

因此，闻和尝会引发强烈的情绪和生动的记忆，从而丰富了大脑对那些闻到和尝到的事物的理解力，同时也左右了我们对葡萄酒认知的"偏爱"。情绪状态会影响对感官刺激的评判，这就是为什么我们和志趣相投的人在一起喝酒会觉得酒比较好喝的原因。品鉴时，合理地利用盲品可以帮助规避上述问题。首先，通过移除一些葡萄酒的信息来源来去除先入为主的认知；其次，通过激励自身去高度专注于我们的感官刺激，梳理分析它们，评论和评估它们。在审视葡萄酒的时候，盲品者激活的不仅仅是他们的大脑边缘系统，还有部分负责感知的大脑系统。这一进程可以通过记录品酒笔记来辅助提高，从而去精确描述由葡萄酒产生的感觉。有意识地描述葡萄酒产生的感觉，可以改变大脑机能，锻造感官连接，随着时间的推移，证实了它可以开发和提炼我们对葡萄酒的品鉴和思考能力。

尽管有些人拥有高密集度的味蕾，但这并不一定能使他们成为"超级品鉴家"。品鉴与其说是一个硬件机能（鼻子和舌头），不如说是一种软件运作（思维或者大脑）。不管品尝器官的灵敏度如何，那些未经训练的品尝者会发现他们"很难去理解"一款比较复杂的葡萄酒，反而他们更享受那些比较简单、更容易接近的葡萄酒。对于他们来说，比较有经验的品尝者似乎会显得夸夸其谈。但是经历了丰富的实践和锻炼，大多数人能够成为一名成熟的品鉴者。

任务二 品鉴质量的体系建立

一、任务情境描述

一款葡萄酒的质量等级在一定程度上决定了其价格以及受欢迎的程度。专业的酒评家需要从多个角度去品评一款葡萄酒，最终给出质量评价。虽然，大部分人不可能像酒评家一样给出精准的评价，但仍可以通过对一些标准的判断，大致了解一款葡萄酒的品质。这里使用的品鉴质量体系，基于国际上最受认可的英美体系，其中任何一个标准点都需要通过反复练习，才能相对牢固地掌握。

二、学习目标

通过完成该任务，认知葡萄酒质量评价的常用标准体系，并通过反复品鉴练习，能够应用该体系进行葡萄酒质量评价。

具体要求如下：

表 1-8 具体要求

序号	要求
1	能够掌握葡萄酒质量评估的体系。
2	能够建立对葡萄酒的平衡度、浓郁度、复杂度、余味等指标标准的认知。
3	能够使用品鉴质量体系描述品鉴的葡萄酒。
4	能够综合运用各指标因素为葡萄酒推介和采购决策提供依据。

三、任务分组

表 1-9 学生分组表

班级		组号		指导老师	
组长		学号			

续表

	学号	姓名	角色	轮转顺序
组员				
备注				

表 1-10 工作计划表

工作名称：			
（一）工作时所需工具			
1	6	11	16
2	7	12	17
3	8	13	18
4	9	14	19
5	10	15	20

（二）所需材料及消耗品

名称	说明	规格	数量

（三）工作完成步骤

序号	工作步骤	卫生安全注意事项	工作注意事项
1			
2			
3			
4			
5			
6			

注意：现在你已经完成你的作业，请不要着急提交，先思考一下，有没有其他更好的办法呢？有没有遗漏呢？请将你的作业交给老师，然后再开始工作。

四、品鉴质量体系

引导问题 1：品鉴葡萄酒后，可以从哪几个方面进行质量评价呢？

_____

_____

小提示：

评价葡萄酒质量的常用标准有很多，不同的葡萄酒专业人士有时对一款葡萄酒的质量也会产生争议，但是大多数情况下都能通过一些普适性的标准对葡萄酒的质量等级评估达成共识。葡萄酒评价的普适性标准主要包括平衡度、浓郁度、复杂度、余味长度和质量评价等级等内容。

引导问题 2：如何辨别和描述葡萄酒的平衡度？

_____

_____

小提示：

平衡度通常建立于葡萄酒的结构和内容之间。在葡萄酒的结构部分，常见的指标主要包括酸度、单宁等；在葡萄酒的内容部分，常见的指标主要包括甜度、酒精度以及风味等。

例如：一款酸度极高、干型、低酒精，缺乏风味的葡萄酒，可能是不平衡的；同时一款缺乏酸度、甜型、高酒精，风味浓郁的葡萄酒，也可能是不平衡的。对于刚接触葡萄酒的品鉴者，在饮用葡萄酒过程中，如果既不会觉得葡萄酒过于酸涩，也不会觉得葡萄酒过于甜腻，都可以在广义上认为该款葡萄酒是具备一定平衡度的。

引导问题 3：如何辨别和描述葡萄酒的浓郁度？

_____

_____

小提示：

浓郁度通常要结合品鉴时的香气和口中强度进行综合判断。将 ISO 杯注满至杯肚最宽处，轻微摇晃葡萄酒杯并使香气得到一定程度的散发后，从三个固定位置去嗅闻香气。

头部不倾斜，杯口朝上，置于下巴底部，能闻到明显香气的，香气强度可以定义为浓；而置于嘴唇顶部，能闻到明显香气的，香气强度可以定义为中等；鼻子探入杯中仍不能闻到明显香气的，香气强度定义为淡。

如果香气强度为中等，口中强度由于酒液在口腔中温度的升高，往往会显得更高，达到中等或者中等偏浓的强度。浓郁度可以取上述两个强度的平均值，作为最重要的判断依据。例如，香气强度为中等，口中强度为中等偏浓，那浓郁度的平均值往往会表现为略高于中等，因此，该酒款具备一定的浓郁度；如果平均值表现为略低于中等，则可认为该酒款缺乏浓郁度；如果平均值等于中等，该酒款是否具备浓郁度，则取决于品鉴者对该酒款的判断。例如：一款来自法国波尔多的干型红葡萄酒，表现出中等的浓郁度，而波尔多干型红葡萄酒往往具备较高的浓郁度，则可认为该酒款缺乏浓郁度；一款来自意大利威尼托的干型白葡萄酒，表现出中等的浓郁度，但是威尼托干型白葡萄酒往往具备较低的浓郁度，则可认为该酒款具备浓郁度。

一些受到酿造工艺或者陈年影响，更为复杂的葡萄酒在同等强度下，往往会得到更高的浓郁度评价。例如，同为中等强度的两款霞多丽，一款有明显的橡木桶影响的痕迹，往往也具备更高的浓郁度，品鉴者可以通过对葡萄酒世界的深入了解，逐步掌握对其浓郁度的判断。

引导问题 4：如何辨别和描述葡萄酒的复杂度？

_____

_____

小提示：

复杂度常见于多类别香气或者单类别（通常为一类）多形式香气的综合表现。复杂度和浓郁度是两个不同的维度，虽然大部分情况下，具备较强浓郁度的葡萄酒也会有较高的复杂度，但这绝非必要条件。例如，一款来自法国卢瓦河谷的用白瓜品种酿成的干型白葡萄酒，可以表现一定的复杂度，但又整体缺乏浓郁度。

多类别香气是指一款葡萄酒同时具备一类、二类甚至三类香气。当一款葡萄酒具有多类别香气时，则可认为该款葡萄酒具有一定的复杂度。例如，一款来自西班牙里奥哈珍藏级别的干型红葡萄酒，往往具备多类别香气，是一款复杂的干型红葡萄酒。

单类别（通常为一类）多形式香气是指一款葡萄酒只具备一类香气，但一类香气形式表现多样，既包含了相对清爽的青柠、柑橘香气，又包含了相对成熟的黄桃、芒果等香气。当一款葡萄酒具备单类别多形式香气，则可认为该款葡萄酒是具备复杂度的。例如，一款来自法国阿尔萨斯的琼瑶浆半甜白葡萄酒，往往具备单类别多形式的香气，也可以将其评价为一款复杂的半甜白葡萄酒。

如果只具备单类别（通常为一类），且无多形式香气表现的葡萄酒，是缺乏复杂度的表现。例如，一款来自智利中央山谷的长相思干白葡萄酒。

引导问题 5： 如何辨别和描述葡萄酒的余味？

_____

_____

小提示：

余味也被称为余味长度，主要用于描述口腔中愉悦风味留存的时间。由于原本浓郁度比较高的葡萄酒，更容易带来更长时间的风味留存，因此不要用一个单一的时间维度来定义余味的长短。

品鉴者可以定义一个时间单位用于量化余味长度。例如将一个时间单位定义为 3~5 秒，如果在第一个时间单位里，口腔中的风味留存就已经消失，则可认为该葡萄酒余味短；如果在第二个时间单位里，口腔中的风味留存才逐渐消失，则可认为该葡萄酒余味中等；如果在第三个时间单位后，口腔中的风味仍能留存，则可以认为该葡萄酒余味长。

对于浓郁度相对较低的葡萄酒，时间单位建议选择 3 秒，例如，一款来自法国卢瓦河谷大区的普通品质的干型白葡萄酒；对于浓郁度相对较高的葡萄酒，时间单位建议选择 5 秒及以上，例如，一款来自意大利用风干工艺酿制的阿玛罗尼干红葡萄酒。

有一些瑕疵或不愉悦的风味，在口中的留存时间很长，但由于风味本身的属性，不愉悦风味持续的时间将不被计入余味时间留存的统计之列。

引导问题 6： 如何描述葡萄酒的质量等级？

_____

_____

小提示：

国际标准中葡萄酒的质量概念是在没有瑕疵的前提下，从低到高分为差、可接受、好、很好、特好。可以看出，从字面看来主要用于积极评价葡萄酒的质量。

葡萄酒的质量等级评价取决于葡萄酒的平衡度、浓郁度、复杂度、余味等四项标准。每达成任何一项标准，葡萄酒的质量等级就可以从低往高提升一档，达成所有四档，则称为特好的葡萄酒。

这种质量评价方式最大的好处在于，大部分人可以用相对短的时间，快速掌握一套有依据的评定法则；但不合适的地方在于，有些品类因其风格特征，通常会整个品类都非常容易达到很好或者特好的成绩，例如，来自西班牙里奥哈产区珍藏级别的干型红葡萄酒；而另一些品类则相对容易获得可接受到好的级别，例如，来自新西兰马尔堡产区的新年份长相思干型白葡萄酒。因此，对品质更合理的评判方式，还需要评价者通过大量品鉴，形成对风格的标准建立，从经典的风格出发，给出每一款葡萄酒更公允的评价，其中个人喜好对总体分数的影响相对不大，例如，一款特好的95分葡萄酒，可能因为个人喜好被提高1~2分；但一款差的80分葡萄酒，不可能因为个人喜好提高超过2~3分。

一款葡萄酒的质量等级在一定程度上决定了其价格以及受欢迎的程度。专业的酒评家需要从多个角度去品评，其中任何一个标准点都需要通过反复练习，才能相对牢固地掌握。

五、评价反馈

表 1-11　工作计划评价表

工作计划评价项目	分数					
	优	良	中	可	差	劣
	10	8	6	4	2	0
1. 材料及消耗品记录清晰						
2. 使用器具及工具的准备工作						
3. 工作流程的先后顺序						
4. 工作时间长短适宜						
5. 未遗漏工作细节						
6. 器具使用时的注意事项						
7. 工具使用时的注意事项						
8. 工作安全事项						
9. 工作前后检查改进						
10. 字迹清晰工整						
总分						
等级						
A=90分以上；B=80分以上；C=70分以上；D=70分以下；E=60分以下。						

表 1-12 卫生安全习惯评价表

卫生安全习惯评价项目	是	否
1. 正确使用规定器具，不随意更换		
2. 器具及材料放于适当位置并摆放整齐		
3. 操作时，集中精神，不嬉闹		
4. 操作过程中不擅自离岗		
5. 不以任何物品或肢体接触运转中的器具或设备		
6. 玻璃器皿等器具摆放之前检查是否干净安全		
7. 根据规定穿着工作服装，符合侍酒师仪容仪表规范		
8. 对工作环境进行规范和整理，保持清洁安全		
9. 随时注意保持个人清洁卫生		
10. 恰当清洗及保养器具		
总分		
等级		
A=90 分以上；B=80 分以上；C=70 分以上；D=70 分以下；E=60 分以下。 每一项"是"者得 10 分，"否"者得 0 分。		

表 1-13 学习态度评价表

学习态度评价项目	分数					
	优	良	中	可	差	劣
	10	8	6	4	2	0
1. 言行举止合宜，服装整齐，容貌整洁						
2. 准时上下课，不迟到早退						
3. 遵守秩序，不吵闹喧哗						
4. 学习中服从教师指导						
5. 上课认真专心						
6. 爱惜教材教具及设备						
7. 有疑问时主动要求协助						

学习态度评价项目	分数					
	优	良	中	可	差	劣
	10	8	6	4	2	0
8.阅读讲义及参考资料						
9.参与班级教学讨论活动						
10.将学习内容与工作环境结合						
总分						
等级						
A=90分以上；B=80分以上；C=70分以上；D=70分以下；E=60分以下。						

表1-14 总评价表

评分项目	单项得分	单项等第	比率（%）	单项分数	总分	等级
1.操作部分			40%			□ A
2.工作计划			20%			□ B
3.安全习惯			20%			□ C □ D
4.学习态度			20%			□ E
总评			□ 合格　　　　□ 不合格			
备注						
A=90分以上；B=80分以上；C=70分以上；D=70分以下；E=60分以下。						

六、相关知识点

2018年11月18日中国酒业协会、中国食品工业协会和中国园艺学会在上海联合发布了中国葡萄酒第一个评价体系——葡萄酒中国鉴评体系（China Rating System For Global Wine，简称CWE）。该体系旨在规范我国葡萄酒市场流通秩序，塑造适合我国国情的葡萄酒消费者和生产者之间的品质和价值沟通语言，引导科学消费、理性消费、放心消费，引领国内外葡萄酒从业者生产优质产品，规范葡萄酒产业健康发展。葡萄酒中国鉴评体系采用十分制，从葡萄酒的外观（10%）、香气（30%）、口感（50%）、整体（10%）等四个维度进行葡萄酒的质量等级评价。CWE 将所推荐的酒款分成紫色、银色和金色等三种标签，并给出购买建议，详情见表 1-15。

表 1-15　葡萄酒中国鉴评体系

得分	葡萄酒评语	标签	备注
9~10	卓越的、优质的酒，极具深度和复杂度，值得花时间和精力去追寻。	金色	优质酒
8~8.9	出色，有复杂度的酒，有特点和风格。	银色	大部分高性价比
7~7.9	好—非常好，典型、个性鲜明，有显著的风味和细腻度，但缺乏复杂度、特点和结构。	银色	大部分高性价比
6~6.9	尚可—好，简单易饮的酒，价格不贵，适合日常饮用。	紫色	大部分高性价比
5~5.9	尚可，可接受，偶尔喝喝也无妨。	紫色	大量消费可选择
3~4.9	差，有明显的缺陷，风味寡淡，或带有不受人欢迎的异味等。	紫色	不推荐购买
< 3	十分平淡呆滞，稍有常识的消费者都会对它毫无兴趣。	紫色	不推荐购买

葡萄酒的评价是依据一定的评价体系，对酒款质量进行综合判断之后给出一定分值和评判的过程。目前葡萄酒的评价会受到评价者的主观影响，评价的客观与公平性仍然依赖于评价组织或个人。国际上有多种葡萄酒评分体系，主要可以分为三种类型。

第一种类型是由葡萄酒协会、酿酒师协会等团体组织建立的评分体系。例如，国际葡萄与葡萄酒组织葡萄酒评分标准、法国酿酒师协会评分表、侍酒大师公会葡萄酒评价表、美国葡萄酒协会（AWS）评分表等。

第二种类型是由葡萄酒主流媒体建立的评分体系。例如，《葡萄酒倡导家》（*Wine Advocate*）、《葡萄酒观察家》（*wine Spectator*）、《葡萄酒爱好者》（*Wine Enthusiast*）、《葡萄酒与烈酒》（*Wine & Spirits Magazine*）、《醇鉴》（*Decanter*）、《法国葡萄酒评论》（*La Revue du Vin de France*）、《意大利葡萄酒年鉴》（*Gambero Rosso*）、《智利葡萄酒指南》（*Descorchados*）、《詹姆斯·哈立德葡萄酒全书》（*James Halliday Wine Companion*）、《美食与美酒》（*Food & Wine*）、Wine Folly 网站等。

第三种类型是知名酒评家建立的评分体系。例如，罗伯特·帕克（Robert Parker）、杰西斯·罗宾逊（Jancis Robinson）、詹姆斯·萨克林（James Suckling）、安东尼·盖洛尼（Antonio Galloni）、迈克尔·布罗德本特（Michael Broadbent）、贝丹和德梭（Bettane + Desseauve）、艾伦·米多斯（Allen Meadows）、斯蒂芬·坦泽（Stephen Tanzer）、鲍勃·坎贝尔（Bob Campbell）等。

上述体系中以葡萄酒主流媒体和知名酒评家的评分体系在葡萄酒消费者中传播较为广泛，现介绍部分葡萄酒主流媒体和知名酒评家的评分体系。

（一）葡萄酒观察家（*Wine Spectator*）

《葡萄酒观察家》（*Wine Spectator*，简称 WS）杂志始创于 1976 年，葡萄酒观察家网站于 1996 年上线，是葡萄酒行业资讯和最新葡萄酒品评的权威来源之一，在全球拥有十分广泛的读者群。每年年底，《葡萄酒观察家》会综合考虑葡萄酒的质量（基于分数）、价值（基于价格）、可得性（基于产量或进口到美国的数量）和特色因素等四个方面，在品评过的葡萄酒中，评选出当年上市的百大葡萄酒（Top 100）。

该杂志采用百分制，起评分为 50 分，将葡萄酒分为 6 个等级，不推荐（Not Recommended，＜74 分）、普通（Mediocre，75~79 分）、优良（Good，80~84 分）、优秀（Very Good，85~89 分）、卓越（Outstanding，90~94 分）和经典之作（Classic，95~100 分）。WS 一般采用盲品，相对更加客观。一直以来，WS 给出的评分有 50% 介于 87~91 分，平均分为 88.5 分。从酒庄及葡萄酒的角度来讲，WS 的 100 分较难拿到，对于消费者而言，WS 高分具有非常大的参考价值。

（二）葡萄酒倡导家（*Wine Advocate*）

《葡萄酒倡导家》（*Wine Advocate*，简称为"TWA"或"WA"）是由罗伯特·帕克（Robert Parker）于 1978 年创办。《葡萄酒倡导家》评分体系与罗伯特·帕克的评分体系基本一致，该杂志的评分对所品评的葡萄酒具有重要的商业价值。

（三）葡萄酒爱好者（*Wine Enthusiast*）

《葡萄酒爱好者》（*Wine Enthusiast*，简称 WE）创始于 1988 年，主要提供葡萄酒、烈酒、美食和旅行等相关的信息。该杂志采用百分制，起评分为 80 分，将葡萄酒分为 6 个等级，可接受（Acceptable，80~82 分）、优良（Good，83~86 分）、优秀（Very Good，87~89 分）、杰出（Excellent，90~93 分）、超卓（Superb，94~97 分）和经典之作（Classic，98~100 分）。

（四）醇鉴（*Decanter*）

《醇鉴》（*Decanter*，简称 DA）始创于 1975 年，该杂志每年举办的醇鉴世界葡萄酒大赛（Decanter World Wine Awards，简称 DWWA）是全球规模最大的葡萄酒赛事之一，在业界享有极高的声誉。2012 年以前采用星级评价体系，星级越高越值得信赖。2012 年开始《醇鉴》推出了新的评分体系，即 100 分制和 20 分制（0.25 分为最小单位）并行。起评分为 10 分 /66 分，将葡萄酒共分为 6 个等级，不可接受（无星级，10~10.75 分 /66~69 分）、可接受（一星级，11~12.75 分 /70~79 分）、尚好（二星级、13~14.75 分 /76~82 分）、推荐（三星级、15~16.75 分 /83~89 分）、极力推荐（四星级、17~18.25 分 /90~94 分）和绝佳典范（五星级、18.5~20 分 /95~100 分）。

（五）葡萄酒与烈酒（*Wine & Spirits*）

《葡萄酒与烈酒》（*Wine & Spirits*，简称 WS）始创于 1982 年，是全球权威葡萄酒杂志之一。1994 年起，该杂志开始采取百分制，起评分 80 分，将葡萄酒分为 4 个等级，葡萄品种或产区的典范（Good examples of their variety or region，80~85 分）、极力推荐的葡萄酒（Highly recommended，86~90 分）、与众不同的葡萄酒（Exceptional examples of their type，90~94 分）、顶级佳酿 / 稀世珍品（Superlative、Rare finds，95~100 分）。

（六）录酊记（Wine Maniacs）

录酊记（Wine Maniacs）始创于 2022 年，由中国第一位女性葡萄酒大师刘琳创办，酒评主要集中于法国波尔多和隆河谷产区的葡萄酒。2020 年 5 月起，刘琳女士开始独立发布酒评报告，因此，2005 年算是中国酒评人正式走上国际舞台的元年。2021 年评价体系被全世界奢侈品类葡萄酒交易平台伦敦 Liv-ex 启用，2022 年，与全球最大的葡萄酒数据库 Wine-Searcher 实行数据对接，将为广大的葡萄酒爱好者带来中国专业酒评人的评判标准。该网站采用百分制，将葡萄酒分为 9 个等级，重大翻车现场（Faulty，＜ 70 分）、不足为道（Poor，70~74 分）、人畜无害（Acceptable，75~79 分）、小试无妨（Commended，80~84 分）、值得推荐（Recommended，85~89 分）、有点意思（Highly recommended，90~92 分）、精彩纷呈（Great，93~95 分）、出类拔萃（Outstanding，96~97 分）、伟大卓越（Excellent，98~100 分）。

（七）罗伯特·帕克评分体系

罗伯特·帕克（Robert Parker Team，简称 RP）是全球最具影响力的酒评家之一，享有"葡萄酒皇帝"的美誉，葡萄酒百分制评分便是由他推出的。根据葡萄酒的综合表现，RP 的评分体系将葡萄酒分为 6 个等级，劣品（Unacceptable，50~59分）、次品（Below Average，60~69分）、普通（Average，70~79分）、优良（Barely Above Average to Very Good，80~89分）、优秀（Outstanding，90~95分）、顶级佳酿（Extraordinary，96~100分）。

（八）杰西斯·罗宾逊评分体系

杰西斯·罗宾逊（Jancis Robinson，简称JR）是全球最具影响力的女性酒评家之一，她不仅撰写专业酒评，还编写了《牛津葡萄酒大辞典》（*The Oxford Companion to Wine*），并与休·约翰逊（Hugh Johnson）合著《世界葡萄酒地图》（*The World Atlas of Wine*），此外还是《葡萄品种》（*Wine Grapes*）等葡萄酒著作的编者。杰西斯采用欧洲传统的20分制评分体系，将葡萄酒分为9个等级，有缺陷或不平衡（Faulty or Unbalanced，12分）、接近有缺陷或不平衡（Borderline faulty or unbalanced，13分）、了无生趣（Deadly dull，14分）、中等水平（Average，15分）、优良（Distinguished，16分）、优秀（Superior，17分）、上好（A cut above superior，18分）、极其出色（A humdinger，19分）、无与伦比（Truly exceptional，20分）。

（九）詹姆斯·萨克林评分体系

詹姆斯·萨克林（James Suckling，简称JS）是世界著名酒评家之一，曾任《葡萄酒观察家》的高级编辑和欧洲分社负责人。2010年推出了个人网站jamessuckling.com，以品鉴记录、视频和博客等方式向葡萄酒爱好者传递知识和信息。在评分体系上，萨克林采用百分制，将葡萄酒分为4个等级，不推荐（Not recommended，＜88分）、良好（Good，88~90分）、杰出（Outstanding，90~95分）、必买（Must Buy，95~100分）。

（十）安东尼·盖洛尼评分体系

安东尼·盖洛尼（Antonio Galloni，简称AG）是葡萄酒网站葡萄酒志（Vinous）的创始人，曾为罗伯特·帕克团队成员，如今主要负责品评波尔多、纳帕谷（Napa Valley）、皮埃蒙特（Piedmont）、托斯卡纳（Tuscany）和香槟（Champagne）等多个产区的葡萄酒。在葡萄酒评分方面，安东尼·盖洛尼采用百分制，将葡萄酒分为6个等级，包括不值得品尝的葡萄酒（Not worth your time，＜75分）、次品（Below Average，75~79分）、普通（Average，80~84分）、优秀（Excellent，85~89分）、杰出（Outstanding，90~95分）、顶级佳酿（Exceptional，96~100分）。

任务三　葡萄酒品鉴风格确立

一、任务情境描述

葡萄酒风格对酒款的选择和菜肴搭配有着一定程度的影响。尽管葡萄酒的风格千变万化，但其经典风格可大致分为简单果味型和复杂陈年型两个方向。通过掌握葡萄酒的风格特点，有助于品鉴时把握葡萄酒的风味辨别和侍酒服务。

二、学习目标

通过完成该任务，认知葡萄酒风格的经典类型，并通过反复练习，能够理解和运用葡萄酒风格特点进行葡萄酒的品鉴和服务。

具体要求如下：

表 1-16　具体要求

序号	要求
1	能够掌握确立葡萄酒风格的方法。
2	能够根据葡萄酒的风格特点，判断葡萄酒的一些生产工艺。
3	能够根据葡萄酒的特征明确葡萄酒的风格。
4	能够理解葡萄酒的风格并向客人进行葡萄酒推介，为客人提供决策依据。

三、任务分组

表 1-17　学生分组表

班级		组号		指导老师	
组长		学号			

续表

组员	学号	姓名	角色	轮转顺序
备注				

表 1-18 工作计划表

工作名称：

（一）工作时所需工具

1	6	11	16
2	7	12	17
3	8	13	18
4	9	14	19
5	10	15	20

（二）所需材料及消耗品

名称	说明	规格	数量

（三）工作完成步骤

序号	工作步骤	卫生安全注意事项	工作注意事项
1			
2			
3			
4			
5			
6			

注意：现在你已经完成你的作业，请不要着急提交，先思考一下，有没有其他更好的办法呢？有没有遗漏呢？请将你的作业交给老师，然后再开始工作。

四、品鉴风格确立

引导问题 1： 葡萄酒风格有哪些类型呢？

_____

_____

小提示：

葡萄酒的风格千变万化，经典风格大致分为简单果味型和复杂陈年型两个方向。品鉴者可以通过其表现形式反推该款葡萄酒在制作工艺上的偏好，从而建立起一种可推导的葡萄酒学习的逻辑。以生活中常见的食品为例，把新鲜和陈年作为两种不同的导向，例如：绿茶要喝明前的（清明之前采摘），普洱茶则更适宜陈年的；肉类既有鲜切肉，又有多年熟成的火腿等。葡萄酒的本味，更多的是果味的方向，而陈年味则是工艺带来的风味和果味的组合。

引导问题 2： 简单果味型葡萄酒风格是如何确立的？该怎样描述呢？

_____

_____

小提示：

简单果味型葡萄酒在其表现形式上，多为各种一类风味的叠加，通俗地说就是果味为主。风味类型相对简单，也更适合早饮，不适合长时间陈年。反推制作工艺，通常会使用更轻的萃取，为了体现果味为主，也会减少橡木桶的使用，以避免不必要的氧化风味。例如，来自法国博若莱产区的干型红葡萄酒，会使用二氧化碳浸渍的工艺，减少萃取力度，得到单宁更低、更清爽的果味主导干型红葡萄酒。

引导问题 3： 复杂陈年型葡萄酒风格是如何确立的？该怎样描述呢？

_____

_____

小提示：

复杂陈年型葡萄酒在其表现形式上，多为一类、二类甚至三类风味的叠加，通俗地说就是兼具果味和工艺风味的葡萄酒。通常来说，风味类型相对复杂，也更适合长时间陈年。反推制作工艺，通常会使用更重的萃取，为了体现果味和工艺味的多元化，会更多地使用橡木桶并延长陈年时间，即使带有少量氧化风味也无须刻意避免。例如，来自意大利巴罗洛产区的珍藏等级干红葡萄酒，会使用长时间的浸渍并用橡木桶长时间陈年，整体增大萃取力度，得到单宁更高、更浓郁饱满的多风味组合干红葡萄酒。

五、评价反馈

表 1-19　工作计划评价表

工作计划评价项目	分数					
	优	良	中	可	差	劣
	10	8	6	4	2	0
1. 材料及消耗品记录清晰						
2. 使用器具及工具的准备工作						
3. 工作流程的先后顺序						
4. 工作时间长短适宜						
5. 未遗漏工作细节						
6. 器具使用时的注意事项						
7. 工具使用时的注意事项						
8. 工作安全事项						
9. 工作前后检查改进						
10. 字迹清晰工整						
总分						
等级						
A=90分以上；B=80分以上；C=70分以上；D=70分以下；E=60分以下。						

表 1-20　卫生安全习惯评价表

卫生安全习惯评价项目	是	否
1. 正确使用规定器具，不随意更换		
2. 器具及材料放于适当位置并摆放整齐		
3. 操作时，集中精神，不嬉闹		
4. 操作过程中不擅自离岗		

续表

卫生安全习惯评价项目	是	否
5.不以任何物品或肢体接触运转中的器具或设备		
6.玻璃器皿等器具摆放之前检查是否干净安全		
7.根据规定穿着工作服装，符合侍酒师仪容仪表规范		
8.对工作环境进行规范和整理，保持清洁安全		
9.随时注意保持个人清洁卫生		
10.恰当清洗及保养器具		
总分		
等级		
A=90分以上；B=80分以上；C=70分以上；D=70分以下；E=60分以下。 每一项"是"者得10分，"否"者得0分。		

表1-21 学习态度评价表

学习态度评价项目	分数					
	优	良	中	可	差	劣
	10	8	6	4	2	0
1.言行举止合宜，服装整齐，容貌整洁						
2.准时上下课，不迟到早退						
3.遵守秩序，不吵闹喧哗						
4.学习中服从教师指导						
5.上课认真专心						
6.爱惜教材教具及设备						
7.有疑问时主动要求协助						
8.阅读讲义及参考资料						
9.参与班级教学讨论活动						
10.将学习内容与工作环境结合						
总分						
等级						
A=90分以上；B=80分以上；C=70分以上；D=70分以下；E=60分以下。						

表 1-22　总评价表

评分项目	单项得分	单项等第	比率（%）	单项分数	总分	等级
1. 操作部分			40%			□A
2. 工作计划			20%			□B
3. 安全习惯			20%			□C □D
4. 学习态度			20%			□E
总评	□合格		□不合格			
备注						

A=90 分以上；B=80 分以上；C=70 分以上；D=70 分以下；E=60 分以下。

六、相关知识点

形成葡萄酒的风味物质是什么？一款葡萄酒估计含有超过一千种不同的风味物，一半是在发酵过程中由酵母产生的。风味物质中的香气，有些香气会直接溢出酒杯，而有些则需要通过摇晃杯子去诱发，这也反映出形成香气的物质在溶液中具有相对挥发性。随着时间的推移，有些化合物会相互结合，形成不溶性物质，并沉淀析出溶液，形成单宁沉淀物或者酒石酸盐结晶。

1. 酒精

除了水之外，葡萄酒最重要的组成物质就是酒精，它是通过酵母细胞由糖分发酵产生的。酒精提供给葡萄酒酒体或者浓度，并且也会改变其他成分的感觉。例如，一款拥有适中酒精度的葡萄酒比一款拥有较高酒精度的类似葡萄酒给人的感觉会更加美味可口，过高的酒精度还会掩盖水果风味和香气。

2. 酸

酿酒葡萄含有苹果酸、酒石酸和少量的柠檬酸。酒石酸可以稳定酿造好的葡萄酒，但是有些也会析出酒石酸晶体。苹果酸会给予葡萄酒青苹果的特性。在葡萄酒酿造过程中，苹果酸可能会通过不同形式的脱羧反应被转化成乳酸，乳酸同样也存在于酸奶制品中，它比苹果酸更加柔和馥郁，会带来更加圆润和饱满的质感。那些拥有果味和花香的白葡萄品种，例如雷司令和琼瑶浆，可能会去限制苹果酸乳酸的转换，来保留比较尖锐和酸性的成分。葡萄酒中的其他酸性物质，主要包括琥珀酸、乙酸或醋酸，还有丁酸。琥珀酸是发酵过程的附带产物。过量的乙酸或丁酸（闻起来像变质的牛奶或者腐臭的黄油）是由细菌导致的葡萄酒瑕疵。在葡萄酒中，除了要保留酸度，各种酸也带给葡萄酒新鲜度、口感的深度或者差异性，同时平衡了酒精、糖分和风味物，还能够分解搭配食物中的脂肪。一款缺乏酸度的葡萄酒会显得平淡、乏味且无趣。

3. 糖

葡萄几乎含有等量的葡萄糖和果糖，在发酵过程中它们会被转化成乙醇。有时候，发酵过程会受抑制，这样可以使葡萄酒遗留一定量的残糖。在发酵过程中，酵母会优先蚕食葡萄糖，以致于大多数的残糖都是尝起来比较甜的果糖。一般而言，干型葡萄酒含有 4 克／升或更低的残糖量，品酒者对此是无法察觉到的，或者只能通过抵消酸度或轻微饱满的酒体间接察觉到。在残糖等级的另一个极端是甜酒，有些甜型葡萄酒可以含有高于 100 克／升的残糖量。葡萄酒的甜度会被酸度和单宁所掩盖，但是单宁的影响程度会比较弱一些。

4. 多酚

多酚（Polyphenols）是化学物质中的一个大类，主要存在于葡萄皮中。它们会影响一款葡萄酒的口感，并随着时间的推移，会与葡萄酒中的其他化学物质相互作用，产生大量的第二类和第三类的风味物质。花青素（Anthocyanin）是一类呈红色、蓝色和紫色的多酚，在发酵过程中通过与果皮接触而渗透进红葡萄酒中。它们很不稳定，在有氧气的情况下会与单宁分子反应形成较大的化合物，沉淀于葡萄酒中，导致一些颜色的流失。科学研究表明，花青素对于葡萄酒和饮酒者来说是很好的抗氧化剂。

单宁（Tannin）是一类存在于葡萄皮、葡萄籽和葡萄梗中的聚合多酚。葡萄酒中的单宁含量高低，除了其他因素之外，主要与其和葡萄皮及其他固态物质接触的程度和持续时间有关。尽管单宁大多数存在于红葡萄酒中，但是有些白葡萄酒也会经历一定程度的果皮接触，以获得轻微的收敛性质感。橡木桶可以给红白葡萄酒提供额外的单宁来源。单宁是一种伴有一定收敛感和苦味的质感性或结构性元素，它会与唾液蛋白相互作用形成大分子化合物，从而抑制唾液润滑口腔，使嘴巴产生一种干涩、起皱的感觉。它同样与食物中的蛋白质和脂肪发生作用，这正是为何单宁强劲的葡萄酒在与肉类或奶酪搭配时会降低苦味和生涩口感的原因。单宁能使我们更好地享受食物，因为它褪去了食物中脂肪在嘴里留下的薄膜，使我们的味蕾能再次直接接触到食物。随着瓶中陈年时间的增加，单宁会变得细腻柔和，有时候几乎像丝绸或者天鹅绒般柔滑，但我们对发生这一过程的原因还知之甚少。

　　5. 挥发性化合物

　　葡萄酒中的香气和大多数的风味物质是通过鼻子感知到的。脱离液体表面的挥发性物质会接触到鼻腔中的嗅球，鼻子对此会引发感知。这些挥发性物质，要么来自于葡萄本身，要么就是在发酵或者熟成过程中的化学反应产生的副产物。

　　酒中的香气常令我们联想到其他香气，例如用来描述葡萄酒风味的黑醋栗、胡椒或香草等词汇。随着经验的提升，可以在品鉴时将一些香气与某一种或某一类特定的挥发性化合物联系到一起，包括酯类、萜烯、莎草奥酮、吡嗪、硫醇、内酯类、醛和杂醇油。

　　酯类提升果香和花香。它们由酸与酒精反应而成，特别是在发酵、苹果酸乳酸转换和陈年阶段。特殊的酵母群和发酵温度对酯类的产生非常关键。

　　萜烯来自针叶树树脂，以及多种植物和花的精油。与大多数葡萄酒香气不同，它们主要来源于葡萄本身，并且对麝香葡萄（Muscat）、琼瑶浆（Gewurztraminer）、灰皮诺（Pinot Gris）、雷司令（Riesling）、阿芭瑞诺（Albarino）、托伦特（Torrontes）和维欧尼（Viognier）等许多白葡萄品种的花香特质有重要影响。

　　莎草奥酮是一种近年来才被确定的芳香型倍半萜烯，来源于胡椒子、墨角兰、牛至、迷迭香、百里香、罗勒和天竺葵的精油。在葡萄中，它同样是慕合怀特（Mourvedre）、杜瑞夫（Durif）和绿维特利纳（Gruner Veltliner）等葡萄的特质之一。莎草奥酮来自于葡萄本身，在寒冷的地区和年份会有较高含量。它的感觉阈限非常低，约20%的人无法察觉。

　　吡嗪为长相思（Sauvignon Blanc）、赤霞珠（Cabernet Sauvignon）、品丽珠（Cabernet Franc）、梅洛（Merlot）和佳美（Carmenre）等波尔多品种添加草本和植物性香气，它们与青椒、青草、树叶、草本和土壤联系在一起，这些香气在长相思中非常受欢迎，在红葡萄酒中的受欢迎程度则低很多。葡萄在采收时的成熟度与吡嗪调性的浓郁度成反比。葡萄酒中最重要的吡嗪是异丁基—甲氧基吡嗪，其含量仅5~30ng/L。

　　吡嗪是来自葡萄的杂环化合物，而硫醇是一种在发酵过程中产生的硫化酒精同源物。硫醇主要存在于长相思，特别是新西兰的长相思，但也可以在其他品种如雷司令、赛美容（Semillon）、赤霞珠和梅洛中找到。与萜烯一样，它可以拥有强烈味道，常与醋栗、西柚、百香果、番石榴、黑醋栗、猫尿和汗味联系起来。内酯类是一种环酯，可以来源于葡萄本身、发酵和陈年阶段、贵腐化过程、酒花（Flor）以及与橡木桶的接触。橡木内酯可以带来椰子和香草调性，是葡萄酒中由橡木带来的最重要的挥发性化合物。美国橡木比法国橡木带有更多的内酯，而法国橡木桶则带有更多单宁。其他由橡木带来的挥发性化合物还包括烟熏香气的愈创木酚，赋予葡萄酒焦糖和奶油糖果特质的糠醛，以及香草醛。

醛是一种脱氢醇，是发酵时产生的副产物，也可以通过酒精氧化生成。最重要的醛是乙醛，其在许多葡萄酒中占比超过 90%。乙醛会带来摔碎的苹果、稻草和坚果香气，也是雪莉酒中重要的香气之一。但在大多数其他风格酒款中，即便是极低的量也会被认为是一种缺陷。除了香气和风味外，醛还有助于稳定颜色和聚合单宁。事实上，乙醛正是通过红葡萄酒聚合单宁的微氧化过程产生。乙醛非常容易与二氧化硫结合，因此，除非所有的乙醛都已经成为结合态，否则葡萄酒无法保存游离态的二氧化硫，反之亦然，这对酿酒过程会产生巨大影响。杂醇油是在发酵过程中产生的高级醇混合物，它们令葡萄酒增添复杂度，但相比之下，其在蒸馏酒中具有更高的含量和重要性。

任务四 葡萄酒杯型选择

一、任务情境描述

葡萄酒杯会对香气的保留，口中风味的体现，以及温度的传递等方面产生影响。作为海思餐厅的侍酒师，应掌握葡萄酒杯型和特点知识，以便为客人饮酒提供更加优质的体验。

二、学习目标

通过完成该任务，认知不同的葡萄酒杯型和作用，能够根据不同的酒款和用餐场景选择对应酒杯，提升客人的品鉴满意度。

具体要求如下：

表 1-23 具体要求

序号	要求
1	能够了解不同材质对酒杯的影响。
2	能够掌握葡萄酒的杯型特点。
3	能够根据葡萄酒的风格类型，为客人选用对应的葡萄酒杯型。

三、任务分组

表 1-24 学生分组表

班级		组号		指导老师	
组长		学号			
组员	学号	姓名	角色	轮转顺序	
备注					

表 1-25　工作计划表

工作名称：			
（一）工作时所需工具			
1	6	11	16
2	7	12	17
3	8	13	18
4	9	14	19
5	10	15	20
（二）所需材料及消耗品			
名称	说明	规格	数量
（三）工作完成步骤			
序号	工作步骤	卫生安全注意事项	工作注意事项
1			
2			
3			
4			
5			
6			
注意：现在你已经完成你的作业，请不要着急提交，先思考一下，有没有其他更好的办法呢？有没有遗漏呢？请将你的作业交给老师，然后再开始工作。			

四、葡萄酒杯型选择

引导问题 1：选择葡萄酒杯时应当考虑哪些方面呢？

_____

_____

葡萄酒杯会对品饮的多个层面产生影响，主要对香气的保留，口中风味的体现，以及温度的传递，产生重要的影响；同时，也会影响葡萄酒颜色观测的清晰度，甚至碰杯时声音愉悦感的传递。选择葡萄酒杯时可以从酒杯尺寸、形状、杯口、厚度、造型和材质等方面进行考虑。

引导问题2： 葡萄酒杯尺寸选择应注意哪些方面呢？

_____

_____

小提示：

葡萄酒杯的尺寸要确保足以集中香气。白葡萄酒酒杯的总容量一般为390~600mL，红葡萄酒酒杯的总容量在510~900mL。

引导问题3： 葡萄酒杯形状选择应注意哪些方面呢？

_____

_____

小提示：

酒杯的杯型会影响芳香的程度。杯身较大的酒杯适合柔和芳香型的葡萄酒，可以增加葡萄酒和空气的接触面积，酒面较大，收集的香气较多；杯身较小的酒杯适合辛辣饱满酒体的葡萄酒，可以减少葡萄酒和空气的接触面积，酒面较小，收集的香气也会较少。

引导问题4： 葡萄酒杯杯口尺寸对品鉴葡萄酒有哪些影响呢？

_____

_____

小提示：

杯口的尺寸会带来两个方面的影响：香气入鼻时的集中度，以及决定了多少酒液进入口腔冲击味蕾。杯口较大的酒杯往往能够传递更多的花香，杯口较小的酒杯往往可以集中果香与香料香气。

引导问题5： 葡萄酒杯的厚度对葡萄酒品鉴有哪些影响呢？

_____

_____

小提示：

葡萄酒杯的厚度对于葡萄酒香气、颜色及风味没有影响，杯壁越薄，越能够增加酒液的暴露面，也更便于观察酒液的澄清度和颜色。

引导问题 6： 水晶杯和玻璃杯有哪些区别？应该如何进行选择呢？

_____

_____

小提示：

水晶杯由于富含矿物质，会折射光线，能够让酒杯更加透亮和便于观察酒液。矿物质可以使水晶韧性变大，因此水晶杯可以被做得更薄，也可以更好地增加酒液的暴露面。传统水晶杯含有铅元素，随着工艺的发展，已经制作出使用镁和锌的无铅水晶杯。大多数无铅水晶杯可以机洗，含铅水晶杯因其可渗透性，需要使用不含有香精的洗涤产品来手洗。玻璃杯比水晶杯更容易碎，通常会被制作得很厚以使其更加耐用。

引导问题 7： 有柄和无柄的酒杯对葡萄酒口感有影响吗？

_____

_____

小提示：

酒杯的杯柄不会对葡萄酒的口感产生影响，但是手的温度会令酒杯升温，因此可以根据情况择优选择。

引导问题 8： 葡萄酒杯有哪些杯型呢？

_____

_____

小提示：

葡萄酒杯大体可以分为：香槟杯、白葡萄酒杯、红葡萄酒杯、其他类型葡萄酒杯。

引导问题 9： 香槟杯有哪些杯型和特点呢？

_____

_____

小提示：

香槟杯的杯壁越薄，越高，就越有利于气泡的保存。香槟杯通常分为笛型香槟杯、郁金香型香槟杯、阔口香槟杯三种杯型。笛型香槟杯能够更好地保存起泡酒里的二氧化碳，较窄的杯口减少了香气的流失，减弱一部分酸度的冲击，适宜饮用清淡型的起泡葡萄酒，更小的杯容量也更有利于香槟处于一种更低的侍酒温度范围。郁金香型香槟杯更适用于普罗塞克或陈年起泡葡萄酒等酒体较为饱满或果香更浓的起泡葡萄酒。阔口香槟杯造型美观，通常用于节日活动或冷餐会，用于盛放起泡酒或小食，不常见于起泡葡萄酒的品鉴。

引导问题 10： 白葡萄酒杯有哪些杯型和特点呢？

小提示：

白葡萄酒杯，造型多为波尔多型葡萄酒杯，相对较窄的杯口以及杯肚，一定程度上保留了香气，相对较小的杯容量也更有利于保持较低的温度，较大杯身的白葡萄酒杯更适合霞多丽等经过橡木桶陈年的白葡萄酒。

引导问题 11： 红葡萄酒杯有哪些杯型和特点呢？

小提示：

红葡萄酒杯一般具有相对较宽的杯口以及杯肚，一定程度上有利于红葡萄酒通过接触空气，释放更多的香气，同时因为较大的杯容量也更有利于保持较高的侍酒温度范围。红葡萄酒杯中常见的波尔多红葡萄酒杯比较适合中度酒体到饱满酒体，且高单宁的红葡萄酒；勃艮第红葡萄酒杯适宜轻盈酒体红葡萄酒、饱满酒体白葡萄酒和桃红葡萄酒。

引导问题 12： 其他类型葡萄酒杯有哪些杯型呢？

小提示：

其他类型葡萄酒杯一般有甜酒杯和无柄酒杯等，甜酒杯主要用于雪莉酒与波特酒之类的加强型葡萄酒和甜酒。

五、评价反馈

表 1-26　工作计划评价表

工作计划评价项目	分数					
	优	良	中	可	差	劣
	10	8	6	4	2	0
1. 材料及消耗品记录清晰						
2. 使用器具及工具的准备工作						
3. 工作流程的先后顺序						
4. 工作时间长短适宜						
5. 未遗漏工作细节						
6. 器具使用时的注意事项						
7. 工具使用时的注意事项						
8. 工作安全事项						
9. 工作前后检查改进						
10. 字迹清晰工整						
总分						
等级						

A=90 分以上；B=80 分以上；C=70 分以上；D=70 分以下；E=60 分以下。

表 1-27　卫生安全习惯评价表

卫生安全习惯评价项目	是	否
1. 正确使用规定器具，不随意更换		
2. 器具及材料放于适当位置并摆放整齐		
3. 操作时，集中精神，不嬉闹		
4. 操作过程中不擅自离岗		
5. 不以任何物品或肢体接触运转中的器具或设备		
6. 玻璃器皿等器具摆放之前检查是否干净安全		

续表

卫生安全习惯评价项目	是	否
7. 根据规定穿着工作服装，符合侍酒师仪容仪表规范		
8. 对工作环境进行规范和整理，保持清洁安全		
9. 随时注意保持个人清洁卫生		
10. 恰当清洗及保养器具		
总分		
等级		
A=90 分以上；B=80 分以上；C=70 分以上；D=70 分以下；E=60 分以下。每一项"是"者得 10 分，"否"者得 0 分。		

表 1-28　学习态度评价表

学习态度评价项目	分数					
	优	良	中	可	差	劣
	10	8	6	4	2	0
1. 言行举止合宜，服装整齐，容貌整洁						
2. 准时上下课，不迟到早退						
3. 遵守秩序，不吵闹喧哗						
4. 学习中服从教师指导						
5. 上课认真专心						
6. 爱惜教材教具及设备						
7. 有疑问时主动要求协助						
8. 阅读讲义及参考资料						
9. 参与班级教学讨论活动						
10. 将学习内容与工作环境结合						
总分						
等级						
A=90 分以上；B=80 分以上；C=70 分以上；D=70 分以下；E=60 分以下。						

表 1-29　总评价表

评分项目	单项得分	单项等第	比率（%）	单项分数	总分	等级
1. 操作部分			40%			☐ A
2. 工作计划			20%			☐ B
3. 安全习惯			20%			☐ C ☐ D
4. 学习态度			20%			☐ E
总评	☐ 合格		☐ 不合格			
备注						
A=90 分以上；B=80 分以上；C=70 分以上；D=70 分以下；E=60 分以下。						

六、相关知识点

以欧洲为例，大部分北部的产区擅长出产清爽的气泡酒和白葡萄酒，会使用更多相应的气泡杯和白葡萄酒杯；而大部分南部的产区则擅长出产浓郁的红葡萄酒和加烈酒。

图 1-8　酒杯类型图

任务五　葡萄酒品鉴准备

一、任务情境描述

海思酒店今晚将举办一场葡萄酒品鉴晚宴，作为晚宴的侍酒师，在客人到来前，你需要完成哪些准备工作呢？

侍酒工作应符合《葡萄酒推介与侍酒服务职业技能等级标准（2021 年 1.0 版）》和《SB/T10479—2008 饭店业星级侍酒师技术条件》等相关标准要求。

二、学习目标

通过完成该任务，明确葡萄酒品鉴准备工作的要求。具体要求如下：

表 1-30　具体要求

序号	要求
1	能够根据葡萄酒品鉴的要求，布置适宜的品酒环境且能够解读酒标。
2	能够根据葡萄酒品鉴的要求，准备相应的品酒设备。
3	能够根据葡萄酒侍酒所需，准备相应的侍酒工具。

三、任务分组

表 1-31　学生分组表

班级		组号		指导老师		
组长		学号				
组员	学号		姓名	角色		轮转顺序
备注						

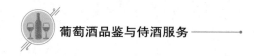

四、品酒环境确认

葡萄酒品鉴是一项力求精准的任务。有效且准确的品鉴不仅需要专业的知识和大量的经验积累，还需要有恰当的环境。例如，在专业的葡萄酒品鉴氛围中饮酒，与在家中与家人们共饮或在户外面对秀山丽水品赏葡萄酒的味道是不同的。尽管葡萄酒的品质是客观的，但品酒环境和体验可能影响主体对酒的判断，因此一个相对中立、适宜的品酒环境至关重要。

引导问题 1： 在葡萄酒品鉴的场景中，哪些环境因素的失准会影响客人对葡萄酒的判断？

_____

_____

小提示：

根据品鉴的步骤来分析相应的环境因素。

（1）观色：自然光线和洁白的背景。因为葡萄酒的颜色通常是品鉴者对酒款年龄、葡萄品种等重要信息的初判，所以真实地反映以上信息至关重要。葡萄酒的颜色常因光或背景色的影响呈现略有不同。因此，鉴赏葡萄酒的颜色时，一般以充足的自然光或白色人造光为光源，以 A4 纸等白色的物件为背景观察颜色，从而确保观色环境的一致性。因此，在品鉴会上常用白色桌布或在桌面放上白色纸张或卡纸。

（2）闻香：现场无浓烈的气味。一般会场设在远离厨房等容易产生气味以及没有其他异味或香气的场所。

（3）品鉴：清洁的口腔。和"闻香"一样，品鉴前应避免食用味道较重的食物，如大蒜等；但若客人确实有此需求，可在桌面或高台处摆放矿泉水，以便品饮者清洁口腔。另外，还可准备一些苏打饼干，以便品鉴者在品酒时食用。

引导问题 2： 理想的葡萄酒品鉴环境要素对品酒者有哪些要求？

_____

_____

小提示：

在专业品酒会上，不建议品鉴者使用香水或带有浓烈香气的护肤品和化妆品；不建议吸烟，避免浓烈的味道干扰或掩盖葡萄酒本身香味。侍酒师可在桌面显眼处摆上"禁止吸烟"等标志提醒来宾。

引导问题 3：还有哪些环境因素会影响人们对酒的判断？

_____

_____

小提示：

适当的温度，一般来说，温度越高，葡萄酒散发出的挥发性物质就越多，闻上去香气也就越浓，但温度并非越高越好。通常情况下，静止类葡萄酒的适饮温度范围为 6~18℃，因此需要根据环境温度、酒水类型等因素准备好冰块、冰桶等物品和工具，确保葡萄酒始终处于适饮温度。

设定最佳饮用温度的原因是热度会减弱我们对单宁、酸度和硫化物的敏感度。这也解释了为什么冰镇后的高单宁红葡萄酒尝起来质感显得收敛，以及为什么甜葡萄酒冰镇后的甜度反而降低。

由于红葡萄酒的品鉴温度可以比酒窖温度高一些，品鉴者可通过手握杯身的方式加速酒液的升温。但无论何种方式，葡萄酒开瓶后，温度通常会以每 3 分钟 1℃ 的速度上升，直至接近室温。入杯后，葡萄酒也会因为周围的环境和人群散发出来的热气而更加迅速的升温。因此，掌握各类葡萄酒的最佳适饮温度，并耐心等到酒达到最佳温度时再饮用，才能使酒展现其真正的滋味。

五、葡萄酒标解读

引导问题 4：葡萄酒酒标上常见的命名方式有哪些？

_____

_____

小提示：

葡萄酒的命名一般采用三种方式。第一种，以葡萄品种命名葡萄酒。每个国家都对单一品种葡萄酒酒标注明的葡萄品种含量有最低规定，例如，美国、智利、新西兰、南非、澳大利亚等为不低于 75%，阿根廷为不低于 80%，意大利、法国、德国、奥地利、葡萄牙等为不低于 85%。第二种，以产区命名葡萄酒。例如法国波尔多葡萄酒通常采用此类命名方式。了解波尔多的人都知道，这一地区种植的葡萄品种主要为梅洛、赤霞珠，葡萄酒多为这两者的混酿。法国、意大利、西班牙、葡萄牙等国家通常以产区为葡萄酒命名。第三种，以自创名命名葡萄酒。在多数情况下，被命名的酒属于混酿型葡萄酒，且对生产商而言具有一定独特性。有时，生产商为了区分其出产的不同葡萄酒，也会为单一品种葡萄酒命名。

引导问题 5：酒标一般包含哪些基本要素？

_____

_____

小提示：

酒标主要包括生产商或酒庄名（Producer/Name）、产区（Region）、葡萄品种或原产地（Variety/Appellation）、年份（Vintage/NV）和酒精含量（ABV）等基本要素。不同国家和地区对酒标有着不同的规定，因此酒标信息也会有所差别。

引导问题 6：酒标中的常见术语有哪些？

_____

_____

小提示：

酒标中通常会有地理标志标签（Geographical Indications，简称 GI）术语和葡萄种植与葡萄酒酿造的相关术语。

地理标志标签是全球葡萄酒产区通常会标注在酒标上的信息，GI 是指一个国家内特定的葡萄种植区，这些区域既可以大到基本覆盖整个产区，也可以小至一个葡萄园。并非所有的葡萄酒都产自于 GI，但是当在酒标上标注原产地时则必须符合法律规定。欧盟与其他国家的地理标志标签有所区别（详见本任务的相关知识点）。

葡萄种植与葡萄酒酿造的相关术语主要有年份（Vintage）、晚采收（Late Harvest）、贵腐菌（Botrytis/Noble Rot）、冰酒（Ice wine/Eiswein）、手工采摘（Hand-harvest）、未受橡木影响的（Unoaked）、受橡木影响的（Oaked）、在葡萄园装瓶（Estate-bottled）、橡木桶 / 小橡木桶发酵（Barrel/barrique-fermented）、橡木桶 / 小橡木桶陈年（Barrel/Barrique-aged）、带酒泥陈酿（Sur lie）、未下胶 / 未过滤（Unfined /Unfiltered）、有机的（Organic）、混酿酒（Cuvée）、老藤（Old vines/Vielles vignes）、酒庄（Chateau/Domaine/Clos）、酒商（Negociant/Merchant）、合作酿酒社（Co-operative cellar/Cave cooperative/Cantina sociale）。

引导问题 7： 请解读法国波尔多列级庄葡萄酒酒标。

图 1-9　法国波尔多列级庄葡萄酒酒标

小提示：

波尔多葡萄酒酒标中通常会包含法定产区名称和葡萄酒等级术语。

波尔多葡萄酒产区可以分为波尔多产区级（Regional Appellations）、波尔多左岸（Left Bank）法定产区和波尔多右岸法定产区。波尔多产区级（Regional Appellations）可以分为波尔多法定产区（Bordeaux AOC）和超级波尔多法定产区（Bordeaux Supérieur AOC），两者均可使用生长在波尔多任何地方的葡萄酿造葡萄酒。与波尔多法定产区相比，超级波尔多法定产区在产量、陈年期和最低酒精度方面比波尔多法定产区有着更严格的规定。

波尔多左岸法定产区位于波尔多北部的梅多克法定产区（Médoc AOC）、上梅多克法定产区（Haut-Médoc AOC）和南部的格拉夫法定产区（Graves AOC）。在上梅多克包含有玛歌（Margaux AOC）和波亚克（Pauillac AOC）等一些小规模的法定产区。格拉夫法定产区拥有佩萨克雷奥良（Pessac-Léognan AOC）等高质量的更小的法定产区。波尔多右岸法定产区拥有波美侯（Pomerol AOC）和圣爱美隆（Saint-Émilion AOC）等重要的法定产区。圣爱美隆产区拥有圣爱美隆特级产区（Saint-Émilion Grand Cru AOC），类似于超级波尔多和波尔多，圣爱美隆特级产区有更严格的葡萄酒酿造规定，当酒标中标注 Saint-Émilion Grand Cru Classé 时，才为圣爱美隆列级庄。

除了法定产区名称信息之外，波尔多葡萄酒酒标中还标注有酒庄名（Château）、列级庄（Grand Cru Classé/Cru Classé）和中级庄（Cru Bourgeois）等术语。

酒庄名（Château）不一定是指一座建筑物，而是指一个庄园或生产者。标注 Château 者，是指由生长在生产者土地上的葡萄酿制而成的葡萄酒，不可使用买入的葡萄。

列级庄（Grand Cru Classé/Cru Classé Bordeaux）的一些子产区制定了各自的分级，以评选出区内最好的 Châteaux 葡萄酒。获得分级的 Châteaux 可以将 Grand Cru Classé 或 Cru Classé 术语放在酒标上，此类葡萄酒是波尔多比较昂贵和受欢迎的葡萄酒，通常可以在瓶中长时间陈年几年到几十年的时间。

中级庄（Cru Bourgeois）是指没有被列为列级庄的梅多克葡萄酒，可以申请在酒标上使用的术语。尽管某些葡萄酒的质量特好且具有较长的陈年实力，但除少数情况外，这类葡萄酒的价格通常低于得到分级的 Châteaux 酒款。

引导问题 8：请解读法国勃艮第特级园葡萄酒酒标。

图 1-10　法国勃艮第特级园葡萄酒酒标

小提示：

勃艮第葡萄酒的酒标中通常会标注葡萄酒的等级体系。

产区级（Regional）是覆盖整个勃艮第地区的葡萄酒等级，通常会标注 Bourgogne AOC。

村庄级（Village）是在产区级的基础上细分出来的更高一级的葡萄酒等

级。这个等级的葡萄酒通常能够比产区级呈现更多的味道集中度和复杂性。最好的村庄级葡萄酒可以经过瓶中陈年。

一级园（Premier Cru）是个别村庄级中的一些高质量葡萄园。酿酒时仅使用来自此类葡萄园的葡萄所酿造的酒款，在酒标上除了标示村庄级以外，还可以标注一级园（Premier Cru）。如果只是用一个一级园的葡萄酿制的葡萄酒，还可以在酒标上列出葡萄园的名称。

特级园（Grand Cru）通常是面积小、地点好的地块，经常出产质量特好的葡萄，此类葡萄园拥有自己的法定产区。酒标上可以标注葡萄园的名称和 Grand Cru AOC 的词语。勃艮第特级园产出的葡萄酒较罕见且非常有陈年潜力。

引导问题 9：请解读智利葡萄酒酒标。

图 1-11　智利葡萄酒酒标

_____

_____

小提示：

新兴葡萄酒生产国的酒标一般比较简洁，比较容易阅读，例如中国、智利、新西兰、美国等国的酒标。通常情况下，酒标上会标注酿酒所用的主要葡萄品种。由于新兴葡萄酒生产国的酒庄和葡萄园分级相对较少，因此解读酒标时，能够辨识出酒庄名、葡萄品种、产区和年份等信息即可。

引导问题 10：请分别选择一款意大利、西班牙、德国等国家的葡萄酒，进行酒标解读。

_____

_____

引导问题 11：请分别选择一款中国、新西兰、美国等国家的葡萄酒，进行酒标解读。

_____

_____

六、品酒器具准备

引导问题 12：在前面我们介绍了品鉴会环境的要求，除了良好的环境，品鉴会开始前，侍酒师还需为此准备哪些品酒器具？

_____

_____

小提示：

（1）酒杯：参照任务四，根据酒款选择相应的酒杯，并确保酒杯干净且无异味，以便观色和闻味。

（2）吐酒桶：由于品鉴者有时需要在一天内品鉴几十甚至上百款葡萄酒，因此，使用吐酒桶可使其保持清醒的头脑。

（3）纸和笔：品鉴涉及的酒款较多时，纸笔可帮助品鉴者记录每种酒款的特征和要点。

七、侍酒工具准备

引导问题 13：作为侍酒师，需要准备哪些侍酒工具？

_____

_____

小提示：

侍酒师需要根据品鉴会葡萄酒类型和酒款准备酒刀、醒酒器、托盘、口布、冰桶、蜡烛和火柴等侍酒工具。

引导问题 14：结合上述问题的讨论结果，请完成葡萄酒准备工作确认清单，内容须包含品酒环境、品酒设备和侍酒工具等，详见表 1-32。

表 1-32　工作计划表

工作名称：			
（一）品酒环境			
1	6	11	16
2	7	12	17
3	8	13	18
4	9	14	19
5	10	15	20
（二）品酒设备			
名称	用途	规格	数量
（三）侍酒工具			
序号	侍酒工具	用途	数量
1			
2			
3			
4			
5			
6			
注意：现在你已经完成你的作业，请不要着急提交，先思考一下，有没有其他更好的办法呢？有没有遗漏呢？请将你的作业交给老师，然后再开始工作。			

八、评价反馈

表 1-33 工作计划评价表

工作计划评价项目	分数					
	优	良	中	可	差	劣
	10	8	6	4	2	0
1. 材料及消耗品记录清晰						
2. 使用器具及工具的准备工作						
3. 工作流程的先后顺序						
4. 工作时间长短适宜						
5. 未遗漏工作细节						
6. 器具使用时的注意事项						
7. 工具使用时的注意事项						
8. 工作安全事项						
9. 工作前后检查改进						
10. 字迹清晰工整						
总分						
等级						
A=90 分以上；B=80 分以上；C=70 分以上；D=70 分以下；E=60 分以下。						

表 1-34 卫生安全习惯评价表

卫生安全习惯评价项目	是	否
1. 正确使用规定器具，不随意更换		
2. 器具及材料放于适当位置并摆放整齐		
3. 操作时，集中精神，不嬉闹		
4. 操作过程中不擅自离岗		
5. 不以任何物品或肢体接触运转中的器具或设备		
6. 玻璃器皿等器具摆放之前检查是否干净安全		
7. 根据规定穿着工作服装，符合侍酒师仪容仪表规范		

续表

卫生安全习惯评价项目	是	否
8. 对工作环境进行规范和整理，保持清洁安全		
9. 随时注意保持个人清洁卫生		
10. 恰当清洗及保养器具		
总分		
等级		
A=90 分以上；B=80 分以上；C=70 分以上；D=70 分以下；E=60 分以下。 每一项"是"者得 10 分，"否"者得 0 分。		

表 1-35　学习态度评价表

学习态度评价项目	分数					
	优	良	中	可	差	劣
	10	8	6	4	2	0
1. 言行举止合宜，服装整齐，容貌整洁						
2. 准时上下课，不迟到早退						
3. 遵守秩序，不吵闹喧哗						
4. 学习中服从教师指导						
5. 上课认真专心						
6. 爱惜教材教具及设备						
7. 有疑问时主动要求协助						
8. 阅读讲义及参考资料						
9. 参与班级教学讨论活动						
10. 将学习内容与工作环境结合						
总分						
等级						
A=90 分以上；B=80 分以上；C=70 分以上；D=70 分以下；E=60 分以下。						

表 1-36　总评价表

评分项目	单项得分	单项等第	比率（%）	单项分数	总分	等级
1. 操作部分			40%			□ A
2. 工作计划			20%			□ B □ C
3. 安全习惯			20%			□ D
4. 学习态度			20%			□ E
总评	□ 合格		□ 不合格			
备注						
A=90 分以上；B=80 分以上；C=70 分以上；D=70 分以下；E=60 分以下。						

九、相关知识点

（一）葡萄酒的服务

1. 饮用温度

红葡萄酒的适饮温度一般为 13~15℃，温度过低的葡萄酒入口较涩。在室温较低的地区，可使酒瓶慢慢变暖，或手握杯肚，用手掌的温度使酒液升温。另外，不建议加热红酒，因为突如其来的高温会给葡萄酒带来不可逆的损害。当红葡萄酒温度升至 18℃以上时，会因失去新鲜度而出现混乱的味道。

白葡萄酒、桃红葡萄酒和起泡葡萄酒的适饮温度均低于红葡萄酒，侍酒时常用冰桶或冷酒器保存以确保其温度适宜。

2. 玻璃器皿

侍酒时，可根据不同类型的葡萄酒选择各种形状和尺寸的玻璃杯。选择恰当的玻璃杯，可为宾客带来更好的品酒体验。

为葡萄酒匹配相应的杯型可凸显葡萄酒的专有特征。

红葡萄酒适合搭配大尺寸玻璃杯，使空气与酒液缓慢接触，逐渐散发酒的芳香，而小杯口可使香味在杯中作适当停留。

白葡萄酒和桃红葡萄酒适合搭配中等尺寸玻璃杯，便于杯内水果香气聚集直达杯口。而细长型酒杯适合起泡酒。细长的杯型便于人们观察气泡经较长的时间穿过酒体的过程，既增强了观赏效果，也有利于增强酒的芳香。加强酒可搭配小尺寸的玻璃杯，既可凸显其芳香，又可淡化其酒精味。

（二）葡萄酒酒标术语

1. 地理标志标签（Geographical Indications）

非欧盟国家的地理标志标签主要用于指出酿造葡萄酒的生产地是位于何处。

葡萄种植者可以自由地在该区内种植葡萄，葡萄种植者或酿酒师种植和酿造时受到的法律限制较少，因此，来自这些 GI 的葡萄酒风格可能会存在很大的差异。消费者需要根据葡萄品种预测瓶内葡萄酒的风格。

欧盟内的地理标志标签，不仅只是用来指示葡萄的来源，而且每个 GI 都有额外的规定。例如哪种葡萄可以种植，葡萄酒的酿造方法等，都有限定。消费者可以根据此区的 GI 来作为评断葡萄酒风格的可靠指标。

欧盟内的 GI 又分可分为原产地保护标签（Protected Designation of Origin，简称 PDO）与地理标志保护标签（Protected Geographical Indication，简称 PGI）。

通常情况下，PDO 区域较小，监管更严格。许多欧洲最负盛名的葡萄酒都属于此类别。此外，也有一些不同的传统酒标术语可以表示该葡萄酒属于 PDO。

PGI 所指的区域更大，与 PDO 相比限定较少。因此，葡萄酒生产者在葡萄种植与葡萄酒酿造上能够拥有更大的弹性。酒款风格也可以千变万化，可以是高产、低价，质量在可接受的等级，或者是低产、质量特好且高价位葡萄酒。另外也有一些不同的传统酒标术语可以表示该葡萄酒属于 PGI。

表 1-37　酒标术语

	PDO	PGI
法国	Appellations d'Origine contrôlée（AOC）	Vin de Pays（VdP）
意大利	Denominazione di Origine Controllata（DOC） Denominazione di Origine Controllata e Garantita（DOCG）	Indicazione Geografica Tipica（IGT）
西班牙	Denominacion de Origen（DO） Denominacion de Origen Calificada（DOCa）	Vino de la Tierra（VT/VdlT）
德国	Qualitätswein Prädikatswein	Landwein

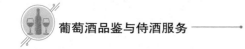

2. 葡萄酒风格和质量酒标术语

意大利除了使用地理标志标签之外，还经常采用经典（Classico）和珍藏（Riserva）作为酒标术语。Classico 表示葡萄酒采用了一个地区历史中心的葡萄酿造而成，通常这些地区位于地势最高的丘陵地带，葡萄酒风味也更加浓郁。Riserva 表示来自 DOC 或 DOCG 的葡萄酒，在上市之前该酒的最低酒精度和陈年时间超过了法定产区规定的最低标准。

西班牙的葡萄酒法规不仅有按照地理标志标签划分的等级体系，而且对红白葡萄酒都做了具体的陈年要求。根据陈年时间，西班牙将葡萄酒分为新酒（Joven）、陈酿（Crianza）、珍藏（Reserva）和特级珍藏（Gran Reserva）四个类型。

Joven 类型的葡萄酒通常年轻、多果味，不受最低陈年要求的限制，通常是在年份后的一年内上市，此类酒款通常具有来自葡萄品种的一类香气和风味。

Crianza 葡萄酒在上市前必须经过橡木桶陈年。红葡萄酒最短的总陈年时间为 24 个月，最短的橡木桶陈年时间为 6 个月；白葡萄酒最短的总陈年时间为 18 个月，最短的橡木桶陈年时间为 6 个月。在此期间，酒液会呈现一类果香和风味，同时还会出现来自橡木桶的二类香气（香草、烟熏等）。

Reserva 葡萄酒在上市之前必须长时间在橡木桶中与瓶中陈年。红葡萄酒最短的总陈年时间为 36 个月，最短的橡木桶陈年时间为 12 个月；白葡萄酒最短的总陈年时间为 24 个月，最短的橡木桶陈年时间为 6 个月。通过陈年，单宁会变得柔和，一些新鲜的水果味道会开始转变为成熟水果或果干等风味。此类酒款具有多层次的一类、二类和三类香气和风味。

Gran Reserva 葡萄酒的最低陈年要求最高，红葡萄酒最短的总陈年时间为 60 个月，最短的橡木桶陈年时间为 18 个月；白葡萄酒最短的总陈年时间为 48 个月，最短的橡木桶陈年时间为 6 个月。酒款通常展现最浓郁的二类和三类香气。

德国葡萄酒中标注优质葡萄酒（Qualitätswein）的酒款必须来自德国 13 个葡萄酒产区之一，标有高级优质葡萄酒（Prädikatswein）的葡萄糖分必须要高于 Qualitätswein，而且葡萄必须来自单一产区。Prädikatswein 按照葡萄采收时的含糖量可以分为珍藏葡萄酒（Kabinett）、晚采收葡萄酒（Spätlese）、逐串精选葡萄酒（Auslese）、逐粒精选葡萄酒（Beerenauslese）、冰酒（Eiswein）和逐粒精选葡萄干葡萄酒（Trockenbeerenauslese）。

表 1-38 德国 PDO 葡萄酒风格

葡萄汁含糖量	PDO 葡萄酒类型	葡萄酒风格
低 ↓ 高	优质葡萄酒（Qualitätswein）	干型→甜型
	高级优质葡萄酒（Prädikatswein）	
	珍藏葡萄酒（Kabinett） 晚采收葡萄酒（Spätlese） 逐串精选葡萄酒（Auslese） 逐粒精选葡萄酒（Beerenauslese） 冰酒（Eiswein） 逐粒精选葡萄干葡萄酒（Trockenbeerenauslese）	干型→半甜型 干型→半甜型 干型→甜型 甜型 甜型 甜型

（1）珍藏葡萄酒（Kabinett）清淡爽脆，适合作为开胃酒，不使用贵腐葡萄，最优质的酒款可以陈年至 10 年。

（2）晚采收葡萄酒（Spätlese）是使用比珍藏酒更为成熟的葡萄酿造而成。它比珍藏葡萄酒酒体饱满，一般不使用贵腐葡萄，有较好的陈年潜力，可以陈年至 15 年。

（3）逐串精选葡萄酒（Auslese）是指酿酒葡萄是经过挑选的高度成熟葡萄串。这个等级比晚收有着更成熟、浓郁的风味，可能会使用部分贵腐葡萄，通常含有一些残糖，需要陈年，但是陈年之后通常会失去甜度。

（4）逐粒精选葡萄酒（Beerenauslese，简称 BA）是指采用经过挑选的一颗颗葡萄酿造，因此必须手工采摘，耗费大量人力。这个等级的葡萄酒是产量稀少的甜型葡萄酒，采用贵腐葡萄酿造。

（5）冰酒（Eiswein）是指酿造所使用的葡萄在成熟后会留在葡萄树上不摘，待到天气足够冷时将其冰冻，葡萄会保留高糖分和高酸度。要达成这个条件，温度需要在零下 8℃以下，因此葡萄的采摘也通常是在冬天晚上，有时要到来年一月份。如果收获期晚，酒标上的年份将标注结出葡萄的年份。压榨葡萄时，冰结晶排出，得到更浓缩的葡萄汁。该葡萄汁的糖分含量至少相当于酿造 BA 葡萄酒的果汁中糖分的含量，但这些葡萄非常健康，未受到贵腐的影响。这种葡萄酒水果风味纯净浓郁、酸度非常高，稀有且昂贵。

（6）逐粒精选葡萄干葡萄酒（Trockenbeerenauslese，简称 TBA）是指酿造用的葡萄是逐粒挑选出来的、受到贵腐感染而浓缩成葡萄干状的葡萄，同样只能手工采摘，残糖量非常高，同时有高酸度与之平衡。TBA 产量极少，只在天气最适合贵腐生长的年份才酿造。

德国葡萄酒甜度风格术语包括干型（Trocken）、半干型（Halbtrocken）、半甜型（Lieblich）和甜型（Suss）。有些酒庄会使用微甜型（Feinherb）代替半干型（Halbtrocken），但是此术语非官方术语。干型葡萄酒的残糖≤4g/L，或着是4g/L＜残糖≤9g/L，同时残糖减总酸度≤2g/L，雷司令通常是这种情况；半干型葡萄酒的残糖含量为4g/L＜残糖≤12g/L，或者12g/L＜残糖≤18g/L，同时残糖减总酸度≤10g/L；半甜型葡萄酒的残糖含量为12g/L＜残糖≤45g/L；甜型葡萄酒的残糖量＞45g/L。

德国没有法律规定的可用于表示葡萄酒质量等级的酒标术语。德国精英酒庄联盟（Verband Deutscher Prädikatsweingüter，简称VDP）从某种程度上解决了此问题。该联盟由一些来自莱茵高（Rheingau）、莱茵黑森（Rheinhessen）和法尔茨（Pfalz）等产区致力于酿造表达德国风土和注重品质的葡萄酒的酒庄自发成立，目前大约有200家成员酒庄，其酒瓶上都有一个老鹰的标志。

1985年开始，VDP开始拟定更细致的葡萄酒分级制度，并在2012年完成修订。该分级制度以葡萄园的风土条件为标准，把葡萄园分成四个等级：

（1）大区酒（Gutswein），这个级别相当于勃艮第的大区级，该等级的葡萄全都来自酒庄自有的葡萄园，葡萄酒的产量要小于等于7500升/公顷。

（2）村庄酒（Ortswein），这个级别相当于勃艮第的村庄级，采用当地经典品种酿造，葡萄需要来自于单一村庄，葡萄酒的产量要小于等于7500升/公顷。

（3）一级园（Erste Lage），这个级别相当于勃艮第一级园，酒标上应标注村庄和葡萄园名称，是具有陈年潜力的优质葡萄酒。该级别的葡萄酒需采用联盟认定为优质地块上种植的适合其风土的传统葡萄品种酿制。葡萄的成熟度需至少达到晚采收葡萄酒的等级，葡萄必须手工采摘，并采用传统技术酿造，葡萄酒的产量需小于等于6000升/公顷。

（4）特级园（VDP Grosse Lage），这个级别相当于勃艮第特级园，被认为是德国最好的葡萄园。特级葡萄园出产的葡萄酒只允许使用传统的酿造方法来酿造，能够准确地呈现葡萄园的风土特点，拥有非常好的陈年潜力，葡萄酒产量需小于等于5000升/公顷。特级园的干型葡萄酒可以标注为"Grosses Gewachs"，简称GG，被认为是德国品质最高的干型葡萄酒，常见的葡萄品种是雷司令和黑皮诺；而甜型葡萄酒可以标注为"Grosse Lage"，简称GL，最常见的也是雷司令。

任务六 葡萄酒品酒辞撰写

一、任务情境描述

海思餐厅今晚将举办一场晚宴，宴中将品鉴9款不同风格的葡萄酒。你被邀请为今晚的品鉴嘉宾，你将从哪些角度来评价一款酒？

侍酒工作应符合《葡萄酒推介与侍酒服务职业技能等级标准（2021年1.0版）》和《SB/T10479—2008饭店业星级侍酒师技术条件》等相关标准要求。

二、学习目标

通过完成该任务，我们要掌握品酒辞的主要内容，能为顾客描述一款葡萄酒的味道。具体要求如下：

表1-39 具体要求

序号	要求
1	能够根据葡萄酒的口感特点描述葡萄酒的颜色、香气和味道。
2	能够根据葡萄酒的特点，评价葡萄酒的状态和陈年潜力。
3	能够根据葡萄酒的特点，给出侍酒建议。

三、任务分组

表1-40 学生分组表

班级		组号		指导老师	
组长		学号			
组员	学号	姓名		角色	轮转顺序
备注					

表 1-41 工作计划表

工作名称：			
（一）工作时所需工具			
1	6	11	16
2	7	12	17
3	8	13	18
4	9	14	19
5	10	15	20
（二）所需材料及消耗品			
名称	说明	规格	数量
（三）工作完成步骤			
序号	工作步骤	卫生安全注意事项	工作注意事项
1			
2			
3			
4			
5			
6			
注意：现在你已经完成你的作业，请不要着急提交，先思考一下，有没有其他更好的办法呢？有没有遗漏呢？请将你的作业交给老师，然后再开始工作。			

四、品鉴纲要

品酒辞常用于品鉴的最后一个环节，是人们对一款葡萄酒风格和品质的整体描述。由于对酒的感受因人而异，品酒师们总试图借用常见物品来描述它的味道，试图帮助人们判断酒款。同时，一段描述得当、恰到好处的品酒辞，往往能够引起来宾的共鸣，提升现场气氛。

引导问题1：品酒辞通常由哪些部分组成？

_____

_____

小提示：

品酒辞的描述顺序遵从品鉴的步骤和内容，一般可分为观色、闻香和品鉴。

引导问题2：如何描述葡萄酒的外观？

_____

_____

小提示：

观色方法：左手拿一张白纸或将白纸置于桌面作为背景，右手手握杯柄，将杯子向纸张方向倾斜45°，观察酒液的澄清度、颜色类型以及深浅度。

表1-42　葡萄酒的外观描述

澄清度	清澈、浑浊	
颜色深度	淡、中、深	
颜色类型	白葡萄酒	柠檬黄色、金色、琥珀色
	桃红葡萄酒	粉红色、黄红色、橙色
	红葡萄酒	紫红色、宝石红色、石榴红色、红茶色、棕色

澄清度的描述：澄清度是葡萄酒外观质量的重要指标，有助于判断葡萄酒是否变质。描述词汇通常有"清澈"或"浑浊"。一般而言，葡萄酒的沉淀物是陈年后色素的自然沉积，不会影响酒的品质。红葡萄酒的沉淀物呈紫红色粉末状，开瓶后有时在酒塞上也可看到酒石酸的部分结晶。白葡萄酒沉淀物则呈白色水晶状，多见于瓶底，有时也会堵在瓶颈处。如果酒瓶中出现悬浮云团状浑浊物，则预示着该款葡萄酒或已变质。浑浊的葡萄酒通常口感质量也较低。

颜色类型和深浅度的描述：描述葡萄酒颜色的词汇，因颜色而异，红葡萄酒的颜色由浅至深分别可描述为紫红色、宝石红色、石榴红色、红茶色和棕色；白葡萄酒颜色由浅至深可描述为柠檬黄色、金色和琥珀色；桃红葡萄酒颜色由浅至深可描述为粉红色、黄红色和橙色。

值得注意的是，红葡萄酒的颜色会随着时间的推移逐渐变浅。年轻的红葡萄酒往往呈现紫红色或宝石红色，陈年红葡萄酒则会透出泛黄的边缘，呈现石榴红或棕红色。白葡萄酒的颜色会随着时间的推移逐渐变深。年轻的白葡萄酒往往呈现出浅稻草黄色、浅柠檬黄色等，而陈年的干白颜色则呈现浅金黄色、金黄色或琥珀色。当然，除了年份之外，影响葡萄酒颜色深浅的因素还有品种、气候、成熟度及酿造方法等。因此，在判断葡萄酒的具体信息时，还应结合以上多种因素进行综合评估。

引导问题 3: 如何描述葡萄酒的香气？

_____

_____

小提示：

闻香时，不建议在杯口停留过长时间，可通过反复多次，完成对香味的辨别。初闻后，可以通过晃杯，待更多的香味物质散发，而后再次闻香。可多次重复以上步骤。随着酒杯的晃动，葡萄酒的液体表面受到破坏，葡萄酒的芳香物质得以更好的释放。由于人的嗅觉极易疲劳，嗅的时间过长也会导致对香味的判断失准失灵。因此，每次闻味停留 2~3 秒即可。闻香过程可以帮助我们判断葡萄酒的纯净性、气味浓度和香味特征。

表 1-43　葡萄酒的气味描述

纯净度	纯净、不纯净
香气浓度	淡、中、浓
香味特征	一类香气、二类香气、三类香气

葡萄酒的香气：通过闻香可以判断葡萄酒的状态是否健康良好，从而确定葡萄酒的品质。状态良好的葡萄酒，其闻香过程是舒适愉悦的；状态不好的葡萄酒则有腐烂果味、湿纸板味、霉味等。

气味浓度和香味特征：一般而言，葡萄酒的香气分为一类香气、二类香气、三类香气。一类香气是指葡萄品种本身的果味与花香，如黑皮诺的草莓香气，长相思的百香果的香气等；二类香气是指酿造工艺带来的香气，苹果酸乳酸发酵产生的坚果、黄油、酵母、奶香、饼干等香气；三类香气是指陈年过程带来的一系列复杂香气，如蘑菇、太妃糖、焦糖、巧克力、香草、烟熏、吐司、橡木等香气。随着葡萄酒的熟成，一类香气会逐渐减弱，取而代之的是更为复杂的香气。通过香气的不同，可判断酒的发展程度，以及部分酿造和陈年的方法。葡萄酒香气的浓郁度，可以用低、中、高来加以区分，以此来推断该酒来源地的气候类型和酿酒方式等。

引导问题 4：如何描述葡萄酒的味道？

_____

_____

小提示：

葡萄酒吸入口腔后，再吸入一些空气，搅动酒液使葡萄酒布满整个口腔。根据口腔感知的强弱，判断酒的酸度、甜度、味道、酒精度等信息。由于舌头上有四大味蕾的主要感知区，例如，舌尖为甜味感知区，舌两侧为酸味感知区，舌面后侧为咸味感知区，舌根是苦味敏感区，因此，搅动酒液使其充满口腔利于我们有效感知和判断葡萄酒中的各种风味。另外，口腔对葡萄酒的加温可使其更好地释放香气分子。口鼻感知的联系和呼应，可让我们再次确认葡萄酒的香气类型与浓郁度，从而推断出更多的信息。

葡萄酒的味道描述可分为甜度、酸度、单宁、酒体、味道特征和余味等六个方面。

表 1-44　葡萄酒的味道描述

甜度	干、近乎干、半干、半甜、甜、极甜
酸度	低、中、高
单宁	低、中、高
味道特征	一类风味、二类风味、三类风味
余味	短、中、长
酒体	极轻盈、轻盈、中等、中高、饱满

甜度的描述：根据口腔感知残糖量的多寡，葡萄酒的甜度可描述为干、近乎干（或半干）、半甜和甜。甜度与感知可参考。

表 1-45　残糖含量与感知

酒款类型	残糖含量与感知
干型葡萄酒	残糖量低于 4g/L，几乎感受不到甜味
半干型葡萄酒	残糖量为 4~12g/L 升，能够感受到甜爽
半甜型葡萄酒	残糖量为 12~45g/L，能够感受到明显的甜爽
甜型葡萄酒	残糖量高于 45g/L，甜度明显

炎热产区的葡萄成熟度高，酒体感知会明显高于冷凉产区的葡萄酒。此类型的代表国家和地区有澳大利亚、智利、阿根廷、美国加利福尼亚州等。一般情况下，由于高成熟度带来的高糖分或残留在酒液中，或转化为酒精，此类葡萄酒的酒体多偏厚重。

酸度的描述："酸"是葡萄酒的灵魂。葡萄酒的酸中主要包含酒石酸、苹果酸和乳酸。品尝高酸的葡萄酒时，舌头两侧的酸度感知区容易产生口水，流速越快，数量越多，说明该款葡萄酒的酸度越高。酸度可以描述为低酸、中等与高酸。清爽的酸度可以刺激味蕾、激发食欲，带来愉悦心情。若一款葡萄酒的酸度可以给味觉带来一种活泼感，则这类酸度可描述为脆爽、活泼、明快、天然、活力充沛；反之，则是平淡、疲软、索然无味。

单宁的描述：单宁来自葡萄梗、葡萄皮和葡萄籽。它会跟唾液中的蛋白质结合，在口腔中造成干涩紧致的感觉。单宁是一种让口腔收敛、发干、褶皱、粗糙的物质，在舌面及上颚的感受最为明显，根据口腔感知的多寡，可将单宁量描述为低、中等和高单宁。若一款葡萄酒的单宁较低，入口没有明显的收敛感，可将其描述为柔和、顺滑、圆润；反之则是紧致、结实、粗糙。

由于红葡萄酒带皮发酵，萃取颜色的同时单宁被一并浸出，所以红葡萄酒与白葡萄酒相比，富含更多单宁。由于白葡萄酒先榨汁后发酵，其单宁一般很少，品酒时也很少提及。另外，单宁含量也与品种有关。例如，赤霞珠、西拉、马尔贝克等品种的单宁含量普遍较高，而黑皮诺、歌海娜、佳美、巴贝拉等品种的单宁含量则较低。

除此之外，单宁可以细分为成熟细腻的单宁与年轻粗糙的单宁。如果一款葡萄酒口感明显带有涩感，那么这很可能是由于饮用时葡萄酒尚过于年轻，葡萄成熟度不高或过度榨汁导致的。成熟的单宁口感相对顺滑、柔和，这与葡萄的成熟度、陈年以及酿造方法都有一定的关系。一般而言，温暖炎热的产区更有利于单宁的成熟。如果一款葡萄酒不仅酸度高，而且单宁重，那么它在年轻的时候，喝起来就会感觉比较生涩，不易入口。待这款酒陈年之后，一部分单宁会随着氧化的进行而变成晶体沉淀析出，在这一过程中，单宁自身也会发生一定的变化，变得更精细、柔顺，甚至可能如天鹅绒般柔和。

葡萄酒中的酒精源自葡萄里的果糖与酵母发生的化学反应。酒精一般受气候环境、品种、含糖量和酿造方法的影响。葡萄酒的酒精度一般维持在 8%~15% vol，根据口腔和喉咙感知的灼烧感，描述为低酒精、中等酒精和高酒精。一款酒精度较低的葡萄酒，可能品尝起来会显得轻盈，反之则可将其形容为饱满。

酒体用来形容一款葡萄酒入口后给人的感受。酒体一般与单宁、酒精度和风味有关，综合酸度、单宁、甜度、酒精度等，可将酒体描述为低酒体、中等酒体和高酒体。除此之外，还可以用饱满、厚重、丰郁、庞大来描述一款重酒体的葡萄酒；反之，则可以用轻盈、清瘦、纤细和单薄等来描述。

味道特征的描述：参考前面表 1-43 和后表 1-51 的相关内容。

余味的描述：余味是指葡萄酒的风味在口腔内持续的时间，可以根据风味强度特征进行相应的描述，详细内容参考任务一品鉴标准与独立感知的引导问题 21。

引导问题 5： 如何形容酒款的状态和陈年潜力？

_____

_____

小提示：
重点结合引导问题 4 中的单宁、酸度和味道特征来思考回答。

引导问题 6： 对于侍酒温度，你有何建议？

_____

_____

小提示：
侍酒温度，可根据葡萄酒的酒体而定，具体建议温度参见表 1-46。

表 1-46　侍酒温度

葡萄酒类型	饮用温度
甜葡萄酒	6~8℃
起泡酒	6~10℃
轻或中等酒体的白葡萄酒	7~10℃
中等或饱满酒体的白葡萄酒	10~13℃
轻酒体红葡萄酒	13℃
中等或饱满酒体的红葡萄酒	15~18℃

引导问题 7：综合上述内容，请总结一份品鉴模版，用于之后的品鉴描述。

_____

_____

五、酒款描述

引导问题 8：如何形容一款未经橡木桶熟化、年轻的长相思干白？

_____

_____

小提示：

外观：这是一款白葡萄酒，酒液纯净无沉淀，呈现柠檬黄略带有青绿色的裙边，表明它是一款年轻的葡萄酒。

香气：这款酒的香气纯净无异味。首先可以闻到清新的果香，如百香果的味道；微微摇晃酒杯后，散发出柠檬、西柚、油桃等柑橘类水果的香气。酒款整体香气清爽。

味道：入口酒体较轻，酸度中等，入口后有新鲜的柑橘类水果香气，余味中等。

总结：总体来说，这款葡萄酒拥有的平衡度上佳，香气和口感清新，是一款易饮的葡萄酒，非常适合用作开胃酒。

酒款状态和陈年潜力：这款酒香气丰富且怡人，现在正是极佳的饮用时期。同时，由于酒款香气多为一类香气，因此建议尽快饮用。

侍酒建议：建议饮用温度 7~10℃，开瓶即饮。

引导问题 9： 如何形容一款经橡木桶发酵熟化、陈年的勃艮第霞多丽？

_____

_____

小提示：

外观：这是一款白葡萄酒，酒液纯净无沉淀，呈现中等柠檬黄色并略带金黄色的裙边，表明它是一款经过一定时间陈年的葡萄酒。

香气：这款酒的香气纯净无异味。首先可以闻到成熟的果香，以及各类香料和坚果的香气；轻微晃杯后，散发出柠檬、苹果、榛子、烤面包、蜂蜜和坚果等香气。酒款整体香气浓郁，且展现出一定的复杂度。

味道：酒体中等，酸度高，略带咸味，拥有烤面包和坚果等香气，余味非常长。

总结：总体来说，这款葡萄酒拥有很好的平衡度，香气浓郁且复杂，滋味丰富且悠长，是一款顶级的勃艮第霞多丽。

酒款状态和陈年潜力：这款酒香气丰富且怡人，现在正是极佳的饮用时期。同时，由于酒款香气依然浓郁，酸度依然活泼，因此也可陈年。

侍酒建议：建议饮用温度 12~15℃，开瓶即饮，但短暂放置后会发展出更加丰富的香气。

引导问题 10： 如何形容一款未经橡木桶熟化、年轻的勃艮第黑皮诺？

_____

_____

小提示：

外观：这是一款红葡萄酒，酒液纯净无杂质，呈现浅紫色，表明它是一款年轻的葡萄酒。

香气：这款酒的香气纯净无异味，散发细腻的草莓、覆盆子和红樱桃的味道。香气轻盈，令人愉悦。

味道：香气中等，酸度和单宁中等偏低，入口酒体较轻，中低酸度，单宁较低。口中依然能感受草莓、樱桃等红色水果的香气，余味中等。

总结：总体来说，这款葡萄酒的平衡度较好，结构完整，是一款优质的黑皮诺葡萄酒。

酒款状态和陈年潜力：正值易饮期，不宜陈年。

侍酒建议：建议饮用温度 12~15℃，开瓶即饮。

引导问题 11：如何形容一款经过橡木桶熟化、年轻的波尔多赤霞珠？

_____

_____

小提示：

颜色：这是一款红葡萄酒，酒液纯净无杂质，呈现深邃的宝石红色并带有紫色的裙边，表明它是一款年轻的葡萄酒。

香气：这款酒的香气纯净无异味，具有浓郁的黑色水果香气和明显的香料气息；轻摇酒杯后，散发黑醋栗、黑莓、黑李子、香草、咖啡、丁香等香气，但没有任何陈年带来的香气。整体而言，这款酒的香气浓郁且丰富，令人愉悦。

味道：入口酒体饱满，酸度明亮，单宁成熟且丰富。口中能明显感受到浓郁的黑莓香气和细腻的丁香气息，余味悠长且复杂。

总结：总体来说，这款葡萄酒的平衡度极好，香气浓郁，结构强劲，是一款典型且优质的以赤霞珠为主的波尔多葡萄酒。

酒款状态和陈年潜力：这款酒香气浓郁且以新鲜的果香和香料气息为主，酸度和单宁都较高。同时，它也拥有较强的陈年潜力，5~8 年后能发展出更复杂且更融合的香气，单宁也会更加圆润。

侍酒建议：建议饮用温度 15~18℃，饮用前须在醒酒器内静置 1 小时。

六、评价反馈

表 1-47　工作计划评价表

工作计划评价项目	分数					
	优	良	中	可	差	劣
	10	8	6	4	2	0
1. 材料及消耗品记录清晰						
2. 使用器具及工具的准备工作						
3. 工作流程的先后顺序						
4. 工作时间长短适宜						
5. 未遗漏工作细节						
6. 器具使用时的注意事项						

续表

工作计划评价项目	分数					
	优	良	中	可	差	劣
	10	8	6	4	2	0
7. 工具使用时的注意事项						
8. 工作安全事项						
9. 工作前后检查改进						
10. 字迹清晰工整						
总分						
等级						
A=90 分以上；B=80 分以上；C=70 分以上；D=70 分以下；E=60 分以下。						

表 1-48 卫生安全习惯评价表

卫生安全习惯评价项目	是	否
1. 正确使用规定器具，不随意更换		
2. 器具及材料放于适当位置并摆放整齐		
3. 操作时，集中精神，不嬉闹		
4. 操作过程中不擅自离岗		
5. 不以任何物品或肢体接触运转中的器具或设备		
6. 玻璃器皿等器具摆放之前检查是否干净安全		
7. 根据规定穿着工作服装，符合侍酒师仪容仪表规范		
8. 对工作环境进行规范和整理，保持清洁安全		
9. 随时注意保持个人清洁卫生		
10. 恰当清洗及保养器具		
总分		
等级		
A=90 分以上；B=80 分以上；C=70 分以上；D=70 分以下；E=60 分以下。 每一项"是"者得 10 分，"否"者得 0 分。		

表 1-49 学习态度评价表

学习态度评价项目	分数					
	优	良	中	可	差	劣
	10	8	6	4	2	0
1. 言行举止合宜，服装整齐，容貌整洁						
2. 准时上下课，不迟到早退						
3. 遵守秩序，不吵闹喧哗						
4. 学习中服从教师指导						
5. 上课认真专心						
6. 爱惜教材教具及设备						
7. 有疑问时主动要求协助						
8. 阅读讲义及参考资料						
9. 参与班级教学讨论活动						
10. 将学习内容与工作环境结合						
总分						
等级						

A=90 分以上；B=80 分以上；C=70 分以上；D=70 分以下；E=60 分以下。

表 1-50 总评价表

评分项目	单项得分	单项等第	比率（%）	单项分数	总分	等级
1. 操作部分			40%			□ A
2. 工作计划			20%			□ B
3. 安全习惯			20%			□ C □ D
4. 学习态度			20%			□ E
总评	□ 合格		□ 不合格			
备注						

A=90 分以上；B=80 分以上；C=70 分以上；D=70 分以下；E=60 分以下。

七、相关知识点

（一）葡萄酒的三类香气及常用词汇

表 1-51　葡萄酒的三类香气及常用词汇

香气类型	香气来源	白葡萄酒	红葡萄酒
一类香气	葡萄品种及酒精发酵所带来的花果香气	金银花、玫瑰、甘菊、苹果、梨、柠檬、青柠、青椒、芦笋、西柚、百香果、菠萝、香蕉、桃、杏、荔枝、芒果、蜜瓜、洋槐花	红樱桃、草莓、红李子、覆盆子、黑醋栗、黑莓、蓝莓、黑樱桃、黑李子、无花果、葡萄干、果酱、青椒、薄荷、桉树、胡椒、莳萝、燧石
二类香气	酿造工艺带来的香气，主要有酒泥接触、苹果酸乳酸发酵和橡木桶熟化	饼干、烤面包、黄油、奶酪、奶油、饼干、面团、酵母、香草、椰子、烟熏	香草、丁香、桂皮、雪松、咖啡、巧克力、树脂、黄油、奶油、椰子、甘草、香草、肉豆蔻
三类香气	陈年过程中产生的香气	蜂蜜、汽油、杏干、苹果干、香蕉干、橘子酱、桂皮、蘑菇、坚果、干草	无花果、黑莓干、蔓越莓干、果酱、皮革、泥土、烟草、太妃糖、蘑菇

（二）品酒记录表

表 1-52　品酒记录表

酒款信息：			日期：
品鉴步骤	特征	选择和记录品尝到的信息	备注
观色	澄清度	□ 清澈　　□ 浑浊	
	颜色深度	□ 淡　□ 中　□ 深	
	颜色类型	白葡萄酒：□ 柠檬黄色　□ 金色　□ 琥珀色	
		桃红葡萄酒：□ 粉红色　□ 黄红色　□ 橙色	
		红葡萄酒：□ 紫红色　□ 宝石红色　□ 石榴红色　□ 红茶色　□ 棕色	

续表

闻香	纯净度	纯净、不纯净	
	香气浓度	淡、中、浓	
	香味特征	一类香气：	
		二类香气：	
		三类香气：	
		变质的味道：	
品鉴	甜度	□干　□近乎干　□半干　□半甜　□甜　□极甜	
	酸度	□低　□中　□高	
	单宁	□低　□中　□高	
	酒精度	□低　□中　□高	
	酒体	□极轻盈　□轻盈　□中等　□中高　□饱满	
	味道特征	一类风味：	
		二类风味：	
		三类风味：	
	余味	□短　□中　□长	
总结	均衡性	□差　□一般　□好　□非常好	
	质量等级	□有缺陷　□差　□可接受　□好　□很好　□特好	
	可饮用性	□未成熟　□现在可饮用并具有陈年潜力　□现在饮用，不宜陈年或继续陈年　□已过适饮期	
整体评鉴			

项目二
侍酒师操作技能

项目导读

    本项目以侍酒服务与顾客满意度为核心，通过对应任务的学习，能够以侍酒师标准做好工作准备，能够正确使用侍酒工具并做好酒具的使用与储存，能够根据餐厅定位和用餐类型做好餐前准备工作，能够熟练完成静止葡萄酒、起泡葡萄酒、特种葡萄酒、烈酒与鸡尾酒等各种酒款的侍酒服务，能够正确处理侍酒服务过程中的突发情况，掌握侍酒师的核心操作技能。

思维导图

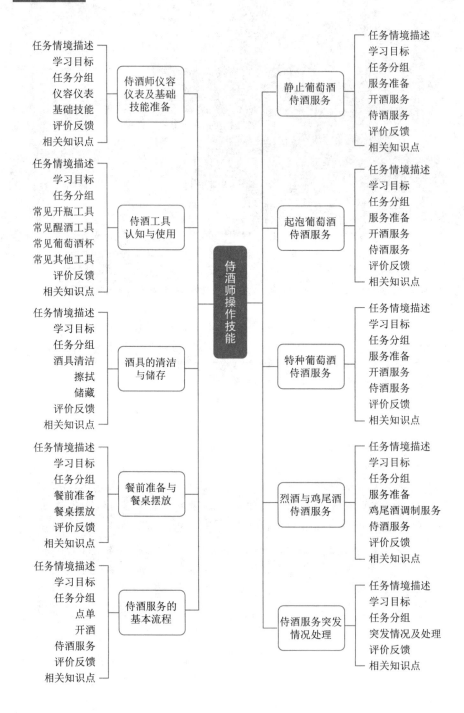

任务情境描述
学习目标
任务分组
仪容仪表
基础技能
评价反馈
相关知识点
—— 侍酒师仪容仪表及基础技能准备

任务情境描述
学习目标
任务分组
常见开瓶工具
常见醒酒工具
常见葡萄酒杯
常见其他工具
评价反馈
相关知识点
—— 侍酒工具认知与使用

任务情境描述
学习目标
任务分组
酒具清洁
擦拭
储藏
评价反馈
相关知识点
—— 酒具的清洁与储存

任务情境描述
学习目标
任务分组
餐前准备
餐桌摆放
评价反馈
相关知识点
—— 餐前准备与餐桌摆放

任务情境描述
学习目标
任务分组
点单
开酒
侍酒服务
评价反馈
相关知识点
—— 侍酒服务的基本流程

侍酒师操作技能

任务情境描述
学习目标
任务分组
服务准备
开酒服务
侍酒服务
评价反馈
相关知识点
—— 静止葡萄酒侍酒服务

任务情境描述
学习目标
任务分组
服务准备
开酒服务
侍酒服务
评价反馈
相关知识点
—— 起泡葡萄酒侍酒服务

任务情境描述
学习目标
任务分组
服务准备
开酒服务
侍酒服务
评价反馈
相关知识点
—— 特种葡萄酒侍酒服务

任务情境描述
学习目标
任务分组
服务准备
鸡尾酒调制服务
侍酒服务
评价反馈
相关知识点
—— 烈酒与鸡尾酒侍酒服务

任务情境描述
学习目标
任务分组
突发情况及处理
评价反馈
相关知识点
—— 侍酒服务突发情况处理

任务一　侍酒师仪容仪表及基础技能准备

一、任务情境描述

William 的梦想是成为一名侍酒师，尽管他看起来有些不修边幅，但有着丰富的侍酒经验和知识储备。一次面试中，由于时间仓促，他来不及换上西服，也没有整理发型和妆容便匆匆去了会场，当天面试者中高手云集，所以还没到操作环节，他就被淘汰了。在仪容仪表方面，你认为 William 还有哪些可以提升的空间？

侍酒工作应符合《葡萄酒推介与侍酒服务职业技能等级标准（2021 年1.0 版）》和《SB/T10479—2008 饭店业星级侍酒师技术条件》等相关标准要求。

二、学习目标

通过完成该任务，明确侍酒师的仪容仪表要求，掌握能够为客人提供基本侍酒服务的知识，具体要求如下：

表2-1　具体要求

序号	要求
1	能够根据侍酒师的职业要求自查仪容仪表。
2	能够根据侍酒师的职业要求自查穿着规范。
3	能够根据侍酒师的工作要求完成开瓶服务。
4	能够根据侍酒师的工作要求完成醒酒服务。
5	能够根据侍酒师的工作要求完成斟酒服务。
6	能够根据侍酒师的工作要求完成冰桶服务。

三、任务分组

表2-2　学生分组表

班级		组号		指导老师	
组长		学号			
组员		学号	姓名	角色	轮转顺序
备注					

表2-3　工作计划表

工作名称：			
（一）工作时所需工具			
1	6	11	16
2	7	12	17
3	8	13	18
4	9	14	19
5	10	15	20
（二）所需材料及消耗品			
名称	说明	规格	数量

续表

（三）工作完成步骤			
序号	工作步骤	卫生安全注意事项	工作注意事项
1			
2			
3			
4			
5			
6			

注意：现在你已经完成你的作业，请不要着急提交，先思考一下，有没有其他更好的办法呢？有没有遗漏呢？请将你的作业交给老师，然后再开始工作。

四、仪容仪表

工作中，规范的仪容仪表不仅可以树立良好的企业形象，展现员工良好的精神风貌，还能提升宾客的用餐体验，从而为餐厅赢得更高的社会评价和经营回报。

仪容常指人的外观、外貌，包括发型、面容及未被服饰遮盖的肌肤等。仪表常指人的外表和整体的状态。大方得体的仪表礼仪可使客人对餐厅留下积极的印象，也更能赢得他人的信赖。

引导问题 1：面部修饰包含哪些方面？小组成员间互相检查面部修饰并提出建议。

_____

_____

引导问题 2：侍酒师的着装有哪些要求？

_____

_____

五、基础技能

引导问题 3：如何使用海马刀开启一瓶软木塞封瓶的葡萄酒？

_____

_____

小提示：

（1）取酒帽：使用海马刀的刀尖沿瓶口下沿切一圈，再用刀尖将酒帽垂直向上划开，顺势取下酒帽。

（2）清洁瓶口：用清洁的口布擦拭瓶口。

（3）取酒塞：将海马刀螺旋锥尖对准软木塞中心，缓缓地将螺旋锥拧进木塞，约剩半环螺旋时停止旋转。借助杠杆原理，上提手柄一到两次。瓶口还剩 1cm 左右的软木塞时，左手稳住瓶身，右手虎口握住瓶塞，右手拇指与食指一同缓慢移出木塞。

（4）清洁瓶口：再次用清洁的口布擦拭瓶口，以免残留木屑落入瓶中。

引导问题 4：如何开启一瓶用螺旋盖封瓶的葡萄酒？

_____

_____

小提示：

（1）将瓶身稍作倾斜，左手握住瓶底，右手握住瓶颈包装的金属部分。两手反向发力，使瓶颈的金属包装与螺旋帽分离。

（2）顺势取下螺旋帽。

引导问题 5：如何在酒篮内开瓶？

_____

_____

小提示：

酒篮内开瓶常用于老酒，由于老酒有部分沉淀物，较为粗放地取拿及开瓶方式会使沉淀泛起，影响葡萄酒的口感。因此，这类葡萄酒通常建议在酒篮中开瓶，且操作的整个过程都须轻拿轻放，确保葡萄酒处于平稳状态。开瓶器可选用海马刀或老酒开瓶器。操作步骤如下：

（1）准备酒篮：准备一个干净、无破损的酒篮，并在篮底铺上干净的口布。

（2）放置葡萄酒：从红酒柜中取出客人的葡萄酒，再次确认酒标信息与客人订单是否一致。确认无误后，将酒瓶外侧擦拭干净，放入酒篮。

（3）提送酒篮：右手握住酒篮把手处（酒标朝外且无遮挡），左手托住酒篮下方（使用白色餐布托垫），确保运输过程的平稳与安全。

（4）对客示酒：向客人展示葡萄酒，介绍酒款、年份等重点信息，待客人确认后将酒篮置于事先准备好的酒水车上。

（5）去除酒帽：将酒篮稍作倾斜，瓶颈侧于身体前端，左手握住瓶颈下端，以确保酒瓶稳固在酒篮中，右手将瓶口凸出部分以上的包装割开去除，并用口布将瓶口擦拭干净。

（6）取出木塞：右手将螺旋钻的锥尖慢慢转入酒塞内，左手则平稳地握住瓶颈处。缓缓地将螺旋锥拧进木塞，约剩半环螺旋时停止旋转，提拉手柄，取出木塞。用口布轻轻擦拭瓶口，确保木屑不落入瓶中。

引导问题6：如何醒酒？

_____

_____

小提示：

醒酒的目的主要是为了促进葡萄酒充分与空气接触，使酒中存在的异味快速消失，从而使葡萄酒入口更柔顺，以及去除葡萄酒可能形成的沉淀。

醒酒时去除沉淀的操作步骤如下：

（1）静置分离沉淀：静置葡萄酒，将沉淀物沉至瓶底。

（2）分离残留物：将酒瓶瓶肩对准蜡烛上方，确保眼睛、酒瓶瓶肩、光源在一条线上。如此，当酒瓶中的酒越来越少时，可透过蜡烛的光源看到酒液中的残留物，以便及时停止。

（3）转移酒液：将葡萄酒缓缓倒入醒酒器。

引导问题7：如何斟酒？

_____

_____

小提示：

1. 静止葡萄酒的斟倒

（1）右手握住酒瓶下半身或底部，左手手持白色口布，右手手指自然展开握于背标处（避免触碰及遮挡正标）。

（2）右脚在前左脚在后，身体自然倾斜。

（3）斟酒时，瓶口对准酒杯中间位置。切勿贴近杯壁，距离杯口 2cm 斟酒，斟酒过程要缓慢，控制酒液流速。倒入适量的酒液后，在杯口正上方小幅度转动瓶身，瓶口向上微微倾斜，确保酒液无滴洒，顺势轻轻擦拭瓶口。

2. 起泡酒的斟倒

为避免倒酒过程中泡沫溢出，斟酒时动作务必轻缓，可分两次斟倒，待部分泡沫消失后，再补充至六七分满。

引导问题 8：如何进行冰桶服务？

_____

_____

小提示：

1. 冰桶服务的含义

由于白葡萄酒、桃红葡萄酒以及起泡酒在饮用之前都需要冰镇，红葡萄酒在夏季饮用环境温度过高的情况下也需要短暂冰镇，因此，冰桶的服务是侍酒师的必备常识。

2. 操作注意事项

（1）放置冰桶：在给客人展示葡萄酒前，先将冰桶放置于客人餐桌旁。放置的位置通常靠近主人一侧。已经开瓶的葡萄酒在给客人斟酒后，一般需要放回冰桶内，以使葡萄酒保持最佳适饮温度。

（2）取酒斟倒：从冰桶内取出葡萄酒时，时刻需要使用干净的白色餐布擦拭瓶身，防止手面打滑，然后为客人斟酒。这个过程需注意抓握安全。

（3）控制酒温：中途时刻观察客人的用酒情况，及时为客人补充葡萄酒；常温葡萄酒的冰镇时间需考虑适饮温度及室温，一般冰镇时间为 10~20 分钟。在酒柜内储藏的葡萄酒，可以直接从酒柜中取出，由客人试酒后决定继续冰镇或直接斟倒。

六、评价反馈

表 2-4　工作计划评价表

工作计划评价项目	分数					
	优	良	中	可	差	劣
	10	8	6	4	2	0
1. 材料及消耗品记录清晰						
2. 使用器具及工具的准备工作						
3. 工作流程的先后顺序						
4. 工作时间长短适宜						
5. 未遗漏工作细节						
6. 器具使用时的注意事项						
7. 工具使用时的注意事项						
8. 工作安全事项						
9. 工作前后检查改进						
10. 字迹清晰工整						
总分						
等级						
A=90 分以上；B=80 分以上；C=70 分以上；D=70 分以下；E=60 分以下。						

表 2-5　卫生安全习惯评价表

卫生安全习惯评价项目	是	否
1. 正确使用规定器具，不随意更换		
2. 器具及材料放于适当位置并摆放整齐		
3. 操作时，集中精神，不嬉闹		
4. 操作过程中不擅自离岗		
5. 不以任何物品或肢体接触运转中的器具或设备		
6. 玻璃器皿等器具摆放之前检查是否干净安全		

续表

卫生安全习惯评价项目	是	否
7. 根据规定穿着工作服装，符合侍酒师仪容仪表规范		
8. 对工作环境进行规范和整理，保持清洁安全		
9. 随时注意保持个人清洁卫生		
10. 恰当清洗及保养器具		
总分		
等级		
A=90分以上；B=80分以上；C=70分以上；D=70分以下；E=60分以下。 每一项"是"者得10分，"否"者得0分。		

表2-6　学习态度评价表

学习态度评价项目	分数					
	优	良	中	可	差	劣
	10	8	6	4	2	0
1. 言行举止合宜，服装整齐，容貌整洁						
2. 准时上下课，不迟到早退						
3. 遵守秩序，不吵闹喧哗						
4. 学习中服从教师指导						
5. 上课认真专心						
6. 爱惜教材教具及设备						
7. 有疑问时主动要求协助						
8. 阅读讲义及参考资料						
9. 参与班级教学讨论活动						
10. 将学习内容与工作环境结合						
总分						
等级						
A=90分以上；B=80分以上；C=70分以上；D=70分以下；E=60分以下。						

表 2-7　总评价表

评分项目	单项得分	单项等第	比率（%）	单项分数	总分	等级
1.操作部分			40%			□ A
2.工作计划			20%			□ B □ C
3.安全习惯			20%			□ D
4.学习态度			20%			□ E
总评	□ 合格		□ 不合格			
备注						
A=90 分以上；B=80 分以上；C=70 分以上；D=70 分以下；E=60 分以下。						

七、相关知识点

（一）面部修饰的要点

1.面部清洁的基本要求

（1）无异物：面部无异物，包括无灰尘、无汗渍、无分泌物、无食品残留物等。服务人员每次上岗前都应认真做好面部的清洁工作，并要养成照镜子的习惯，包括检查口腔中是否有残留物。

（2）无伤痕：不提倡"轻伤不下火线"，餐饮工作涉及食品安全，对客服务人员的表面创伤也可能引起客人主观不适的用餐体验。因此，皮肤外露部位有创伤的工作人员，不建议走上工作岗位。

（3）无异味：这一要求主要针对口腔卫生。服务人员三餐后都应刷牙，并且每次刷牙的时间应在饭后三分钟之内，每次刷牙的时间应在三分钟左右，我们将此称为"三个三原则"。另外，服务人员在上岗前不可吃有强烈刺激性气味的食品，不可喝酒。上班期间不吃有大蒜、洋葱、韭菜、生葱之类的食物，建议不抽烟或少抽烟，以避免口腔气味，这会令客人感觉不佳。

（4）无多余毛发：面部多余的毛发是指除眉毛和眼睫毛之外的毛发，包括鼻毛、耳毛、胡须等。

2.工作妆容的基本要求

（1）自然：服务人员化职业淡妆追求的最高境界是化妆后既提升了精神面貌，又不掩盖容貌本身，端庄淡雅。

（2）适度：工作妆容不应追求个性和标新立异，应根据自己的职业、所处的环境、年龄而选择。

（3）协调：化妆是对整体容貌的修饰，因此应综合考虑肤色、脸形、发型、身份、年龄等因素后，再作综合性的修饰。

（4）隐蔽：服务人员不可当众化妆或以残妆示人。

（二）着装规范的基本要求

1. 服装的类型

按照适用场合，服装类型可分为公务、社交和休闲之类着装。

（1）公务着装：以整洁、大方、高雅为主，西装是国际通用的着装之一。

（2）社交着装：应遵循社交场合具体的着装要求（dress code）。

（3）休闲着装：以舒适、得体为主。

2. 着装的 TPO 原则

TPO 是 Time、Place、Occasion 三个英文单词首字母的缩写，三个单词的意思分别为时间、地点、场合。其含义是要求人们在选择服装和款式时，应根据时间、地点和场合的变化而作相应的区分和调整，力求着装与时间、地点、场合协调一致。

3. 服装三要素

服装三要素是指服装的色彩、款式和面料。三者只有与个体自身的性别年龄、容貌肤色、身材体形、个性气质、职业身份等相适宜，才能协调一致，达成较好的效果。

4. 着装的注意事项

（1）按规定着装。重大的宴会、庆典和商务谈判，尤其是涉外性商务活动，请柬中通常会注明着装要求，参加者就应按规定着装。如果组织者没有规定具体的着装，参加者应着正装。

（2）穿西服时，一定要配颜色相宜的皮鞋，切忌戴帽子，西服的衣裤兜内尽量不放东西，切忌塞得鼓鼓囊囊。

（3）社交活动时，进入室内场所均应摘帽，脱掉大衣、风衣、雨衣等。男士任何时候在室内不得戴帽子和手套。室内一般忌戴墨镜，在室外遇有隆重仪式或迎送等礼节性场合，也不应戴墨镜。有眼疾需戴有色眼镜时，应向客人或主人说明并表示歉意，或在握手、交谈时将眼镜摘下，离别时再戴上。

任务二 侍酒工具认知与使用

一、任务情境描述

海思餐厅的晚餐时间，12 号桌的 3 位客人（2 位女士、2 位男士）想饮用干红、干白葡萄酒，请你按照侍酒服务的工作流程和标准，为该桌客人准备侍酒的相关工具。

侍酒师的知识和能力应能够符合《葡萄酒推介与侍酒服务职业技能等级标准（2021 年 1.0 版）》和《SB/T10479—2008 饭店业星级侍酒师技术条件》等相关标准要求。

二、学习目标

通过完成该任务，我们要明确知晓侍酒的相关工具，为侍酒服务做好物品准备。具体要求如下：

表 2-8　具体要求

序号	要求
1	对侍酒的常用工具非常熟悉。
2	能够熟练地使用常用开瓶工具。
3	能够熟练地使用常见醒酒工具。
4	能够熟练地使用其他侍酒工具。
5	能够根据工作经验随身携带侍酒师的常备工具。
6	对各类常用葡萄酒杯非常熟悉。

三、任务分组

表2-9　学生分组表

班级		组号		指导老师	
组长		学号			
组员		学号	姓名	角色	轮转顺序
备注					

表2-10　工作计划表

工作名称：							
（一）工作时所需工具							
1		6		11		16	
2		7		12		17	
3		8		13		18	
4		9		14		19	
5		10		15		20	
（二）所需材料及消耗品							
名称		说明		规格		数量	

续表

（三）工作完成步骤			
序号	工作步骤	卫生安全注意事项	工作注意事项
1			
2			
3			
4			
5			
6			

注意：现在你已经完成你的作业，请不要着急提交，先思考一下，有没有其他更好的办法呢？有没有遗漏呢？请将你的作业交给老师，然后再开始工作。

四、常见开瓶工具

引导问题 1： 常见的开瓶工具有哪些呢？

_____

_____

小提示：

在 17 世纪的欧洲，伴随着葡萄酒行业的不断发展，急需一款方便人力开瓶的开瓶器，最早的 T 型开瓶器应运而生。随着人们对省力和美观的功能性、审美性需求的增强，许多设计新颖的开瓶器逐渐出现。

目前，葡萄酒开瓶器的种类比较多，分为普通塑料开瓶器、酒刀、T 型开瓶器、真空开瓶器、电动开瓶器、台式开瓶器、墙挂式开瓶器等。侍酒师常用的开瓶工具有：

（1）海马刀开瓶器。海马刀因形状似海马而得名，被誉为"侍酒师之友"。它比较小巧，功能齐全，且便于携带，在葡萄酒专业人士中是使用最为广泛的开瓶工具。海马刀主要由三部分构成：用来割开金属盖箔的带锯齿的小刀，长度约 5.5cm；5 圈螺旋螺丝钻，长度约 7.5 cm；作为支点的葡萄酒瓶开，通常有一级卡位、二级卡位，长度约 10.5 cm。

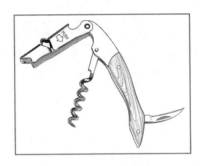

图 2-1　海马刀开瓶器

（2）蝶形开瓶器。蝶形开瓶器是根据物理学的杠杆原理设计而来的，由 1 个螺旋钻和两个带齿轮的杠杆组成，就像翩翩起舞的蝴蝶。蝶形开瓶器的长度约为 17cm、底部圆筒直径约为 3.5cm、顶部手柄长度约 4.5cm。

图 2-2　蝶形开瓶器

（3）兔耳开瓶器。兔耳开瓶器主要由两个酷似兔子长耳朵的手柄和 1 个可上下提拉的活动臂构成，操作便捷高效，但价格比较高，且体积比较大，不方便随身携带。直立起来，高度约为 14.5cm，活动臂长度约为 18cm。

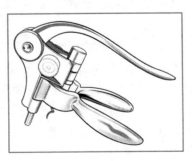

图 2-3　兔耳开瓶器

（4）老酒开瓶器。老酒开瓶器又名 Ah-So 开瓶器，通常用于开启老年份葡萄酒。它的构造十分简单，由两个长短不一的铁片组成，长度约为10cm，铁片底部宽度约为 6.5cm。

图 2-4　老酒开瓶器

引导问题 2： 你知道如何使用各类开瓶工具吗？

小提示：

1. 海马刀开瓶步骤

● 打开切割刀，一手握住瓶身，另一只手持切割刀，沿着瓶唇（瓶口的环状凸起部分）下沿顺时针划过半圈，再逆时针划过另外半圈，以完全切断瓶封；

● 将刀尖垂直于割口向上划一刀，并挑起瓶帽，保证瓶帽完整美观；

● 用餐布将瓶口擦拭干净；

● 将螺旋钻的尖端插入软木塞中心位置，逐渐旋转至其直立；

● 按顺时针方向将螺旋钻缓缓拧进木塞，待到螺旋钻的外露部分剩下约半环时停止旋转；

● 将最靠近刀头的一级卡位卡住瓶口，一手固定住卡位，另一手握住手柄缓缓地向上提起，直到木塞无法上移；

● 将远离刀头的二级卡位卡住瓶口，重复前个步骤（若酒刀仅有一级卡位，则提拉直至软木塞即将完全拔出）；

● 当软木塞即将完全拔出时，停止提拉手柄，然后拿起餐布握住木塞，轻轻晃动将其取出，避免发出声音；

● 一手握住软木塞，另一手逆时针旋转酒刀，直至软木塞脱离。

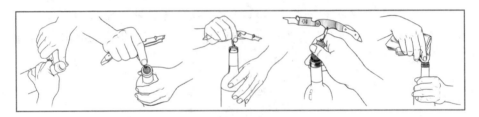

图2-5　海马刀开瓶步骤

2. 蝶形开瓶器开瓶步骤

● 将开瓶器套入瓶口；

● 拧动最上方的半圆形手柄，将螺旋钻旋入软木塞；

● 双手按下两侧杠杆；

● 一手固定酒瓶，一手握住开瓶器轻轻向上提起软木塞。

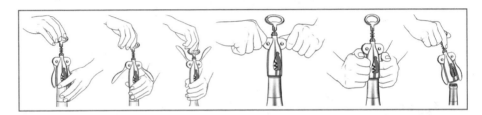

图2-6　蝶形开瓶器开瓶步骤

3. 兔耳开瓶器开瓶步骤

● 使用配套的切割器切开瓶封；

● 将开瓶器顶端的活动臂拉向另一侧，并用兔耳夹住瓶口；

● 单手握紧两只兔耳，将活动臂回拉至与兔耳同侧，下压活动臂以使螺旋钻插入软木塞；

● 将活动臂上抬至最高位置即可拔出软木塞。

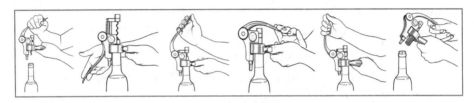

图2-7　兔耳开瓶器开瓶步骤

4.老酒开瓶器开瓶步骤

● 先将 Ah-So 开瓶器较长铁片沿着瓶塞和瓶口之间的缝隙缓缓插入一小段；

● 将较短的铁片插入另一侧缝隙；

● 两侧轮流发力，让两个铁片都渐渐深入，直至夹住整个软木塞；

● 握住手柄，逆时针缓缓旋转并向上发力，即可逐渐拔出木塞。

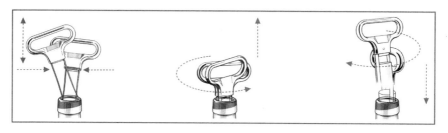

图 2-8　老酒开瓶器开瓶步骤

引导问题 3： 开瓶器的开瓶原理是什么？

_____

_____

小提示：

开瓶器一般利用了力学上的原理。带螺旋的红酒开瓶器大多运用了杠杆原理；蝶形开瓶器，利用蝶形的双面杠杆原理；气压开瓶器利用真空气压原理，靠打进瓶中的气体把瓶塞顶起；古老的 T 型开瓶器和老酒开瓶器依赖人的臂力和手的反转力。

五、常见醒酒工具

引导问题 4： 常见的醒酒器有哪些？

_____

_____

小提示：

醒酒器，亦称作醒酒瓶、醒酒壶，是一种饮用葡萄酒时使用的器皿，作用是让酒与空气接触，让酒的香气充分挥发，并将酒里的沉淀物隔开。醒酒器的标准形状一般是长颈大肚，随着时尚潮流的变化，各种新款式容器层出不穷，结合美观装饰，让呈现着美味佳酿的桌面更添雅致。醒酒器的款式各种各样，常见的有三种：标准醒酒器、老酒醒酒器、异形醒酒器。

1. 标准醒酒器

标准醒酒器是最常用的醒酒器，上窄下宽，线条典雅。尺寸规格不等，可分为小号、中号、大号，可参考的容量约 1000~2000ml，通常可装一瓶 750ml 的红葡萄酒，其瓶肚直径长约 20~24cm、高度约 20~27cm，瓶内有足够的空间，让酒氧化的同时，把酒的芳香仍保留在瓶里。

图 2-9　标准型醒酒器

2. 老酒醒酒器

老酒醒酒器是一种陈年干红葡萄酒的醒酒器具，它的形状似天鹅，也被称为天鹅醒酒器，它有大、中、小不同型号，可参考容量是 600~1800ml。

图 2-10　老酒醒酒器

3. 异形醒酒器

随着人们对醒酒器审美需求的增加，市场上出现了形状各异、丰富多彩的各类具有艺术欣赏价值的醒酒器，由于形状不规则，这些醒酒器统称为异形醒酒器。

图 2-11　异形醒酒器

引导问题 5：为什么要用醒酒器醒酒呢？它的原理是什么？

_____

_____

小提示：

醒酒器设计应用流体工程学原理：流体的流动速度与流体分子结构内部承受的压力成反比。醒酒器采用上述原理，通过加快红酒的流动速度，使之与空气充分混合，从而使红酒分子结构内部压力迅速释放，长期高压存放中的丹宁酸快速氧化，留住葡萄酒滑润芳香的醇正口感，提高了红酒的原有品饮价值。

引导问题 6：如何选择醒酒器？

_____

_____

小提示：

在醒酒之前，根据不同的葡萄酒要计算好用什么形状、什么型号的醒酒器。醒酒器直径的大小与醒酒器颈的长短直接影响着葡萄酒与空气的接触面积，也就是说，它们可以控制葡萄酒的氧化程度，从而决定葡萄酒的气味的散发与滋味的丰富程度。

有些酒需要醒酒的时间比其他酒更长，比如那些高单宁、酒体饱满的红葡萄酒，所以选择一款底部比较宽、与空气接触面积大的醒酒器，能够提高葡萄酒的醒酒效果，例如，赤霞珠（Cabernet Sauvignon）、小西拉（Petite Sirah）、丹娜（Tannat）、莫纳斯特雷尔（Monastrell）、丹魄（Tempranillo）等葡萄酒适合杯底偏宽的醒酒器。酒体中等的红葡萄酒适合选择中等规格的醒酒器，例如，梅洛（Merlot）、桑娇维塞（Sangiovese）、巴贝拉（Barbera）、多赛托（Dolcetto）等葡萄酒。酒体轻盈的红葡萄酒适合中小规格的醒酒器，例如，黑皮诺（Pinot Noir）、博若莱（Beaujolais）等葡萄酒。对于白葡萄酒和桃红葡萄酒而言，醒酒不是必要的步骤，如果实在想醒酒，建议选一个小规格适合冰镇的醒酒器。

此外，一款年轻的葡萄酒会选用比较扁平的醒酒器，这种扁平的醒酒器有一个宽大的肚子，能够促进氧化作用的进行。而对于年老的、脆弱的葡萄酒来说，应选择直径比较小的醒酒器，以防止过分的氧化作用。

六、常见葡萄酒杯

引导问题 7：日常生活中，我们在商场中看到琳琅满目、形状大小不一的各类葡萄酒杯，那么这些酒杯的形状为什么不同呢？

_____

_____

小提示：

一般来说，酒杯虽然不会改变酒的本质，它的形状却可以决定酒的流向、气味、品质以及强度，进而影响酒的香度、味道、平衡性以及余味。曾经有人做过试验，同一种葡萄酒用不同的酒杯来喝，专业的品酒师甚至都会出错，以为是不同的葡萄酒。

引导问题 8：常见的红酒杯有哪些？如何辨别和挑选红酒杯呢？

_____

_____

小提示：

红酒杯的分类有很多，按照功能，可分为香槟杯、红葡萄酒杯、白葡萄酒杯、甜酒杯等；按照材质，可分为普通玻璃杯、一般水晶玻璃杯、无铅水晶玻璃杯等；按形状，可分为笛形高脚杯、郁金香杯；按工艺，可分为全手工杯、机器半手工杯、机器杯。常见的红酒杯有：

（1）ISO标准杯：国际标准化组织（ISO）制定的品酒杯，它不会突出酒的任何特点，直接展现葡萄酒原有风味，被全世界各个葡萄酒品鉴组织推荐和采用。无论哪种葡萄酒在ISO品酒杯里都是平等的。

（2）波尔多酒杯。按波尔多产区的葡萄酒特点设计的酒杯。波尔多红酒的酸和涩味较重，宜用杯身长且杯壁不垂直的郁金香形杯，这种杯子的杯口锥度比较小，可以留住大部分的酒香。同时，酒入口时会直接接触到舌面的中后部，强调了单宁（苦涩味）的同时又取得了甜、酸度很好的平衡。适合用来饮用酒体比较饱满的红葡萄酒，如赤霞珠、西拉及波尔多式混酿红葡萄酒。

（3）勃艮第酒杯。按照勃艮第产区的葡萄酒特点设计的酒杯。勃艮第红酒的单宁较弱、酒体较轻、果味较重，相对于波尔多酒杯来说它浅一些，而且杯子直径更大一些，因为其大肚子的球体造型正好可以引导葡萄酒从舌尖漫入，实现果味和酸味的充分交融；而向内收窄的杯口可以更好地凝聚勃艮第红葡萄酒潜在的酒香。适合用来饮用酒体轻盈或适中的红葡萄酒，如黑皮诺等。

（4）赤霞珠杯。以赤霞珠葡萄酿造出的红酒单宁紧实、口感浓郁，修长的杯身有利于控制酒液抵达舌头的中部，达到单宁、果味以及酸度的平衡，较为平缓的杯身弧度可放缓酒液的流动速度，使酸度获得提升，淡化单宁的苦涩感。

（5）白葡萄酒杯。与红葡萄酒不同，白葡萄酒杯的杯身较红葡萄酒杯要稍显修长，但整体高度要低于红葡萄酒杯。白葡萄酒在口感和味道上要略微清淡，不需要过多释放酒体的香气。

（6）芳香型甜酒杯。甜酒杯建议选择郁金香形杯，这样饮酒的时候可以让酒液直接流向位于舌尖的甜味区。

（7）香槟酒杯。底部有细长握柄，上身为极深之弧状杯身，状似郁金香花，杯口收口小而杯肚大。它能拢住酒的香气，一般用于饮用法国香槟地区出产的香槟酒以及其他国家和地区出产的起泡酒，能充分欣赏酒在杯中起泡的乐趣。

（8）白兰地酒杯。白兰地杯圆润的身材可以让酒的香味存留于杯中，饮用时常用手中指和无名指的指根夹住杯柄，让手温传入杯内使酒略暖，从而增加酒意和芳香。

饱满酒体红葡萄酒杯　中等酒体红葡萄酒杯　轻盈酒体红葡萄酒杯　饱满酒体白葡萄酒杯　轻盈酒体白葡萄酒杯　桃红&芳香型白葡萄酒杯　无脚杯

甜白葡萄酒杯　笛形杯　郁金香杯　碟形杯　雪莉酒杯　波特酒杯　白兰地杯

图 2-12　常见的酒杯类型

七、常见其他工具

引导问题 9：侍酒的其他常见工具有哪些?

小提示：

除了上述的侍酒必备工具外，侍酒师还要用到口布、托盘、冰桶等物品。

口布通常为 50cm 的正方形纯棉布草，用来擦拭酒瓶、酒液等。

托盘通常为直径 35~45cm 的圆形塑料或仿银制托盘。

冰桶是用来冷却需在冰爽状态下品尝的葡萄酒。当葡萄酒的温度高于最佳饮用温度时，冰桶里的冰和水能快速把葡萄酒的温度降至最佳。冰和水两者之间的比例需维持在1:1，并占据冰桶容量的3/4，桶的底部以冰块铺满，瓶身尽量以冰块盖住。冰桶通常配有冰桶架，冰桶架可放置于客人旁侧。

图2-13　冰桶和冰桶架

引导问题 10：作为侍酒师，应该随身携带哪些工具？

小提示：

侍酒师需随身携带的工具包括：海马开瓶器2个、笔2支、便签条1本、打火机2个/火柴1盒（用于老酒醒酒）。

引导问题 11：除了上述的侍酒工具外，还有哪些侍酒工具呢？

八、评价反馈

表 2-11　工作评价表

工作评价项目	分数					
	优	良	中	可	差	劣
	10	8	6	4	2	0
1. 能够找到各种器具						
2. 知道各种器具的名称						
3. 懂得各种器具的用途						
4. 会操作各种器具						
5. 器具使用时的注意事项						
6. 器具使用时的安全事项						
7. 对比类似器具的优缺点						
8. 熟练应用各类器具						
9. 字迹清晰工整						
总分						
等级						

A=90 分以上；B=80 分以上；C=70 分以上；D=70 分以下；E=60 分以下。

表 2-12　卫生安全习惯评价表

卫生安全习惯评价项目	是	否
1. 正确使用规定器具，不随意更换		
2. 器具及材料放于适当位置并摆放整齐		
3. 操作时，集中精神，不嬉闹		
4. 操作过程中不擅自离岗		
5. 不以任何物品或肢体接触运转中的器具或设备		
6. 玻璃器皿等器具摆放之前检查是否干净安全		
7. 根据规定穿着工作服装，符合侍酒师仪容仪表规范		

续表

卫生安全习惯评价项目	是	否
8.对工作环境进行规范和整理，保持清洁安全		
9.随时注意保持个人清洁卫生		
10.恰当清洗及保养器具		
总分		
等级		
A=90分以上；B=80分以上；C=70分以上；D=70分以下；E=60分以下。 每一项"是"者得10分，"否"者得0分。		

表2-13 学习态度评价表

学习态度评价项目	分数					
	优	良	中	可	差	劣
	10	8	6	4	2	0
1.言行举止合宜，服装整齐，容貌整洁						
2.准时上下课，不迟到早退						
3.遵守秩序，不吵闹喧哗						
4.学习中服从教师指导						
5.上课认真专心						
6.爱惜教材教具及设备						
7.有疑问时主动要求协助						
8.阅读讲义及参考资料						
9.参与班级教学讨论活动						
10.将学习内容与工作环境结合						
总分						
等级						
A=90分以上；B=80分以上；C=70分以上；D=70分以下；E=60分以下。						

表 2-14　总评价表

评分项目	单项得分	单项等第	比率（%）	单项分数	总分	等级
1. 认知部分			40%			□ A
2. 操作部分			20%			□ B
3. 安全习惯			20%			□ C □ D
4. 学习态度			20%			□ E
总评	□ 合格		□ 不合格			
备注						
A=90 分以上；B=80 分以上；C=70 分以上；D=70 分以下；E=60 分以下。						

九、相关知识点

（一）侍酒的常用工具

侍酒的常用工具包括：开瓶器、醒酒器、葡萄酒杯、口布、冰桶和冰桶架、笔、打火机 / 火柴等。

（二）常用工具的使用要领

表 2-15　常用工具的使用要领

工具	使用要领 / 注意事项
开瓶器	使用前，先检查开瓶器的可使用性。
	海马刀螺旋钻以倾斜 45° 的方式插入软木塞； 待到螺旋钻的外露部分剩下约半环时停止旋转； 当软木塞即将完全拔出时，用手握住木塞，轻轻晃动将其取出，避免发出声音。
	蝶形开瓶器的螺旋钻垂直插入软木塞中心点； 旋转手柄，直至升到最高处。
	兔耳开瓶器的螺旋钻插入软木塞的中心点。
	老酒开瓶器的两个铁片渐渐深入，夹住整个软木塞； 提拉时，逆时针旋转并向上发力。
醒酒器	酒瓶口不能碰触醒酒器； 年轻的酒，通常用大号醒酒器； 年老的酒，通常用小号醒酒器，降低氧化速度； 异形醒酒器的选择，需考虑清洗难易程度。

续表

工具	使用要领/注意事项
葡萄酒杯	葡萄酒杯的形状可以决定酒的流向、气味、品质以及强度，进而影响酒的香气、味道、平衡性以及余韵； 波尔多杯适合酸和涩味较重的葡萄酒； 勃艮第杯适合单宁较弱、酒体较轻、果味较重的葡萄酒； 白葡萄酒杯的杯身较红葡萄酒杯要稍显修长，但整体高度要低于红葡萄酒杯； 品甜酒最好选择杯口像花瓣一样打开的酒杯； 白兰地杯拿取时，常用中指和无名指的指根夹住杯柄，让手温传入杯内。
口布	使用前，检查口布是否干净卫生、无污渍、无破损； 口布可以拿在手中，但不可搭在肩膀上。
冰桶	冰桶通常放在底盘和垫布上，防止水珠打湿桌布； 同时加冰块和水可以加速降温； 冰桶底部最好铺上一层冰。
火柴	老酒滗酒时用于点燃蜡烛。

任务三　酒具的清洁与储存

一、任务情境描述

海思餐厅的晚餐时间结束，经理安排服务人员做好餐具的清洁与储存。请你按照酒具的清洁、擦拭与储存标准，做好相关工作。

侍酒服务过程中应能够符合《葡萄酒推介与侍酒服务职业技能等级标准（2021年1.0版）》和《SB/T10479—2008饭店业星级侍酒师技术条件》等相关标准要求。

二、学习目标

通过完成该任务，我们要明确酒具的清洁、擦拭与储存的标准工作要求，做好酒具的维护和保养。具体要求如下：

表2-16　具体要求

序号	要求
1	能够使用机器清洗侍酒玻璃器皿。
2	能够手工清洗侍酒玻璃器皿。
3	掌握手工清洗酒杯的流程和标准。
4	掌握清洗醒酒器的流程和标准。
5	掌握擦拭杯子的手法和标准。
6	能够正确地放置擦拭好的杯子。
7	正确选择清洁剂和清洁工具。

三、任务分组

表2-17　学生分组表

班级		组号		指导老师	
组长		学号			

续表

组员	学号	姓名	角色	轮转顺序
备注				

表 2-18　工作计划表

工作名称：			
（一）工作时所需工具			
1	6	11	16
2	7	12	17
3	8	13	18
4	9	14	19
5	10	15	20
（二）所需材料及消耗品			
名称	说明	规格	数量
（三）工作完成步骤			
序号	工作步骤	卫生安全注意事项	工作注意事项
1			
2			
3			
4			
5			
6			
注意：现在你已经完成你的作业，请不要着急提交，先思考一下，有没有其他更好的办法呢？有没有遗漏呢？请将你的作业交给老师，然后再开始工作。			

四、酒具清洁

引导问题 1：侍酒师的服务工具以酒杯、醒酒器等玻璃器皿为主，为保证工作的顺利开展，每天务必做好清洁工作。不同材质的玻璃器皿需要采用不同的清洁方式。你知道玻璃器皿的材质有哪些吗？

_____

_____

小提示：

玻璃器皿具有晶莹剔透、造型多变的特质。玻璃杯的材质主要分为三种：

（1）普通玻璃杯。它的重要成分是二氧化硅和氧化钠、氧化钙。这种酒杯通过机制和人工吹制而成，价格较低，材质较厚，且为确保结实，杯口边缘会加固，但这并不会对品酒体验有所提升。因为玻璃的主要成分是二氧化硅，这种物质的分子不易与其他物质发生化学反应，属于惰性材料，且玻璃不透气。

（2）高硼硅玻璃杯。这种玻璃因为氧化硼的含量高而得名，能承受较大温差的变化而不致破裂，看上去轻薄，分量较轻。

（3）水晶玻璃杯。因为含有的金属元素多，它的折光度和通透度非常接近天然水晶，故而称之为水晶玻璃。水晶玻璃分两种，铅水晶玻璃和无铅水晶玻璃。铅水晶玻璃不建议用于喝高酒精度饮品或酸性果汁，以免铅元素溶解到酸性液体中，引起铅中毒。无铅水晶玻璃不含铅元素，对身体无害。高档餐厅使用的玻璃杯、醒酒器通常是普通玻璃或无铅水晶材质。

引导问题 2：葡萄酒饮用过后，残留在酒杯里的酒渍或污渍要清洗干净，那么清洗过程需要借助哪些清洗剂？

_____

_____

小提示：

专业的酒杯形体优雅轻盈、光滑薄巧，美感与实用性兼备。绝佳的透明度可以令品酒者完整地观赏酒液的色泽、清澈度、气泡与渐层状况。然而只有正确地清洁酒杯，才能保留专业酒杯的优点。以水晶杯为例，这种杯子一般使用渗透性良好的材料制成，有许多小孔，很容易吸收气味。因此，在清洗水晶杯的时候最好使用无香型的清洁剂或小苏打。在清洁时，既不能留下污渍，又要将附着在酒杯上的水滴蒸发掉。

引导问题 3： 待酒用玻璃器皿的清洗方式有哪些？

_____

_____

小提示：

玻璃器皿的清洗方式有机器清洗、手工清洗、半机器半手工清洗。

引导问题 4： 机器清洗玻璃器皿的原理是什么？如何选择洗杯机呢？

_____

_____

小提示：

大部分电动式洗杯机的主要部件是一个简单的电机系统及定时器，通过设置定时器的各个点，来决定运转过程中各阶段的持续时间，以及在何时启动相关部件的功能（例如，添加清洗剂、喷水清洗、排水等）。

洗杯机的种类很多。按结构分有：流水线型，包括进杯皮带、洗杯机械、出杯皮带等结构；柜式，约衣柜大小，固定放置；台式，体型较小，适合移动摆放。按控制方式分有：全自动型，只需看守；半自动型，部分需手动，例如，将杯子装篮；手动型，全部手动。按能源方式：电动型，消耗电能，消耗水资源，适合大型配洗公司；节能型，不用电，只用水压，节约电能与水资源；按清洗方式：冲淋式，高温冲洗；刷洗式，毛刷刷洗。

选择一款好的洗杯机，能达到事半功倍的效果，可提高服务人员的工作效率。选择标准可参照：

第一，根据洗杯数量选购。电动型洗杯机每小时大约可以洗 1500 个杯子；节能型洗杯机每小时可以洗大约 800 个杯子。

第二，根据水电费用消耗选购。电动型相对省人工，但需要培训，水电费用较高；节能型适合各种人操作，操作简单且省水省电。

第三，根据空间大小选购。电动型相对需要一定空间，放置位置基本固定不变；节能型可以随意摆放，或在露天酒吧餐厅使用。

第四，根据机器的寿命选购。电动型最好延长保修期，节能型相对不容易损坏。

第五，根据洗杯机种类选购。电动型适合各种杯型，但篮传式需要配相应的篮子；节能型也适合各种有柄和无柄的杯子，并且清洗更深的杯子效果更好。

图 2-14　洗杯机

引导问题 5： 如何使用机器清洗玻璃器皿？

_____

_____

小提示：

洗杯机的基本使用流程：

①去除残渣；②浸泡餐具；③杯装筐；④花洒冲洗；⑤推筐入机器；⑥关门开始洗涤；⑦洗涤、喷淋（消毒）；⑧喷淋完出筐；⑨入保洁柜。

引导问题 6： 手工清洗玻璃器皿，怎样才能清洗得干净、无水渍？

_____

_____

小提示：

通常纯手工打造的高端酒杯要手工清洗，清洗时，需要配备一些辅助工具。

需要准备的物品是：温水、洗杯布（纯棉、柔软）。

洗涤要求：水晶酒杯可以简单用水清洗，确保水的温度不冷，反复冲洗酒杯，用软布轻轻清洗即可。

引导问题7： 相比红酒杯，醒酒器的颈部开口小，底部直径大，要怎样清洗干净呢？

_____

_____

小提示：

清洗醒酒器需要的工具组合有很多，可以从以下选用一种或几种：

①洗涤液类：白醋和水、洗洁精和水、小苏打和清水、柠檬汁；②珠粒物品：大米、钢制小滚珠、粗盐粒、沙子（此项一定要小心，可能会造成内壁出现划痕）、碎冰；③清水；④洗洁精；⑤消毒剂；⑥瓶刷。

清洗醒酒器的参考步骤如下：

（1）首先用清水冲涮醒酒器，将里面残留的液体清除。

（2）倒入洗涤液。如果有必要，可在醒酒器内加入少许清水。

（3）往醒酒器中加入珠粒物品。

（4）晃动醒酒器，以使洗涤液能充分接触醒酒器的内壁。

（5）可让洗涤溶液充分浸泡，并定时晃动。

（6）洗涤液一旦发生作用，就将溶解器壁内侧的污渍。之后再用珠粒物品搅动，就能将内壁的顽渍冲下来，同时带走已溶解的污渍。

（7）确定醒酒器内壁已清除污渍后，可以将珠粒物品倒出，再用肥皂水清洗（尤其是使用了铅粒和钢珠后）。

（8）用瓶刷刷洗容器的脖颈部位，同时尽可能地刷洗醒酒器的底部。

（9）用清水冲洗干净。

五、擦拭

引导问题8： 洗杯机清洗、烘干完的杯子还需要擦拭吗？

_____

_____

小提示：

机器清洗的酒杯往往会留下水渍，这可能是因为水里的杂质导致的。为了保证客人用到闪亮的杯子，通常在为客人提供杯子前，还需进行水渍检查和擦拭。

专业的侍酒师，通常把杯子放在一桶热水上方，让蒸汽进入杯内，用棉布（不起毛）擦干酒杯，在光线下检查杯子的清洁度。

引导问题 9：醒酒器清洗完后，如何保证底部、内部干燥清洁呢？

_____

_____

小提示：

（1）使用醒酒器烘干器。醒酒器烘干器呈细长的管状，表面包裹着填充了硅胶或其他干燥剂的棉布套。使用时，将这种烘干器从醒酒器颈部伸入，棉布套中的晶体会将残留的液体全部吸尽，使醒酒器完全干燥。

（2）使用醒酒器干燥支架。如果将醒酒器直立放置，其底部的水汽很难去除。这时，你可以利用醒酒器干燥支架来解决这一问题。将醒酒器倒立放置在支架上不仅能使醒酒器保持内壁与底部干燥，不留水渍，还能防止醒酒器滑动、侧翻或刮伤。

（3）使用醒酒器干燥布刷。握住布刷的柄端，将其伸进醒酒器中，然后旋转布刷杆，下方的布片便会全方位、高效率地清洁并擦干醒酒器。

引导问题 10：除了上述方法外，还有哪些方法可以用于清洗醒酒器呢？

_____

_____

六、储藏

引导问题 11：清洗、擦拭干净的酒杯和醒酒器如何储藏呢？

_____

_____

小提示：

清洗后的酒杯不能倒扣或者放在箱子里，应该采用如下方法放置：

（1）将酒杯倒挂于杯架上，这样可以避免落入灰尘。

（2）将杯口朝上立放，放在专业酒柜或储物间中，尽量让每个酒杯间有足够空隙，以免破碎。储物间里不能放置其他有异味的物品。

七、评价反馈

表 2-19　工作计划评价表

工作计划评价项目	分数					
	优	良	中	可	差	劣
	10	8	6	4	2	0
1. 材料及消耗品记录清晰						
2. 使用器具及工具的准备工作						
3. 工作流程的先后顺序						
4. 工作时间长短适宜						
5. 未遗漏工作细节						
6. 器具使用时的注意事项						
7. 工具使用时的注意事项						
8. 工作安全事项						
9. 工作前后检查改进						
10. 字迹清晰工整						
总分						
等级						
A=90 分以上；B=80 分以上；C=70 分以上；D=70 分以下；E=60 分以下。						

表 2-20　卫生安全习惯评价表

卫生安全习惯评价项目	是	否
1. 正确使用规定器具，不随意更换		
2. 器具及材料放于适当位置并摆放整齐		
3. 操作时，集中精神，不嬉闹		
4. 操作过程中不擅自离岗		
5. 不以任何物品或肢体接触运转中的器具或设备		

续表

卫生安全习惯评价项目	是	否
6. 玻璃器皿等器具摆放之前检查是否干净安全		
7. 根据规定穿着工作服装，符合侍酒师仪容仪表规范		
8. 对工作环境进行规范和整理，保持清洁安全		
9. 随时注意保持个人清洁卫生		
10. 恰当清洗及保养器具		
总分		
等级		
A=90 分以上；B=80 分以上；C=70 分以上；D=70 分以下；E=60 分以下。 每一项"是"者得 10 分，"否"者得 0 分。		

表 2-21 学习态度评价表

学习态度评价项目	分数					
	优	良	中	可	差	劣
	10	8	6	4	2	0
1. 言行举止合宜，服装整齐，容貌整洁						
2. 准时上下课，不迟到早退						
3. 遵守秩序，不吵闹喧哗						
4. 学习中服从教师指导						
5. 上课认真专心						
6. 爱惜教材教具及设备						
7. 有疑问时主动要求协助						
8. 阅读讲义及参考资料						
9. 参与班级教学讨论活动						
10. 将学习内容与工作环境结合						
总分						
等级						
A=90 分以上；B=80 分以上；C=70 分以上；D=70 分以下；E=60 分以下。						

表 2-22　总评价表

评分项目	单项得分	单项等第	比率（%）	单项分数	总分	等级
1. 操作部分			40%			□ A
2. 工作计划			20%			□ B
						□ C
3. 安全习惯			20%			□ D
4. 学习态度			20%			□ E
总评	□ 合格		□ 不合格			
备注						
A=90 分以上；B=80 分以上；C=70 分以上；D=70 分以下；E=60 分以下。						

八、相关知识点

（一）洗杯机清洗的优势

手工清洗无法过滤水中的杂质，因此容易在玻璃杯上形成水渍、水垢、斑痕。洗杯机在清洗周期前能更高效地把水净化到纯度达到 98%，用这些洁净的水对杯具进行洗涤，从而达到餐具无雾化、无水垢残留，还原餐具闪亮效果。

（二）醒酒器清洗的注意事项

（1）醒酒器在使用完毕之后，即使没有时间立刻清洁，也应尽快注入热水浸泡，避免酒渍变干从而增加清洗难度。

（2）避免使用化学洗涤剂，如洗洁精，有可能残留的化学物质附着在内壁上，从而导致葡萄酒的风味被破坏。

（3）避免使用洗碗机。对于大多数醒酒器来说，洗碗机的运作模式还是过于"粗暴"，可能会损伤醒酒器，留下擦痕。

（4）在清洁过程中应避免骤冷骤热，以防醒酒器炸裂。

（5）在清洁之前需摘下手上的珠宝首饰及手表，避免刮擦醒酒器。

（三）醒酒器清洗的其他方法

1. 清水 + 醋

将热水缓缓注入待清洗的醒酒器中，浸泡 10 分钟左右后倒出，用柔软的棉布对醒酒器的内壁进行小心、仔细的擦拭。水分擦拭完后醒酒器的温度也相应降低，此时加入适量的白醋、清水以及冰块的混合液，以画圈的方式旋转醒酒器，待到醒酒器内酒渍清洁干净后倒出，并以清水冲洗，最后重复之前擦拭的步骤即可。

2. 盐＋冰块

如果醒酒器材质相对坚硬，那么可以加入盐和碎冰的混合物进行清洁。以打圈的方式摇晃装有盐和碎冰的醒酒器直到酒渍消失即可。之后，将盐与碎冰倒出，加入常温清水冲洗醒酒器，接着让其自然晾干。要注意的是摇晃时不要用力过猛。

3. 醒酒器清洁珠

醒酒器清洁珠是光滑的小粒不锈钢珠，专为醒酒器清洁而设计。使用时，将一小盒清洁珠与热水一起倒入醒酒器，注意水面要高于污渍所在高度，接着摇晃醒酒器，随着小钢珠发出"沙沙"的声响，醒酒器内壁上的酒液残留和沉淀物会被带走溶入水中。当所有污渍去除后，将热水和清洁珠倒出，使用温水冲洗醒酒器。醒酒器清洁珠尤其适合用于清洁形状独特的醒酒器，因为体积小巧的小圆钢珠可以很好地接触到醒酒器的每一个角落。

4. 醋＋生米粒

小钢珠的材质可能会损伤醒酒器，可使用较为温和的生米粒来代替。将生米粒、水和白醋以 1∶1∶1 的比例混合后倒入醒酒器，之后晃动醒酒器直到酒渍全部清除，最后用清水冲洗醒酒器并自然晾干。这种方法尤其适用于清洁细小的酒渍。

（四）擦拭酒杯的步骤

（1）准备干净的口布 1~2 块、不锈钢带耳热水桶。

（2）将一块口布打开，双手分别捏住口布对角的两端。

（3）一手拿起干净酒杯的杯底。

（4）将杯口放置在热水桶上方。

（5）让杯子有水渍的位置蒙上一层水蒸气。

（6）另一只手擦拭杯子，擦拭的顺序按照"杯底—杯腿—杯身外侧—杯身内侧"进行。

（7）擦拭完成后，在灯光或阳光下检查杯子是否干净及透亮程度。

任务四 餐前准备与餐桌摆放

一、任务情境描述

海思餐厅的晚餐时间，3号桌的4位客人（2位女士、2位男士）预计半小时后到达餐厅，请你按照红葡萄酒侍酒服务的工作流程和标准，完成侍酒前的餐前准备和餐桌摆放工作。

侍酒准备过程中应能够符合《葡萄酒推介与侍酒服务职业技能等级标准（2021年1.0版）》和《SB/T10479—2008饭店业星级侍酒师技术条件》等相关标准要求。

二、学习目标

通过完成该任务，我们要明确侍酒服务前的准备工作要求，为侍酒服务阶段做好准备。具体要求如下：

表2-23 具体要求

序号	要求
1	能够根据用餐形式做好餐前准备工作。
2	能够根据用餐形式做好餐桌摆放工作。
3	能够用正确的方法擦拭酒杯，确保玻璃器皿干净、无异味。
4	确保酒单干净、正确，为最新版且易于阅读。
5	能够在服务前将餐巾折叠并准备好。
6	能够在服务前将服务托盘、冰桶、酒杯支架、酒篮、醒酒器、开瓶器等清洁、抛光，并做好服务准备。
7	能够确保开餐前常用的葡萄酒的类型和数量充足。

三、任务分组

表 2-24　学生分组表

班级		组号		指导老师	
组长		学号			
组员		学号	姓名	角色	轮转顺序
备注					

表 2-25　工作计划表

工作名称：							
（一）工作时所需工具							
1		6		11		16	
2		7		12		17	
3		8		13		18	
4		9		14		19	
5		10		15		20	
（二）所需材料及消耗品							
名称		说明		规格		数量	

续表

（三）工作完成步骤			
序号	工作步骤	卫生安全注意事项	工作注意事项
1			
2			
3			
4			
5			
6			
注意：现在你已经完成你的作业，请不要着急提交，先思考一下，有没有其他更好的办法呢？有没有遗漏呢？请将你的作业交给老师，然后再开始工作。			

四、餐前准备

引导问题 1：客人到达前需要准备哪些物品？

_____

_____

小提示：

客人到达之前，需根据餐厅服务政策取出相应数量的葡萄酒杯、桌布、底垫、口巾、餐盘、刀叉，还需准备好酒单、开瓶器、服务托盘、冰桶、支架和醒酒器等，并保证所取物品的清洁、卫生、安全。需要强调的是，应确认常用酒水的种类和数量是否充足。

引导问题 2：葡萄酒的适饮温度是多少呢？

_____

_____

引导问题 3：如何保证拿取出来后的葡萄酒的温度和口感？

_____

_____

小提示：

不同类型的葡萄酒的适饮温度不同。服务人员需根据餐厅服务政策让酒水快速达到适饮温度。

引导问题 4： 侍酒师的仪容仪表中需特别注意什么？

_____

_____

小提示：

除保证仪容仪表干净、整洁、符合职业特点外，要特别注意侍酒师身体所携带的气味，不要使用香水或气味较重的洗护产品、护肤品和化妆品，以避免遮盖或影响酒水本身的气味。

五、餐桌摆放

引导问题 5： 餐桌摆放的标准是什么？摆放的方式有哪些？

_____

_____

小提示：

餐厅的餐桌摆设（Table Setting）是指客用餐具在餐桌上的摆放状况，通常根据餐厅的摆设政策，配合点菜单的内容作增减。摆设时，要遵循安全、卫生、整齐、统一以及服务的便利性等原则。

酒水服务通常出现在午、晚餐时间段，这时，餐桌摆设通常有基本摆设形式、套餐摆设形式、宴会摆台形式和特殊摆台形式。最简单、基本的休闲餐桌摆设需用到餐巾折花、主菜刀叉、水杯、花瓶、椒盐罐等物品，摆设方式，如图 2-15 所示；零点摆放方式，餐巾折花可放置于装饰盘上，左侧可加放面包盘和黄油刀，如图 2-16 所示；套餐摆放方式，需根据套餐内容，适当增加前菜、汤勺、鱼刀叉、甜点叉匙，若有酒水，还需增加红葡萄酒杯或白葡萄酒杯，如图 2-17 所示；宴会摆设方式最为复杂，前菜刀叉、鱼刀鱼叉、汤勺、牛排刀叉、甜品叉匙、水杯、红葡萄酒杯、白葡萄酒杯、花瓶、椒盐罐等通常均包括在内，但也需根据客人的需求提前做好调整，如图 2-18 所示。

图 2-15　休闲餐桌台面

图 2-16　零点餐桌台面

图 2-17　套餐餐桌台面

图 2-18 宴会餐桌台面

餐桌摆放的流程和标准是什么？

_____

_____

小提示：

餐桌摆放需遵循一定的流程，如下图所示：

图 2-19 餐桌摆放流程

餐桌摆放还需遵循一定的标准：①定位均衡，均衡对称是餐台摆设的基本要求，台布十字居中、装饰盘或餐巾折花定位居中；②餐具距离和位置，装饰盘和刀叉等餐具距离桌面外沿 1~1.5cm，刀叉之间 1~1.5cm，黄油碟横向中线与装饰盘或餐巾折花横向中线重合；水杯放置于靠近装饰盘或餐巾花的刀上方1.5~2 cm，干红、干白杯与水杯中线连线呈一条线，与横向水平线呈 45°；花瓶、椒盐罐置于餐桌中间或不坐客人的桌沿一边。

六、评价反馈

表2-26 工作计划评价表

工作计划评价项目	分数					
	优	良	中	可	差	劣
	10	8	6	4	2	0
1.材料及消耗品记录清晰						
2.使用器具及工具的准备工作						
3.工作流程的先后顺序						
4.工作时间长短适宜						
5.未遗漏工作细节						
6.器具使用时的注意事项						
7.工具使用时的注意事项						
8.工作安全事项						
9.工作前后检查改进						
10.字迹清晰工整						
总分						
等级						
A=90分以上；B=80分以上；C=70分以上；D=70分以下；E=60分以下。						

表2-27 卫生安全习惯评价表

卫生安全习惯评价项目	是	否
1.正确使用规定器具，不随意更换		
2.器具及材料放于适当位置并摆放整齐		
3.操作时，集中精神，不嬉闹		
4.操作过程中不擅自离岗		
5.不以任何物品或肢体接触运转中的器具或设备		

卫生安全习惯评价项目	是	否
6.玻璃器皿等器具摆放之前检查是否干净安全		
7.根据规定穿着工作服装，符合侍酒师仪容仪表规范		
8.对工作环境进行规范和整理，保持清洁安全		
9.随时注意保持个人清洁卫生		
10.恰当清洗及保养器具		
总分		
等级		
A=90分以上；B=80分以上；C=70分以上；D=70分以下；E=60分以下。 每一项"是"者得10分，"否"者得0分。		

表 2-28　学习态度评价表

学习态度评价项目	分数					
	优	良	中	可	差	劣
	10	8	6	4	2	0
1.言行举止合宜，服装整齐，容貌整洁						
2.准时上下课，不迟到早退						
3.遵守秩序，不吵闹喧哗						
4.学习中服从教师指导						
5.上课认真专心						
6.爱惜教材教具及设备						
7.有疑问时主动要求协助						
8.阅读讲义及参考资料						
9.参与班级教学讨论活动						
10.将学习内容与工作环境结合						
总分						
等级						
A=90分以上；B=80分以上；C=70分以上；D=70分以下；E=60分以下。						

表 2-29　总评价表

评分项目	单项得分	单项等第	比率（%）	单项分数	总分	等级
1. 操作部分			40%			□ A □ B □ C □ D □ E
2. 工作计划			20%			
3. 安全习惯			20%			
4. 学习态度			20%			
总评	□ 合格		□ 不合格			
备注						
A=90 分以上；B=80 分以上；C=70 分以上；D=70 分以下；E=60 分以下。						

七、相关知识点

餐前准备与餐桌摆设步骤见下。

（1）准备葡萄酒杯、桌布、底垫、餐巾、餐盘、刀叉，还需准备好酒单、开瓶器、服务托盘、冰桶、支架和醒酒器等物品。

（2）检查上述物品，保证安全、可使用。

（3）清洁上述物品，保证干净卫生。

（4）铺设桌布，下垂均等，中线对齐、居中。

（5）折叠餐巾，挺括、对齐、简约。

（6）用托盘托起装饰盘或餐巾花，摆设在相应的餐位上，中心与桌布中线对齐，距离桌面 1~1.5cm。

（7）用托盘托起刀叉等餐具，根据餐厅的服务政策，右刀、左叉进行摆设，餐具之间距离 1~1.5cm，底部距离桌沿 1~1.5cm。

（8）摆放黄油碟、黄油刀，黄油碟横向中线延长线与装饰盘中线延长线为一条线；黄油刀摆放在黄油碟的 1/3 处。

（9）摆放甜品叉勺，位于装饰盘或餐巾花的正上方，餐具之间距离1~1.5cm。

（10）摆放水杯，位于靠近装饰盘刀的正上方 1.5~2cm。

（11）摆放红酒杯或干白杯，中线与水杯中线延长线为一条线，与水平线呈 45°。

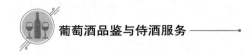

（12）摆放花瓶和椒盐罐，放置于桌子中间或没有客人位置的桌子一侧的中间位置，花瓶放在外沿，椒盐罐放在内侧，左椒右盐。

（13）调整椅子，椅面与桌布相齐。

（14）调整餐具，相对餐具对齐，刀叉餐具摆正。

（15）时刻关注客人，准备迎接客人。

任务五　侍酒服务的基本流程

一、任务情境描述

海思餐厅的晚餐时间，3 号桌的 4 位客人（2 位女士、2 位男士）已到达餐厅，请你按照红葡萄酒侍酒服务的工作流程和标准，完成点单、开酒、醒酒、侍酒的服务工作。

侍酒准备过程中应能够符合《葡萄酒推介与侍酒服务职业技能等级标准（2021 年 1.0 版）》和《SB/T10479—2008 饭店业星级侍酒师技术条件》等相关标准要求。

二、学习目标

通过完成该任务，能够掌握侍酒服务中的点单、开酒、醒酒、侍酒等工作流程并达到基本要求，完成葡萄酒的侍酒服务。具体要求如下：

表 2-30　具体要求

序号	要求
1	能够根据客人的需求和所点菜肴推介适宜的葡萄酒。
2	能够乐于和善于与客人沟通，细致地解答客人提出的问题。
3	能够在侍酒前与客人核对酒款，开启酒塞前初步确认酒款是否处于最佳饮用温度。
4	能够采取正确的手法开启一瓶葡萄酒。
5	能够正确处理开瓶后的酒帽和酒塞等物品。
6	能够正确地提供醒酒服务。
7	能够根据服务标准为客人倒酒，掌握正确的倒酒顺序和倒酒量。
8	能够在服务过程中回答客人的问题并介绍葡萄酒知识，构建良好的服务氛围。
9	能够在侍酒服务过程中注意酒水温度，及时采取措施保持酒的最佳饮用温度。

三、任务分组

表 2-31　学生分组表

班级		组号		指导老师	
组长		学号			
组员	学号	姓名	角色	轮转顺序	
备注					

表 2-32　工作计划表

工作名称：			
（一）工作时所需工具			
1	6	11	16
2	7	12	17
3	8	13	18
4	9	14	19
5	10	15	20
（二）所需材料及消耗品			
名称	说明	规格	数量

续表

（三）工作完成步骤			
序号	工作步骤	卫生安全注意事项	工作注意事项
1			
2			
3			
4			
5			
6			
注意：现在你已经完成你的作业，请不要着急提交，先思考一下，有没有其他更好的办法呢？有没有遗漏呢？请将你的作业交给老师，然后再开始工作。			

四、点单

引导问题 1： 如何进行葡萄酒的点单工作？

_____

_____

小提示：

点单时，侍酒师应走到客人的右手边，问候客人（先生 / 女士，您好，我是侍酒师 William，请问您想喝点什么吗？）。当客人查看酒单并点就之后，确认酒款信息（您点的是一瓶 ××× 产区 ××× 酒庄的干红葡萄酒 / 干白葡萄酒，对吗？），并与客人进行友好自然的互动交流。

引导问题 2： 在点单过程中如何适当地推荐酒水？

_____

_____

小提示：

当客人对酒水不熟悉或无法抉择时，侍酒师可以为客人推荐酒水，推荐过程应该体现出专业水平，让客人感受到侍酒师的真诚和高质量的服务水准。做好酒水推荐可以考虑以下几个方面：

（1）搭配客人所点菜品。选择葡萄酒时，不能只考虑肉类中的蛋白质，还要考虑料理中的其他成分，综合考虑后再选择与整道料理最相配的葡萄酒，例如，配有柑橘类水果的海鲜可以搭配长相思等具有高酸度的葡萄酒。

（2）考虑客人的饮食习惯。除了了解烹饪体系、烹饪方式及食材外，还要了解客人的饮食习惯。例如，广州人注重食材的本质，不论是海鲜还是肉类，都要求突出"鲜"的特点，在推荐餐酒时，可以更多地考虑酸爽的长相思和雷司令，也可以选择酒体圆润及中低酒体的红葡萄酒，此外，广州人还偏爱白兰地类的蒸馏酒，也会用白兰地搭配主餐，所以，类似的酒水也可以加入酒单并为客人推荐。

（3）考虑客人的预算费用。推荐酒水时，需适当询问客人的预算，若预算不限，可着重考虑餐酒的合理搭配及餐厅酒水的营销推广政策；若客人有预算，在预算范围内，推荐尽可能适合的葡萄酒来搭配客人的餐食，并且要让客人感觉物有所值。

（4）考虑客人自身的喜好。当然，若客人有自己所偏爱的葡萄品种、品牌、产区、年份等，侍酒师需结合客人的喜好和食物的口味、配料、调味汁等特色，给出自己的合理建议，但最后还是以客人的偏好为准。

引导问题3：客人选定了酒款后，还需要确认吗？

小提示：

当客人选择了某款葡萄酒或侍酒师为客人推荐了某款葡萄酒后，点酒工作还没完成，侍酒师需再次确认客人所点酒水的品牌、葡萄品种、酒名、年份、产区等信息，以防出现错点、错记等问题。

引导问题4：客人点单之后，侍酒师需要准备哪些物品？请列出你的物品清单和工作步骤。

表2-33　工作计划表

工作名称：			
（一）工作时所需工具			
1	6	11	16
2	7	12	17
3	8	13	18
4	9	14	19
5	10	15	20

续表

（二）所需材料及消耗品			
名称	说明	规格	数量

（三）工作完成步骤			
序号	工作步骤	卫生安全注意事项	工作注意事项
1			
2			
3			
4			
5			
6			

注意：现在你已经完成你的作业，请不要着急提交，先思考一下，有没有其他更好的办法呢？有没有遗漏呢？请将你的作业交给老师，然后再开始工作。

小提示：

客人点单并确认好酒款信息之后，侍酒师需要准备葡萄酒所需要的酒杯、酒刀、小银盘、酒布、托盘，以及冰桶和冰桶架（白葡萄酒、起泡葡萄酒需放冰桶，以保持好的口感）等物品。物品备齐后，沿顺时针方向为客人摆放酒杯（先客人，后主人）。

五、开酒

引导问题 5： 开瓶前还要确认酒款吗？如何确认？

_____

_____

小提示：

酒水从酒柜拿出后，还需再次给客人确认。侍酒师站立于客人右侧，口布包瓶，右手扶瓶颈、左手托瓶底，将酒瓶酒标呈现于客人面前，向客人介绍酒款名称、年份、酒庄和产区等信息，以待客人确认。

图 2-20　示酒

引导问题 6：葡萄酒放在哪里开瓶？

_____

_____

小提示：

根据葡萄酒酒塞的特点（软木塞、螺旋盖）、餐厅的布置情况以及餐厅的服务方式，采用悬空徒手开瓶、在客人餐桌上开瓶、在服务酒水车上开瓶、在服务边台上开瓶等方式。

引导问题 7：如何进行不同类型的葡萄酒开瓶服务？

_____

_____

小提示：

不同的酒塞和不同的葡萄酒的开瓶方式不同：

①螺旋盖封装的葡萄酒只需拧开瓶盖即可。②软木塞封装的葡萄酒可以根据酒款类型、陈年时间等进行针对性准备与服务，具体内容见静止葡萄酒侍酒服务、起泡葡萄酒侍酒服务、特种葡萄酒侍酒服务的相关任务介绍。

引导问题 8：如何处理开瓶后的瓶子、醒酒器、酒帽和酒塞等物品？

_____

_____

小提示：

如果空间允许，酒瓶、软木塞、酒帽和醒酒器均放置在客人右侧或前面，用小银盘盛装。

六、侍酒服务

引导问题 9： 侍酒服务的流程是什么？

_____

_____

小提示：

（1）酒杯应以一致的方式从客人右侧放置在桌子上，顺时针以先客人后主人的顺序摆放于桌上。

（2）侍酒师右手拿瓶，酒标面向主人，给主人倒 15ml。

（3）侍酒师后退一步，等待主人试酒。

（4）经客人确认无误后，侍酒师从主人的左侧（顺时针）的客人开始斟倒葡萄酒，如果有贵宾，则先为贵宾服务，然后顺时针按照贵宾、女士、男士、主人的顺序倒酒。

（5）每次倒出后，用干净的口布擦拭瓶口，以防酒液滴洒。

（6）将酒瓶、软木塞和酒帽放在小银盘内，并置于客人餐桌上，如果使用冰桶，则应将其放置在不妨碍桌子周围移动的位置。

引导问题 10： 斟倒酒水量是多少呢？

_____

_____

小提示：

通常情况下，红葡萄酒和白葡萄酒可以斟倒至杯肚最宽处，起泡葡萄酒斟倒 3/4 杯。

引导问题 11： 葡萄酒杯摆放的规则是什么呢？

_____

_____

小提示：

（1）酒杯放在客人的右边，并以一致的方式摆放在餐刀的上方。

（2）根据桌子空间的不同，可将多个酒杯排列成直线、对角线、菱形或簇状。

（3）重要的是，所有客人的玻璃杯摆放要一致。

（4）如果客人订购了第二瓶相同的葡萄酒，如有要求，侍酒师应准备更换所有酒杯。

（5）在可能的情况下，将新订葡萄酒的酒杯放在先前酒杯的右侧，以便侍酒师总是将酒倒入右侧的杯子，而不需越过其他杯子倒酒。

引导问题 12：侍酒时应注意哪些规范？

_____

_____

小提示：

侍酒服务规范如下：

侍酒时应沿顺时针路径操作，不折返，右手持瓶，酒标正对主人，在客人右侧服务，倒出约 30ml 的酒给主人进行品尝。待主人做出肯定的试饮评价之后，从贵客开始，沿顺时针方向倒酒。进行侍酒服务时应站在客人的右侧，持口布的手自然下垂，贴于身体一侧。每次倒酒时，酒标应朝向客人，倒酒完毕，及时用酒布擦拭瓶口，防止滴漏。本书中所指的主人是主导用餐的客人。

引导问题 13：思考一下侍酒时为什么要沿顺时针路径进行操作？

_____

_____

小提示：

服务员使用托盘服务时，通常用左手端托盘，为了防止在服务和操作过程中托盘及其中的物品对客人造成意外伤害，因此在服务时通常需要将托盘远离客人，进行顺时针服务可以更好地保护客人。在餐厅中，工作人员服务时应当有统一的工作路径，以免路径不同发生碰撞等造成意外伤害，因此在以人为本的前提下，顺时针进行服务是最佳的选择。

引导问题 14：侍酒师如何控制酒的温度？

_____

_____

小提示：

若是白葡萄酒或起泡葡萄酒，侍酒后，侍酒师需将酒瓶放回冰桶，取一块干净的酒布盖住冰桶，冰桶架置于主人右侧并且方便主人拿取的位置，但是不能妨碍服务人员和客人的行动。如果酒的温度太低，则不必放回冰桶，应置于托盘架上，放在主人右侧。侍酒时应留意用手测酒的温度，如果温度过高则需要放回冰桶中进行降温。

引导问题 15： 侍酒时选用哪种类型的葡萄酒杯呢？

_____

_____

小提示：

常见的葡萄酒杯有无脚杯、波尔多红葡萄酒杯、勃艮第红葡萄酒杯、红葡萄酒杯、白葡萄酒杯、甜酒杯和白兰地酒杯。通常使用的酒杯有水晶和玻璃两种材质，因为含有矿物质，水晶杯会折射光线，韧度也更大，所以水晶杯壁可以做得很薄。传统上，水晶器皿含铅，现在出现了使用镁和锌制作的无铅水晶。大多数无铅水晶杯可以机洗，而含铅水晶杯由于具有可渗透性，需要使用无香的洗涤剂手洗。

酒杯的边缘大小决定了有多少酒会进入口腔接触味蕾，酒杯的杯型则会影响芳香的强度。杯身较大的酒杯可以让葡萄酒和空气接触较多，酒面较大，聚拢的香气较多；杯身较小的酒杯则减少了葡萄酒与空气的接触面积，酒面较小，聚拢的香气也较少。

引导问题 16： 侍酒完毕之后，侍酒师接下来要完成哪些工作呢？

_____

_____

小提示：

侍酒完毕之后，如果客人饮用的为年轻的红葡萄酒，则将酒瓶、盛有酒塞和酒帽的小银盘放置于客人的餐桌之上；如果是白葡萄酒，则需要将酒瓶放于冰桶之中，进行温度调节。客人饮酒期间，侍酒师应适时关注杯中酒液余量并做好添加服务。

七、评价反馈

表2-34　工作计划评价表

工作计划评价项目	分数					
	优	良	中	可	差	劣
	10	8	6	4	2	0
1. 材料及消耗品记录清晰						
2. 使用器具及工具的准备工作						
3. 工作流程的先后顺序						
4. 工作时间长短适宜						
5. 未遗漏工作细节						
6. 器具使用时的注意事项						
7. 工具使用时的注意事项						
8. 工作安全事项						
9. 工作前后检查改进						
10. 字迹清晰工整						
总分						
等级						
A=90分以上；B=80分以上；C=70分以上；D=70分以下；E=60分以下。						

表2-35　卫生安全习惯评价表

卫生安全习惯评价项目	是	否
1. 正确使用规定器具，不随意更换		
2. 器具及材料放于适当位置并摆放整齐		
3. 操作时，集中精神，不嬉闹		
4. 操作过程中不擅自离岗		
5. 不以任何物品或肢体接触运转中的器具或设备		
6. 玻璃器皿等器具摆放之前检查是否干净安全		

续表

卫生安全习惯评价项目	是	否
7. 根据规定穿着工作服装，符合侍酒师仪容仪表规范		
8. 对工作环境进行规范和整理，保持清洁安全		
9. 随时注意保持个人清洁卫生		
10. 恰当清洗及保养器具		
总分		
等级		
A=90 分以上；B=80 分以上；C=70 分以上；D=70 分以下；E=60 分以下。 每一项"是"者得 10 分，"否"者得 0 分。		

表 2-36　学习态度评价表

学习态度评价项目	分数					
	优	良	中	可	差	劣
	10	8	6	4	2	0
1. 言行举止合宜，服装整齐，容貌整洁						
2. 准时上下课，不迟到早退						
3. 遵守秩序，不吵闹喧哗						
4. 学习中服从教师指导						
5. 上课认真专心						
6. 爱惜教材教具及设备						
7. 有疑问时主动要求协助						
8. 阅读讲义及参考资料						
9. 参与班级教学讨论活动						
10. 将学习内容与工作环境结合						
总分						
等级						
A=90 分以上；B=80 分以上；C=70 分以上；D=70 分以下；E=60 分以下。						

表 2-37 总评价表

评分项目	单项得分	单项等第	比率（%）	单项分数	总分	等级
1. 操作部分			40%			□ A
2. 工作计划			20%			□ B
3. 安全习惯			20%			□ C □ D
4. 学习态度			20%			□ E
总评	□ 合格		□ 不合格			
备注						
A=90 分以上；B=80 分以上；C=70 分以上；D=70 分以下；E=60 分以下。						

八、相关知识点

（一）侍酒服务的通用步骤

（1）饮料服务总是在客人的右侧进行。

（2）提供酒单并提供帮助。

（3）侍酒师准备提供积极和适当的建议。

（4）销售技巧是适当服务必不可少的要素。

（5）侍酒师准备回答有关葡萄酒年份、风格、品质、食物兼容性和品质等问题。

（6）从主人的右边服务，并由侍酒师重复客人所点的酒水，做到确认无误。

（7）为了达到这些服务标准，主人被定义为点酒的人。

（8）玻璃器皿应从客人的右边以一致的方式摆放。

（9）放置从主人或主人的左边开始，并继续顺时针放不分性别。

（10）如空间允许，酒瓶、软木塞和醒酒器放在主人的右边或前面，并配上垫盘。

（11）侍酒师递上酒瓶，重复名字，再确认一下订单。

（12）瓶子放在餐巾上，餐巾可以拿在手上，也可以放在侍酒师的前臂上。

（13）所有服务餐巾不能放在口袋里或肩上。

（14）使用开瓶器割下酒帽，然后用干净的餐巾擦拭瓶塞顶部。

（15）侍酒师使用开瓶器取出软木塞，取软木塞时以最小的移动和尽可能安静的方式进行。

（16）用干净的餐巾纸擦拭瓶盖，瓶塞放在主人右边的底垫上。

（17）侍酒师右手拿着酒瓶，酒标面向主人，给主人倒 15ml 的酒水试饮。

（18）侍酒师后退一步，等待主人的确认。经许可后，侍酒师从主人的左侧（顺时针）开始斟倒葡萄酒，如果有贵宾，则先为贵宾服务，然后按顺时针方向倒酒。

（19）每次倒出后，用干净的餐巾擦拭瓶子，以防滴落。

（20）将酒瓶、软木塞和酒帽放在小银盘内，并置于客人餐桌上，或放在主人伸手可及之处或冰桶中，如果使用冰桶，则应将其放置在不妨碍桌子周围移动的位置。

（二）西餐的服务方式

1. 银盘服务（Silver Service）

银盘服务有两种不同的方式。一是服务员先从客人右侧给客人上热餐盘或冷餐盘，接着用左手拿银盘，站在客人的左侧用服务叉勺给客人上菜，并以逆时针方向服务。第二种方式非常适合宴会或用于添加配菜小食和蔬菜，服务员从客人的左侧开始添加配菜小食或酱料。这种方式其实是一种餐盘服务和主餐盘服务的组合。

2. 法式服务（French Service）

在法式服务中，服务员首先从客人右侧为客人摆放冷、热餐盘。菜肴被置于桌上或从左侧为客人展示，客人自行从主菜盘中取食。法式服务适合一般的餐厅，放置较大餐盘或菜肴，如奶酪火锅。应确保整桌客人都可以轻松地为自己夹菜。大（主）餐盘应被放置在每位客人都方便拿取食物的地方。

3. 旁桌服务（Guéridon Service）

旁桌服务是最高雅的服务方式之一，非常适合零点餐厅或小型宴会。对于这种服务，服务员首先须准备边台（暖锅、汤勺、餐盘、切割或焰烤工具），将厨房精心摆盘的餐食先呈现给客人，随后将食物陈列在旁桌上进行处理和分餐。此操作需要服务员用工具双手进行。装盘完毕后，应从客人的右侧为客人上菜。在旁桌服务期间，如果还有二次服务，则上热菜用新的热盘子，上冷菜用新的冷盘子，用干净的冷、热餐盘继续提供餐食。

世界技能大赛餐厅服务赛项针对旁桌服务一般有三种考察方式。第一种方式：在席间服务中，应取走所有之前用过的餐盘和餐具，然后提供干净的餐具，新准备的餐食餐盘应从客人右侧上菜。第二种方式：如果客人希望保留餐具，则服务员应从客人右侧用左手取走待清洁的餐盘，并用右手摆放干净的餐盘。第三种方式：如果客人希望保留餐具，则服务员应用右手取走待清洁的餐盘，并将其置于左前臂上。左手持干净的餐盘，右手从左手取出干净的餐盘并摆放上桌。这样，服务员永远不会背对客人。

4. 餐盘服务（Plate Service）

选用餐盘服务时，餐盘在厨房中完成摆盘。服务人员从客人的右侧上菜。餐盘服务同时适用于非正式餐厅和美食餐厅。在美食餐厅中，厨师在追求将摆盘做到精致和美观的同时，也要保证上热菜时盘子必须是热的。此外，不能一味为了追求摆盘艺术效果而忽略可能会引起客人过敏的香草之类的装饰物。

5. 餐车服务（Voiture Service/Trolley Service）

选用餐车服务时，服务员需把菜肴放置在餐车上并展示给客人。餐车服务最大的优点就是可以给客人展示所提供的食品（开胃酒、开胃菜、沙拉、主菜、甜点、烈酒或利口酒）。除了推销的视觉效果外，餐车服务速度快，可让客人逐一或一起享用主菜（也称为 Grosse Pièce），主要为个人或双人份，此服务大多用于大餐厅或大酒店里。

6. 自助餐服务（Buffet Service/Self-Service）

这种服务通常将菜品呈现在自助餐台上，客人根据个人口味选择菜肴。这种服务方式需确保自助餐台秩序井然，尤其重要的是要经常补充餐食。通常建议使用较小的餐盘，这样可以更快地更换，防止菜肴放置时间过久。对于没有服务人员的自助餐，特别注意要标识菜肴和酱汁，方便客人选取。可以多层形式摆放菜肴，这样既节约空间，也能让菜肴看起来丰富多样。具有装饰性、体现主题的自助餐台不仅能刺激胃口，而且总是显得很特别。

（三）国际命名的服务方式

国际上对服务方式存在着多种命名方式。

美式服务：美式服务是指传统的餐盘服务。所有菜肴均在厨房里装盘，服务员从客人右侧给客人上菜。

餐盘服务：餐盘服务是指传统的银盘服务，服务员使用叉勺服务。服务员从客人的左侧呈现菜盘的菜肴，客人自己取食。

法式服务：法式服务是指传统的银盘服务。服务员从客人左边将银盘中的餐食用服务叉勺夹放于客人面前的热或冷的餐盘上。

英式服务：英式服务是传统的旁桌服务。

俄式服务：俄式服务如今较少被运用。服务员将餐食从客人左侧向客人展示，客人自己取食。传统的俄式服务是前菜和主菜都放在餐桌上的餐盘和碗中，由客人自己取食。

德式服务：德式服务是在厨房里将菜肴摆放在大餐盘和碗中，然后一道道放到餐桌上。每上一道菜都从客人的右侧放置一个新的空餐盘于客人面前，客人自行取食。

任务六　静止葡萄酒侍酒服务

一、任务情境描述

海思餐厅的晚餐时间，6 号桌的 2 位客人（1 位女士、1 位男士）想饮用天塞酒庄云呦呦霞多丽白葡萄酒，请你按照静止葡萄酒推介和侍酒服务的工作流程和服务标准，为该桌客人做好静止葡萄酒侍酒服务。

静止葡萄酒
服务视频

侍酒服务过程中应能够符合《葡萄酒推介与侍酒服务职业技能等级标准（2021 年 1.0 版）》和《SB/T10479—2008 饭店业星级侍酒师技术条件》等相关标准要求。

二、学习目标

通过完成该任务，明确静止葡萄酒侍酒服务的工作要求，完成静止葡萄酒的侍酒服务。具体要求如下：

表 2-38　具体要求

序号	要求
1	能够根据客人的需求和所点菜肴推介适宜的静止葡萄酒酒款。
2	能够乐于和善于与客人沟通，细致地解答客人提出的问题。
3	能够在侍酒前与客人核对酒款，开启酒塞前初步确认酒款是否处于最佳饮用温度。
4	能够使用正确的手法开启一瓶静止酒。
5	能够正确处理开瓶后的酒帽和酒塞等物品。
6	能够根据服务标准为客人倒酒，掌握正确的倒酒顺序和倒酒量。
7	能够在服务过程中回答客人的问题并介绍静止酒知识，构建良好的服务氛围。
8	能够在侍酒服务过程中注意酒水温度，及时采取措施保持酒的最佳饮用温度。

三、任务分组

表 2-39　学生分组表

班级		组号		指导老师	
组长		学号			
组员	学号	姓名		角色	轮转顺序
备注					

表 2-40　工作计划表

工作名称：			
（一）工作时所需工具			
1	6	11	16
2	7	12	17
3	8	13	18
4	9	14	19
5	10	15	20
（二）所需材料及消耗品			
名称	说明	规格	数量

续表

（三）工作完成步骤			
序号	工作步骤	卫生安全注意事项	工作注意事项
1			
2			
3			
4			
5			
6			

注意：现在你已经完成你的作业，请不要着急提交，先思考一下，有没有其他更好的办法呢？有没有遗漏呢？请将你的作业交给老师，然后再开始工作。

四、服务准备

引导问题 1：进行静止葡萄酒服务的工作流程是什么？

_____

_____

引导问题 2：如何进行静止葡萄酒服务的点单工作？

_____

_____

小提示：

点单时侍酒师应走到主人右手边，问候客人（先生／女士，您好，我是侍酒师 William，请问您想喝点什么吗？）。当主人查看酒单并点就之后，确认酒款信息（您点的是一瓶 ×××产区 ×××酒庄的红葡萄酒／白葡萄酒，对吗？），并与客人友好自然地互动交流。

引导问题 3：酒瓶所标注的年份代表的是什么含义？

图 2-21　葡萄酒酒标

葡萄酒酒标所标注的年份通常指采摘葡萄的年份，无年份葡萄酒则是由不同年份的葡萄酒混酿而成。

引导问题 4：查阅相关资料，完成填写下列葡萄酒酒标甜度的术语含义。

表 2-41　葡萄酒甜度的酒标术语

序号	酒标术语	残留糖分含量（g/L）
1	干型葡萄酒	
2	半干型葡萄酒	
3	半甜型葡萄酒	
4	甜型葡萄酒	

引导问题 5：葡萄酒的命名方式有哪些呢？

小提示：

以葡萄品种命名：葡萄酒可以使用葡萄品种命名，每个国家都对单一葡萄品种葡萄酒标注名的葡萄品种含量有最低的规定。新西兰、智利、美国等国家是75%；阿根廷是80%；意大利、法国、德国、奥地利、葡萄牙是85%。

以葡萄酒产区命名：有些葡萄酒产区以其种植的某些葡萄品种为主时，会采用产区名称进行命名。例如，法国的超级波尔多葡萄酒，因波尔多地区种植的葡萄品种主要为梅洛和赤霞珠，葡萄酒多为这两种葡萄的混酿。通常以产区为葡萄酒命名的国家有法国、西班牙、葡萄牙等。

以自创名命名：多数情况下，此类名称的葡萄酒多为混酿型葡萄酒，并且对该生产商具有一定的独特性。生产商有时候为了区分其出产的不同葡萄酒，也会为单一葡萄品种葡萄酒命名。

引导问题6：餐厅酒单上的静止葡萄酒有以法国为代表的传统生产国家的葡萄酒，也有以中国为代表的新兴葡萄酒生产国生产的葡萄酒，请查阅相关资料，为每个类型撰写一段酒款解说词。

_____

_____

引导问题7：葡萄酒的封盖通常有哪几种类型？

_____

_____

小提示：

葡萄酒的封盖可以保护酒在饮用前不受破坏。对于进行陈年的酒来说，封盖必须允许陈年的进行。选择何种类型的封盖，取决于酒的不同类型、何时饮用以及目标消费者的偏爱。

软木塞在过去是封盖的唯一方式，现在也是使用最为广泛的一种。少量的氧气可以通过软木塞进入酒中，对于酒在瓶中的成熟很有帮助。但软木塞也有一定的缺陷，并且随着酒陈年时间的延长，还有一部分酒会因软木塞失效而导致氧化或出现异常的产年状况。软木塞缺陷是指由三氯苯甲醚（trichloro anisole）的化学物质给酒带来发霉的纸箱味。尽管有一定的缺陷，但是软木塞仍是顶级葡萄酒制造商的首选，因为根据以往的经验，制造商能够知道软木塞在封口后的变化情况，而且消费者也比较喜欢软木塞的封口。

合成软木塞一般是用塑料制成，广泛地用于那些生产商确定会在一年内就被饮用的葡萄酒的包装上。合成软木塞不能够为酒提供足够的密封保护，氧气可能会进入，导致酒很快被氧化，因此此类封口的酒不适合长期储存。

螺旋盖最近几年比较流行，尤其是在新西兰、澳大利亚等国家，它们所产的白葡萄酒主要采用此类封口方式。螺旋盖不会污染酒的风味，并且能够为酒提供一个完全不会漏进外界空气的封闭环境。实验证明，螺旋盖对酒中水果风味的保持时间会比软木塞更加长久。

引导问题 8：客人点单之后，侍酒师需要准备哪些物品？请列出你的物品清单和工作步骤。

表 2-42　工作计划表

工作名称：			
（一）工作时所需工具			
1	6	11	16
2	7	12	17
3	8	13	18
4	9	14	19
5	10	15	20
（二）所需材料及消耗品			
名称	说明	规格	数量
（三）工作完成步骤			
序号	工作步骤	卫生安全注意事项	工作注意事项
1			
2			
3			
4			
5			
6			
注意：现在你已经完成你的作业，请不要着急提交，先思考一下，有没有其他更好的办法呢？有没有遗漏呢？请将你的作业交给老师，然后再开始工作。			

小提示：

客人点单并确认好酒款信息之后，侍酒师需要准备静止葡萄酒所需要的酒杯、酒刀、小银盘、酒布、托盘、冰桶和冰桶架等物品，如果客人点的是陈年葡萄酒，还需要准备醒酒器、火柴、蜡烛等物品。

物品备齐后，第一步，沿顺时针方向为客人摆放酒杯（先客人，后主人）。第二步，从酒柜中取出葡萄酒，并向客人示酒，与主人再次确认酒款信息，示酒时不可直接用手拿握酒瓶，应使用酒布。如果温度不合适，需要将酒放入冰桶中降至适宜温度再开瓶。冰桶取酒要轻拿轻放，以免冰块和水溢出。

引导问题9：法国夏布利的干型雷司令、西班牙纳瓦拉的桃红葡萄酒、意大利阿玛罗尼红葡萄酒等适饮温度范围分别是多少？

小提示：

葡萄酒的饮用温度过低会使酒缺少香气，尝起来更酸。通常白葡萄酒储存在冰箱中会出现类似情况，可以用手握住杯身，使酒缓慢升温。葡萄酒的饮用温度过高会使其散发出刺鼻的气味和药物味，通常酒精度高的红葡萄酒储存在室温的环境下会出现类似情况，可以先将其放入冰水混合物或者酒柜中进行降温之后再饮用。

静止葡萄酒的适饮温度范围为6~18℃，红葡萄酒和白葡萄酒因其酒体的不同，适饮温度也有所不同。例如新西兰长相思、法国夏布利和德国的干型雷司令等轻盈酒体的白葡萄酒适饮温度范围为7~10℃；法国普罗旺斯、西班牙纳瓦拉等产区的桃红葡萄酒适饮温度范围为7~12℃；橡木桶熟化的霞多丽、白芙美（fume blanc）等饱满酒体的白葡萄酒侍酒温度范围为10~13℃；法国博若莱、勃艮第大区级黑皮诺、意大利瓦波利切拉等轻盈酒体的红葡萄酒适饮温度范围为12~15℃；法国波尔多、意大利阿玛罗尼、西班牙里奥哈、教皇新堡等饱满酒体的红葡萄酒适饮温度范围为15~18℃。

五、开酒服务

引导问题10：如何安全正确地打开一瓶年轻的红葡萄酒或者白葡萄酒呢？

小提示：

开瓶前先确认酒瓶的封盖类型。如果为螺旋盖，则可以一手握住瓶身，另一只手握住螺旋盖的下半部分进行转动，将瓶盖取下后，用酒布擦净瓶口即可完成开瓶。如果封盖为软木塞或者合成软木塞，则需要使用酒刀依据下列步骤开瓶。

第一步，用酒刀沿着瓶口下沿切一圈，将酒帽顶部去除。

第二步，用干净的酒布将瓶口擦拭干净。

第三步，将酒刀的螺旋锥插入酒塞中央，然后垂直旋转。

第四步，利用杠杆原理，尽可能缓慢安静地拔出酒塞，避免过度用力导致酒塞折断和酒液喷洒。

引导问题 11：如果客人点了一瓶 1987 年的罗曼尼康帝红葡萄酒，应当如何进行开瓶？

———————————————————————————————————

———————————————————————————————————

小提示：

陈年葡萄酒
服务视频

客人点了老年份的葡萄酒时，侍酒师需要准备酒刀（年份特别老的葡萄酒，软木塞会变得很脆弱，容易出现断塞，还需要准备专门用于老酒的 Ah-So 开瓶器）、酒篮及前期准备阶段的其他相关物品。具体步骤如下：

第一步，如上述准备工作，备齐相应物品，并将醒酒器放在边台左手边，烛台放在中央位置。

第二步，先将酒布置于酒篮之中，再到酒柜或者酒窖取酒。取酒时应当小心平稳，酒标朝上，切勿转动酒瓶，以免搅动瓶中沉淀物。

第三步，示酒之后，将酒篮置于边台上，瓶口朝向右侧，用酒刀割开酒帽，并取下置于小银盘之中，使用酒布擦拭瓶口。

第四步，使用酒刀小心地将软木塞取下，在拔出之前使用酒布包住酒塞，轻柔地拔塞，以免发出过于明显的声响和酒液喷洒。

第五步，礼貌地征求客人同意，侧身试酒，倒酒量在 10~15ml。

第六步，点燃蜡烛，将酒瓶从酒篮中轻轻取出，保持酒标朝上，不转动瓶身。注意划火柴的时候要向内划，避免火花溅到客人身上，点蜡烛的火柴要转身轻轻地甩动熄灭，并把火柴卡在火柴盒边。

第七步，缓慢平稳地将葡萄酒倒入醒酒器中，在倒酒时需要注意透过瓶肩看到蜡烛的光线，以便于观察沉淀，当看到沉淀时，应小心倾倒，防止沉淀进入醒酒器，但是需要注意尽可能地减少瓶中的剩余酒量，倾倒完毕之后用酒布擦拭瓶口。

引导问题 12：葡萄酒都需要进行醒酒吗？醒酒的目的是什么？如何进行葡萄酒的醒酒？

小提示：

醒酒是使葡萄酒和氧气接触，通过氧化使酒中的异味和杂味快速消失，从而更好地释放香气和柔顺单宁，使葡萄酒品尝起来更加柔和。醒酒不仅仅是针对红葡萄酒，香槟、浓郁的白葡萄酒和橙酒也是有可能进行醒酒的。是否需要醒酒以及醒酒时间的长短，很多时候需要根据酒的特征和侍酒师大量的实践经验进行判断。对于陈年的葡萄酒来说，醒酒的另一个目的是分离酒瓶中可能形成的沉淀物。

对一瓶年老且脆弱的酒来说，过多地暴露在空气中可能会摧毁它。对一瓶年轻的酒进行适当的醒酒，可以模拟出一定程度的陈年过程。比如，一瓶单宁很重的、收敛的、年轻红葡萄酒，甚至是一瓶紧缩、内向、拘谨的年轻白葡萄酒（特别是勃艮第白葡萄酒），暴露在空气中 1~2 小时，就会变得更容易让人体会到酒的风味。一些年轻的红葡萄酒暴露在空气中的时间可以更长一些，比如巴罗洛，以及一些单宁和香气起着重要作用的波尔多红葡萄酒。

引导问题 13：醒酒和滗酒有什么区别？

小提示：

老年份葡萄酒醒酒的重要目的是滗酒。滗酒和醒酒虽然都是将酒倒入醒酒器，但是目的有所不同。滗酒的目的是将酒液与固体分离，主要是针对老年份的葡萄酒。醒酒的目的则是为了让葡萄酒的香气更好的释放，单宁更加柔顺。老年份的葡萄酒因长时间的陈年过程，已经发展到比较成熟的状态，一般不能再承受醒酒的进一步氧化。但是一些单宁含量高，且酒体宏大的老年份葡萄酒也需要稍微地醒一下，例如波尔多的赤霞珠、西班牙的优质丹魄、罗讷河谷的西拉（Syrah），以及意大利的巴罗洛（Barolo）和巴巴莱斯科（Barbaresco）红葡萄酒等。

为了尽可能减少葡萄酒与空气接触的面积，专门用于醒老酒的醒酒器往往呈细长条状。不同于普通醒酒器的"大肚子"，其底座偏小，因而酒液与空气的接触面积相对较小，可减缓氧化速度。

引导问题 14：开酒以后，侍酒师可以直接试饮吗？应当如何试饮呢？

_____

_____

六、侍酒服务

引导问题 15：当客人点了一杯意大利的巴罗洛葡萄酒，侍酒时通常会选用哪种类型的葡萄酒杯呢？

_____

_____

引导问题 16：当客人点了一杯西班牙纳瓦拉的桃红葡萄酒，侍酒时通常会选用哪种类型的葡萄酒杯呢？

_____

_____

小提示：

酒杯的边缘大小决定了有多少酒会进入口腔接触味蕾，酒杯的杯形则会影响芳香的强度。杯身较大的酒杯可以让葡萄酒和空气接触较多，酒面较大，收集的香气较多；杯身较小的酒杯则减少了葡萄酒与空气的接触面积，酒面较小，收集的香气也较少。

引导问题 17：侍酒完毕之后，侍酒师接下来要完成哪些工作呢？

_____

_____

小提示：

侍酒完毕之后，如果客人饮用的为年轻的红葡萄酒，则将酒瓶、盛有酒塞和酒帽的小银盘放置于客人的餐桌之上；如果是白葡萄酒，则需要将酒瓶放于冰桶之中，取一块干净的酒布盖住冰桶，冰桶架应置于主人右侧并且方便主人拿取的位置，但是不能妨碍服务人员和客人的行动。如果酒的温度太凉，则不必放回冰桶，应置于托盘架上，放在主人右侧。侍酒时应留意用手测酒的温度，如果温度过高则需要放回冰桶中进行降温。

七、评价反馈

表2-43　工作计划评价表

工作计划评价项目	分数					
	优	良	中	可	差	劣
	10	8	6	4	2	0
1. 材料及消耗品记录清晰						
2. 使用器具及工具的准备工作						
3. 工作流程的先后顺序						
4. 工作时间长短适宜						
5. 未遗漏工作细节						
6. 器具使用时的注意事项						
7. 工具使用时的注意事项						
8. 工作安全事项						
9. 工作前后检查改进						
10. 字迹清晰工整						
总分						
等级						
A=90分以上；B=80分以上；C=70分以上；D=70分以下；E=60分以下。						

表2-44　卫生安全习惯评价表

卫生安全习惯评价项目	是	否
1. 正确使用规定器具，不随意更换		
2. 器具及材料放于适当位置并摆放整齐		
3. 操作时，集中精神，不嬉闹		
4. 操作过程中不擅自离岗		
5. 不以任何物品或肢体接触运转中的器具或设备		

续表

卫生安全习惯评价项目	是	否
6. 玻璃器皿等器具摆放之前检查是否干净安全		
7. 根据规定穿着工作服装，符合侍酒师仪容仪表规范		
8. 对工作环境进行规范和整理，保持清洁安全		
9. 随时注意保持个人清洁卫生		
10. 恰当清洗及保养器具		
总分		
等级		

A=90 分以上；B=80 分以上；C=70 分以上；D=70 分以下；E=60 分以下。
每一项"是"者得 10 分，"否"者得 0 分。

表 2-45　学习态度评价表

学习态度评价项目	分数					
	优	良	中	可	差	劣
	10	8	6	4	2	0
1. 言行举止合宜，服装整齐，容貌整洁						
2. 准时上下课，不迟到早退						
3. 遵守秩序，不吵闹喧哗						
4. 学习中服从教师指导						
5. 上课认真专心						
6. 爱惜教材教具及设备						
7. 有疑问时主动要求协助						
8. 阅读讲义及参考资料						
9. 参与班级教学讨论活动						
10. 将学习内容与工作环境结合						
总分						
等级						

A=90 分以上；B=80 分以上；C=70 分以上；D=70 分以下；E=60 分以下。

表 2-46　总评价表

评分项目	单项得分	单项等第	比率（%）	单项分数	总分	等级
1. 操作部分			40%			□ A
2. 工作计划			20%			□ B □ C
3. 安全习惯			20%			□ D
4. 学习态度			20%			□ E
总评	□ 合格		□ 不合格			
备注						

A=90 分以上；B=80 分以上；C=70 分以上；D=70 分以下；E=60 分以下。

八、相关知识点

（一）白葡萄酒开酒的相关方法和要点

第一种方法是示酒以后，在酒水服务车旁开瓶。将白葡萄酒放在服务车上的冰桶之中，在主人的右侧开酒。

第二种方法是示酒以后在冰桶中开瓶，倒酒后将瓶子放回桶中。

第三种方法是示酒以后，在客人的桌子上使用垫盘或餐巾（如果桌子上有足够的空间）进行开酒，然后放入主人右侧的冰桶中，或者放在垫盘、餐巾上。

第四种方法是示酒以后，在边台或者服务架上开酒，之后置于主人右侧的冰桶中，也可以将酒瓶放置于垫盘上，并放在餐桌旁的保温箱内。

第五种方法是示酒以后，悬空打开并放于主人右侧的冰桶中，也可以将酒瓶放置于垫盘上，并放在餐桌旁的保温箱内。

（二）年轻的红葡萄酒开酒的相关方法和要点

第一种方法是示酒以后，在主人右侧的酒水服务车旁开瓶，之后使用垫盘将酒放在主人的右侧。

第二种方法是示酒以后，将酒瓶放入主人右侧的冰桶中，或者放在垫盘、餐巾上。

第三种方法是示酒以后，在客人的桌子上使用垫盘或餐巾（如果桌子上有足够的空间）进行开酒。

第四种方法是示酒以后，悬空开酒，在斟倒之后，将酒瓶放于垫盘内，并将其置于主人的右侧。

（三）软木塞

软木塞是由栓皮栎的树皮制作而成，是纯天然的植物组织。软木由蜂窝状的微型细胞构成，中间充满了几乎与空气完全相同的混合气体，外面主要由软木脂和木质素覆盖。

软木由呈五边形或六边形的蜂窝状细胞组成。一般而言，每立方厘米的软木含有近 4000 万个细胞，每一个天然软木塞中则含有约 8 亿个细胞。软木的化学构成主要包括软木脂（45%）、木质素酸（27%）、多糖（12%）、蜡样色素（6%）、丹宁酸（6%）。

软木的质量比较轻，重量仅为 0.16 克／立方厘米。软木中超过 50% 的组成部分为几乎与空气完全相同的混合气体，因此质地很轻，可以浮在水面上。由于软木中存在软木脂和木质素的成分，因此软木有很好的抗渗性，液体完全无法渗入，气体基本上无法渗透。这种防潮性使其用于葡萄酒封瓶能保持酒质量不变。软木内的密闭细胞中类似于空气的混合气体赋予了软木弹性和可压缩性，使得软木在体积被压缩至一半时仍能保持其弹性，并且一旦解压后能马上恢复初始形状，是唯一一种压缩一端而不会导致另一端体积增大的固体材料，这种特性使其能够适应不同温度和压力的变化而自身不会变形。

软木拥有隔热、防水、防静电、隔音以及持久耐用的特点，已经不单单只是作为葡萄酒瓶塞，它已经在各行业得以应用，被制作成为创新产品。

任务七　起泡葡萄酒侍酒服务

一、任务情境描述

海思餐厅的晚餐时间，7号桌的3位客人（1位女士、2位男士）想饮用起泡葡萄酒，请你按照起泡葡萄酒推介和侍酒服务的工作流程和服务标准，为该桌客人做好起泡葡萄酒侍酒服务。

起泡葡萄酒
服务视频

侍酒服务过程中应能够符合《葡萄酒推介与侍酒服务职业技能等级标准（2021年1.0版）》和《SB/T10479—2008饭店业星级侍酒师技术条件》等相关标准要求。

二、学习目标

通过完成该任务，明确起泡葡萄酒侍酒服务的工作要求，完成起泡葡萄酒的侍酒服务。具体要求如下：

表2-47　具体要求

序号	要求
1	能够根据客人的需求和所点菜肴推介适宜的起泡葡萄酒酒款。
2	能够乐于和善于与客人沟通，细致地解答客人提出的问题。
3	能够在侍酒前与客人核对酒款，开启酒塞前初步确认酒款是否处于最佳饮用温度。
4	能够使用正确的手法开启一瓶起泡酒。
5	能够正确处理开瓶后的酒帽和酒塞等物品。
6	能够根据服务标准为客人倒酒，掌握正确的倒酒顺序和倒酒量。
7	能够在服务过程中回答客人的问题并介绍起泡酒知识，构建良好的服务氛围。
8	能够在侍酒服务过程中注意酒水温度，及时采取措施保持酒的最佳饮用温度。

三、任务分组

表2-48　学生分组表

班级		组号		指导老师	
组长		学号			
组员	学号	姓名		角色	轮转顺序
备注					

表2-49　工作计划表

工作名称：			
（一）工作时所需工具			
1	6	11	16
2	7	12	17
3	8	13	18
4	9	14	19
5	10	15	20
（二）所需材料及消耗品			
名称	说明	规格	数量

续表

（三）工作完成步骤

序号	工作步骤	卫生安全注意事项	工作注意事项
1			
2			
3			
4			
5			
6			

注意：现在你已经完成你的作业，请不要着急提交，先思考一下，有没有其他更好的办法呢？有没有遗漏呢？请将你的作业交给老师，然后再开始工作。

四、服务准备

引导问题 1：起泡葡萄酒服务的工作流程是什么？

_____

_____

引导问题 2：如何进行起泡葡萄酒服务的点单工作？

_____

_____

小提示：

点单时侍酒师应走到主人右手边，问候客人（先生／女士，您好，我是侍酒师 William，请问您想喝点什么吗？）。当主人查看酒单并点就之后，确认酒款信息（您点的是一瓶 ×××产区 ×××酒庄的香槟／阿斯蒂／普罗塞克／塞克特，对吗？），并与客人友好自然地互动交流。

引导问题 3：起泡葡萄酒的酿造方法和风格有哪些？

_____

_____

引导问题 4：可以解释一下下面两个酒标中的"白中白"（Blanc de

Blanc）和"黑中白"（Blanc de Noirs）分别是什么意思吗？

图 2-22　香槟酒标

在香槟产区，酿造香槟的法定葡萄品种主要有三个，它们分别为黑皮诺（Pinot Noir）、霞多丽（Chardonnay）和莫尼耶（Pinot Meunier），其中前两种都是红葡萄品种。使用红葡萄酿制香槟时，为了酿出白色的基酒，葡萄的压榨过程要尽量保持轻柔，且葡萄原汁发酵时较少接触葡萄皮。

白中白（Blanc de Blanc），是指由白葡萄品种酿成的浅色起泡葡萄酒，也就是说白中白香槟所用基酒全为白葡萄霞多丽所酿（100% 霞多丽）。此外，白皮诺（Pinot Blanc）、灰皮诺（Pinot Gris）、小美斯丽尔（Petit Meslier）和阿芭妮（Arbane）这四种葡萄也属于香槟产区法定品种，只是极少用于酿制香槟。

黑中白（Blanc de Noirs）则是指完全采用红葡萄品种酿成的酒液颜色清浅的香槟，酿酒葡萄既可以是 100% 的黑皮诺或莫尼耶，也可以是两者的混酿。

引导问题 5：查阅相关资料，完成填写下列起泡酒酒标甜度的术语含义。

表 2-50　起泡酒甜度的酒标术语

序号	酒标术语	残留糖分含量（g/L）
1	自然 / 零添加（Brut Nature/Bruto Natural/Naturherb/ Zéro Dosage）	
2	超天然型（Extra Brut/ Extra Bruto/ Extra Herb）	

续表

序号	酒标术语	残留糖分含量（g/L）
3	天然型（Brut/ Bruto / Herb）	
4	绝干型（Extra-Sec/Extra-Dry/Extra Trocken）	
5	干型（Sec/ Secco/ Seco/ Dry/ Trocken）	
6	半干型（Demi-Sec/Semi-Seco/ Medium Dry/ Abboccato/ Halbtrocken）	
7	甜型（Doux/Dulce/Sweet/Mild）	

引导问题6： 起泡葡萄酒除了大家熟知的香槟以外，还有哪些常见的类型呢？

_____

_____

引导问题7： 餐厅的酒单上除了香槟以外，还有法国起泡酒（Crémant）、卡瓦（Cava）、阿斯蒂（Asti）、普罗塞克（Prosecco）、塞克特（Sekt）等起泡葡萄酒，请查阅相关资料，为每个类型撰写一段酒款解说词。

_____

_____

引导问题8： 客人点单之后，侍酒师需要准备哪些物品？请列出你的物品清单和工作步骤。

表2-51　工作计划表

工作名称：			
（一）工作时所需工具			
1	6	11	16
2	7	12	17
3	8	13	18
4	9	14	19
5	10	15	20

续表

（二）所需材料及消耗品			
名称	说明	规格	数量

（三）工作完成步骤			
序号	工作步骤	卫生安全注意事项	工作注意事项
1			
2			
3			
4			
5			
6			

注意：现在你已经完成你的作业，请不要着急提交，先思考一下，有没有其他更好的办法呢？有没有遗漏呢？请将你的作业交给老师，然后再开始工作。

小提示：

客人点单并确认好酒款信息之后，侍酒师需要准备起泡酒所需要的酒杯、酒刀、小银盘、酒布、托盘、冰桶和冰桶架等物品。物品备齐后，第一步，沿顺时针方向为客人摆放酒杯（先客人，后主人）。第二步，从酒柜中取出起泡酒，并向客人示酒，并与主人再次确认酒款信息，示酒时不可直接用手拿握酒瓶，应使用酒布。如果温度不合适，需要放入冰桶中降至适宜温度再开瓶。冰桶取酒要轻拿轻放，以免冰块和水溢出。

引导问题9：起泡葡萄酒的适饮温度大概是多少呢？

_____

_____

小提示：

起泡葡萄酒的侍酒温度为6~10℃。以香槟为例，香槟的最佳饮用温度为8~10℃。低于8℃，酒的温度过低会使舌头上的味蕾麻木，抑制人们对香气物质的感知；高于10℃，酒会变得更加"厚重"，缺少活力。冷却时可以将起泡葡萄酒放入充满冰水混合物的冰桶中半小时左右，或者平躺放入冰箱的冷藏层约 4 个小时。切勿将起泡葡萄酒放入冰箱冷冻室，容易炸裂。服务时也不可将起泡葡萄酒倒入提前冷却的酒杯中，以免气泡丢失。

五、开酒服务

引导问题 10： 起泡葡萄酒的瓶内压强一般很高，例如香槟在生产过程中会产生 5~6 个大气压的压强，充分冰镇有助于降低气压值。但即便经过冰镇，软木塞还是可能会猛烈飞出而使人受伤。思考一下，如何安全正确地打开一瓶起泡酒呢？

_____

_____

小提示：

开启一瓶起泡酒的步骤见下：

第一步，沿着瓶口铁丝网，使用海马刀去掉金属箔（也可以徒手拉开瓶口丝带去除酒帽，但是一般不建议这么做），放入口袋。

第二步，用酒布包住瓶口和软木塞（防止开瓶过程中酒液喷洒影响客人的用餐体验）。一手紧握酒塞并按住，另一只手先松开铁丝网，然后握住瓶底。

第三步，将酒瓶倾斜 30~45 度，一只手摁住木塞，另一只手握住瓶子的底部转动瓶身（切勿转动酒塞），利用瓶内的压力慢慢将酒塞推出。如果开瓶方式正确，瓶内气压释放时应该听到轻轻的一声"呲~"，而不是"砰"的响声。此外还应注意，瓶口切勿朝向有人的方向，转动瓶身时要紧握瓶塞，以防止瓶塞突然喷出。

第四步，用干净的酒布擦拭瓶口，进行侍酒服务。

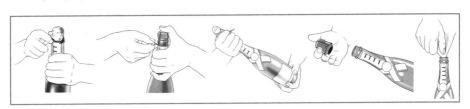

图 2-23　起泡酒的开瓶步骤

引导问题 11： 除了上述小提示中的起泡葡萄酒的开瓶方法外，你还见过哪些开启起泡葡萄酒的方法？这些方法适合在哪些场合使用？

_____

_____

引导问题 12： 起泡葡萄酒的起泡是什么气体呢？来自于哪里？

_____

_____

引导问题 13： 开酒以后，侍酒师可以直接试饮吗？应当如何试饮呢？

_____

_____

六、侍酒服务

引导问题 14： 侍酒时应注意哪些规范？

_____

_____

引导问题 15： 思考一下，侍酒时为什么要沿顺时针路径进行操作？

_____

_____

引导问题 16： 侍酒时通常会选用笛形或郁金香形香槟杯的原因是什么？

_____

_____

小提示：

酒杯对于起泡葡萄酒的香气的挥发和气泡的释放十分重要，推荐使用笛形或郁金香形酒杯进行香槟酒的品鉴。这种类型的酒杯杯身高挑，使气泡有足够的上升空间，同时使香气能够更好地释放。

引导问题 17： 清洗笛形或郁金香形香槟杯的注意事项有哪些？

_____

_____

小提示：

为了让酒中的气泡更好地释放，清洗香槟酒杯应该使用热水，并使酒杯自行沥干。尽量不用或少用洗涤剂，因为洗涤用品的残留物会在酒杯的内壁留下一层油膜，从而阻止香槟酒气泡的生成。多数情况下，气泡的缺失是由于酒杯选择不当而造成的。

引导问题 18： 碟形香槟杯除了在庆典活动上使用之外，在餐厅中饮用起泡葡萄酒不选择此种类型酒杯的原因是什么？

_____

_____

小提示：

碟形香槟杯的杯形不能使气泡有足够的高度得到释放，不容易形成泡沫且不持久，香气得不到更好的绽放。另外，此杯形使用起来也并不顺手，酒液容易溢出。

引导问题 19： 侍酒完毕之后，侍酒师接下来要完成哪些工作呢？

_____

_____

小提示：

侍酒完毕之后，将酒瓶放回冰桶，取一块干净的酒布盖住冰桶，冰桶架置于主人右侧并且方便主人拿取的位置，但是不能妨碍服务人员和客人的行动。如果酒的温度太低，则不必放回冰桶，应置于托盘架上，放在主人右侧。侍酒时应留意用手测酒的温度，如果温度过高则需要放回冰桶中进行降温。

七、评价反馈

表 2-52　工作计划评价表

工作计划评价项目	分数					
	优	良	中	可	差	劣
	10	8	6	4	2	0
1. 材料及消耗品记录清晰						
2. 使用器具及工具的准备工作						

续表

工作计划评价项目	分数					
	优	良	中	可	差	劣
	10	8	6	4	2	0
3.工作流程的先后顺序						
4.工作时间长短适宜						
5.未遗漏工作细节						
6.器具使用时的注意事项						
7.工具使用时的注意事项						
8.工作安全事项						
9.工作前后检查改进						
10.字迹清晰工整						
总分						
等级						
A=90分以上；B=80分以上；C=70分以上；D=70分以下；E=60分以下。						

表2-53　卫生安全习惯评价表

卫生安全习惯评价项目	是	否
1.正确使用规定器具，不随意更换		
2.器具及材料放于适当位置并摆放整齐		
3.操作时，集中精神，不嬉闹		
4.操作过程中不擅自离岗		
5.不以任何物品或肢体接触运转中的器具或设备		
6.玻璃器皿等器具摆放之前检查是否干净安全		
7.根据规定穿着工作服装，符合侍酒师仪容仪表规范		
8.对工作环境进行规范和整理，保持清洁安全		
9.随时注意保持个人清洁卫生		
10.恰当清洗及保养器具		
总分		
等级		
A=90分以上；B=80分以上；C=70分以上；D=70分以下；E=60分以下。 每一项"是"者得10分，"否"者得0分。		

表 2-54　学习态度评价表

学习态度评价项目	分数					
	优	良	中	可	差	劣
	10	8	6	4	2	0
1. 言行举止合宜，服装整齐，容貌整洁						
2. 准时上下课，不迟到早退						
3. 遵守秩序，不吵闹喧哗						
4. 学习中服从教师指导						
5. 上课认真专心						
6. 爱惜教材教具及设备						
7. 有疑问时主动要求协助						
8. 阅读讲义及参考资料						
9. 参与班级教学讨论活动						
10. 将学习内容与工作环境结合						
总分						
等级						
A=90 分以上；B=80 分以上；C=70 分以上；D=70 分以下；E=60 分以下。						

表 2-55　总评价表

评分项目	单项得分	单项等第	比率（%）	单项分数	总分	等级
1. 操作部分			40%			□ A
2. 工作计划			20%			□ B
						□ C
3. 安全习惯			20%			□ D
4. 学习态度			20%			□ E
总评	□ 合格　　　　□ 不合格					
备注						
A=90 分以上；B=80 分以上；C=70 分以上；D=70 分以下；E=60 分以下。						

八、相关知识点

（一）开酒方法

第一种方法是示酒以后悬空开瓶；第二种方法是示酒以后在冰桶中开瓶；第三种方法是示酒以后，在酒水服务车旁开瓶。

（二）侍酒服务步骤

（1）准备酒杯、冰桶、支架和两张餐酒布。确保瓶子已正确冷藏，将水和冰装入冰桶，这样瓶子就可以轻松进出，而水和冰不会溢出水桶。将冰桶放在主人的右侧和主人可以够到的位置，同时不要干扰服务或客人的活动。

（2）用托盘为每位客人正确摆放合适的酒杯（笛形或郁金香形）。

（3）将软木塞和瓶子的垫盘放在主人的右侧。

（4）将带支架的冰桶放在主人的右侧，顶部放置干净的酒布（或在适当的情况下放在桶的把手中）。

（5）将酒出示给主人并与主人重新确认酒款信息。

（6）沿着瓶口铁丝网，使用海马刀去掉金属箔。

（7）取下金属箔并放入口袋。

（8）用干净的酒布包住瓶口，并用拇指按住酒塞。

（9）始终确保瓶口切勿朝向有人的方向。

（10）松开金属线圈，手或拇指应始终按在塞子顶端，并将酒瓶倾斜30~45度。

（11）尽可能安静地将瓶塞取出，并从软木塞上将金属线圈取下放入口袋。

（12）将软木塞放在主人右侧的垫盘中。

（13）侍酒之前用酒布彻底擦拭瓶口。

（14）用右手握住瓶子底部倒酒，当单手力量较小时，可以在瓶颈下方用左手两根手指托住酒瓶。

（15）将酒标朝向客人，倒入 15ml 的酒请主人品尝，并用酒布擦拭瓶口，以免滴漏。

（16）待主人给出肯定的试饮评价之后，按照正确的服务顺序倒酒。

（17）倒酒时，酒量大约为酒杯容量的 3/4，一次一杯，每杯最多倒两次。

（18）为主人倒酒后，根据主人的喜好将瓶子放入冰桶或桌子上。使用第一种侍酒方法时，将瓶子放入冰桶中，放在主人触手可及之处。使用第二种方法时，将瓶子放在桌子的垫盘上，放在主人触手可及之处。

（19）如果需要撤下软木塞和瓶子时，需要征得主人的同意。

（三）起泡葡萄酒的不同类型

无年份（non-vintage）是用来表示用于酿造起泡酒的葡萄不是在同一个年份采收的。这类酒款可以体现生产商的水准并且呈现品牌风格。

年份（vintage）在香槟区表示该起泡酒一定是用单一年份采收的葡萄酿造的，但是在其他地区的某些法定产区起泡酒允许使用少量其他年份的葡萄。在年份差异相当大的产区，比如香槟区，年份香槟只会在最好的年份酿造，因此销售价格会很高。在其他产区，年份起泡酒可以在更多的年份酿造，品质和等级不能与年份香槟一样具有高级品质。

桃红（Rosé）起泡葡萄酒可以由红葡萄酒和白葡萄酒的酿酒葡萄混合而成，或通过短时间的浸皮来酿造。颜色也可以用调味液来调整，但是有些起泡葡萄酒法定产区仅允许采用浸渍法来酿造桃红起泡葡萄酒。

顶级特酿（Prestige cuvée）通常用来描述生产商所有出品中的最佳酒款。顶级特酿虽然产量很小，但是这类酒款是起泡酒市场的重要组成部分，对于香槟市场更是如此，已经成了奢华和庆典的代名词。

（四）常见的起泡葡萄酒

香槟（Champagne）是法国起泡葡萄酒，产于法国东北部的香槟葡萄酒产区（不同于干邑地区的大小香槟区），按照严格的法律规定酿造的一种葡萄起泡酒。香槟酒需要在葡萄酒瓶中进行二次发酵，产生二氧化碳，从而产生气泡。

法国起泡酒（Crémant）这一术语适用于多个法国起泡酒法定产区，其中最重要的是阿尔萨斯起泡酒（Crémant d'Alsace）、勃艮第起泡酒（Crémant de Bourgogne）和卢瓦尔河起泡酒（Crémant de Loire）。这些起泡酒都是使用传统法酿造，并且经过至少 9 个月的酒泥陈年。

卡瓦（Cava）是西班牙起泡葡萄酒。大多数卡瓦起泡酒产自加泰罗尼亚以桑特萨杜尔尼达诺亚（Sant Sadurni d'Anoia）镇为中心的葡萄种植区。除此之外，纳瓦拉（Navarra）、里奥哈（Rioja）和瓦伦西亚（Valencia）等产区内的一些葡萄园，也可以出产卡瓦。卡瓦起泡酒采用传统法酿造，并且需要经过至少 9 个月的酒泥陈年。

阿斯蒂（Asti）是意大利起泡葡萄酒。主要产自意大利西北部皮埃蒙特（Piedmont）的阿斯蒂产区（Asti DOCG）。阿斯蒂起泡酒使用阿斯蒂方法，使用小白玫瑰（Muscat Blanc à Petits Grains）酿造，具有独特的葡萄味品种特征。最好的阿斯蒂起泡酒具有浓郁的桃香和葡萄味，并且伴有花香。所有的阿斯蒂起泡酒均为甜型，酒精度低，不宜陈年。

　　普罗塞克（Prosecco）是意大利起泡酒。主要产自意大利东北部。普罗塞克起泡酒的产区主要包括威尼托（Veneto）和弗留利（Friuli）在内的广泛区域，以及品质更高的科内利亚诺—瓦尔多比亚德尼（Conegliano-Valdobbiadene DOCG）山区。普罗塞克采用查玛法（Charmat Method）发酵，色泽明亮，带有梨和苹果的风味，适合年轻阶段饮用，不宜陈年。

　　塞克特（Sekt）是德国起泡葡萄酒。几乎所有的塞克特起泡酒都是采用罐中发酵法酿造而成。基酒通常来自法国或意大利，在德国境内再酿成起泡酒。但是如果标注为"德国塞克特（Deutscher sekt）"的起泡酒，除了在德国酿造之外，还必须只能使用德国种植的葡萄。

任务八　特种葡萄酒侍酒服务

一、任务情境描述

海思餐厅的晚餐时间，7 号桌的 2 位客人（1 位女士、1 位男士）想饮用雪莉酒和波特酒搭配点的开胃菜和甜品，请你按照葡萄酒推介和侍酒服务的工作流程和服务标准，为该桌客人做好特种葡萄酒侍酒服务。

侍酒服务过程中应能够符合《葡萄酒推介与侍酒服务职业技能等级标准（2021 年 1.0 版）》和《SB/T10479—2008 饭店业星级侍酒师技术条件》等相关标准要求。

二、学习目标

通过完成该任务，明确特种葡萄酒侍酒服务的工作要求，做好特种葡萄酒的侍酒服务。具体要求如下：

表 2-56　具体要求

序号	要求
1	能够根据客人的需求和所点菜肴推介适宜的特种葡萄酒酒款。
2	能够乐于和善于与客人沟通，细致地解答客人提出的问题。
3	能够在侍酒前与客人核对酒款，开启酒塞前初步确认酒款是否处于最佳饮用温度。
4	能够使用正确的方法开启特种葡萄酒。
5	能够正确处理开瓶后的酒帽和酒塞等物品。
6	能够根据服务标准为客人倒酒，掌握正确的倒酒顺序和倒酒量。
7	能够在服务过程中回答客人的问题并介绍特种酒知识，构建良好的服务氛围。
8	能够在侍酒服务过程中注意酒水温度，及时采取措施保持酒的最佳饮用温度。

三、任务分组

表2-57　学生分组表

班级		组号		指导老师	
组长		学号			
组员	学号	姓名		角色	轮转顺序
备注					

表2-58　工作计划表

工作名称：			
（一）工作时所需工具			
1	6	11	16
2	7	12	17
3	8	13	18
4	9	14	19
5	10	15	20
（二）所需材料及消耗品			
名称	说明	规格	数量

续表

（三）工作完成步骤			
序号	工作步骤	卫生安全注意事项	工作注意事项
1			
2			
3			
4			
5			
6			
注意：现在你已经完成你的作业，请不要着急提交，先思考一下，有没有其他更好的办法呢？有没有遗漏呢？请将你的作业交给老师，然后再开始工作。			

四、服务准备

引导问题 1：特种葡萄酒的服务流程是什么？

_____

_____

引导问题 2：进行特种葡萄酒服务的注意事项有哪些？

_____

_____

小提示：

特种葡萄酒服务在餐厅中通常采用推车服务（Guéridon Service），开始服务前需要将量杯、托盘、餐巾、各类酒水和酒杯等物品放在推车上。

侍酒师服务时需要介绍各类酒款特点和品质，侍酒师应准备好回答有关各类酒款起源、口味以及与菜肴、甜点和奶酪等食品的搭配问题。

引导问题 3：特种葡萄酒一般包括哪些酒款呢？

_____

_____

引导问题 4：下列酒款属于哪种类型的葡萄酒？应当如何向客人介绍呢？

图 2-24　雪莉酒酒标

小提示：

　　图中酒款均为干型雪莉酒，雪莉酒根据残糖量可以分为干型雪莉酒、自然甜型雪莉酒和加甜型雪莉酒。

　　干型雪莉酒通常采用帕洛米诺（Polomino）葡萄酿造，为干型加强白葡萄酒，残糖量不高于 5g/L，主要包括菲诺（Fino）和曼萨尼亚（Manzanilla）、奥罗露索（Oloroso）、阿蒙提拉多（Amontillado）和帕罗考塔多（Palo Cortado）。

　　自然甜型雪莉酒通常采用佩德罗－希梅内斯（Pedro Ximenez）和亚历山大玫瑰（Muscat of Alexandria）两种葡萄酿造，为甜型雪莉酒，主要包括佩德罗－希梅内斯雪莉酒（Pedro Ximenez）和麝香葡萄雪莉酒（Moscatel），残糖量分别高于 212g/L 和 160g/L，其中佩德罗－希梅内斯雪莉酒（Pedro Ximenez）残糖量通常可以达到 500g/L。

加甜型雪莉酒通常是由干型雪莉酒与自然甜型雪莉酒或精馏浓缩葡萄汁（Rectified Concentrated Grape Must，RCGM）调配而成，残糖量至少都高于 5g/L，并且甜度跨度范围较大。根据调配使用的干型雪莉酒种类及最终甜度的不同，加甜型主要分为浅色加甜型（Pale Cream）、半甜型（Medium）和加甜型（Cream）。

此外，雪莉酒也可根据陈年时间进行划分，被称为带有陈年时长标识的雪莉酒（Sherries with an Indication of Age），标识包括 V.O.R.S.（Vinum Optimum Rare Signatum/Very Old Rare Sherry）、V.O.S.（Vinum Optimum Signatum/Very Old Sherry）、12 Years Old/15 Years Old。V.O.R.S. 表示用于调配雪莉酒的平均陈年时长至少达到 30 年，V.O.S. 表示平均陈年时长至少达到 20 年，12 Years Old/15 Years Old 分别表示平均陈年时长至少达到 12 年和 15 年。此种划分只适用于奥罗露索（Oloroso）、阿蒙提拉多（Amontillado）、帕罗考塔多（Palo Cortado）和佩德罗－希梅内斯（Pedro Ximenez）四种类型。

引导问题 5：查阅相关资料，完成填写下列波特酒的类型表。

表 2-59　波特酒的类型

序号	宝石红类型（Ruby Style）	茶色类型（Tawny Style）
1		
2		
3		
4		

引导问题 6：客人点单时选择了菲诺（Fino）雪莉酒和珍藏宝石红波特（Reserve Ruby Port），请查阅相关资料，为两款酒分别撰写一段酒款解说词。

_____

_____

引导问题 7：客人点单之后，侍酒师需要准备哪些物品？请列出你的物品清单和工作步骤。

表 2-60　工作计划表

工作名称：			
（一）工作时所需工具			
1	6	11	16
2	7	12	17
3	8	13	18
4	9	14	19
5	10	15	20
（二）所需材料及消耗品			
名称	说明	规格	数量
（三）工作完成步骤			
序号	工作步骤	卫生安全注意事项	工作注意事项
1			
2			
3			
4			
5			
6			
注意：现在你已经完成你的作业，请不要着急提交，先思考一下，有没有其他更好的办法呢？有没有遗漏呢？请将你的作业交给老师，然后再开始工作。			

小提示：

　　客人点单并确认好酒款信息之后，侍酒师需要准备特种葡萄酒所需要的雪莉酒杯、波特酒杯或者是小型的葡萄酒杯、量杯、海马刀等物品。

　　引导问题 8：不同类型的雪莉酒和波特酒的适饮温度范围分别是多少？

小提示：

表 2-61 雪莉酒侍酒温度

雪莉酒酒款类型	建议侍酒温度
菲诺（Fino）/ 曼萨尼亚（Manzanilla）	6~8℃
浅色加甜型雪莉酒（Pale Cream）	7~9℃
阿蒙提拉多（Amontillado）/ 奥罗露索（Oloroso）/ 帕罗考塔多（Palo Cortado）/ 佩德罗－希梅内斯雪莉酒（Pedro Ximenez）/ 麝香葡萄雪莉酒（Moscatel）/ 半甜型雪莉酒（Medium）/ 加甜型雪莉酒（Cream）	12~14℃
V.O.S. / V.O.R.S	15℃

表 2-62 波特酒侍酒温度

波特酒酒款类型	建议侍酒温度
桃红波特（Rosé Port）	6~8℃
白波特（White Port）	10~12℃
茶色波特（Twany Port）	14~16℃
宝石红波特（Ruby Port）	16~18℃
年份波特（Vintage Port）	16~18℃

五、开酒服务

引导问题 9： 如何安全正确地打开一瓶年轻的雪莉酒或波特酒呢？

_____

_____

小提示：

瓶装雪莉酒和波特酒开瓶与其他葡萄酒开瓶基本相同。在西班牙你将有机会看到雪莉酒斟酒师（Venenciador）直接使用专门的斟酒器（Venencia）从雪莉桶中取酒为客人进行斟酒服务。Venencia 的杯子部分容量为 50mL，底部半球状，过去是银制的，后来出于食品安全的考虑，改成了不锈钢材质。

陈年波特酒开酒时，通常会使用波特钳。由于陈年波特酒的软木塞因年久易碎，而且波特酒含有一定的糖分，木塞容易粘结在酒瓶上，所以使用一般的开瓶器拔塞容易污染酒液。波特钳则不需要拔塞就可以直接把塞子取下来。波特钳主要是利用玻璃热胀冷缩的原理直接在酒瓶的瓶颈木塞下部将瓶颈切掉。

引导问题 10： 雪莉酒和波特酒都需要进行醒酒吗？如何进行醒酒？

_____

_____

小提示：

年份波特和一些装瓶前未过滤的晚装瓶年份波特等酒款需要进行醒酒，醒酒步骤和老年份葡萄酒类似。

引导问题 11： 开酒以后，侍酒师可以直接试饮吗？应当如何试饮呢？

_____

_____

六、侍酒服务

引导问题 12： 侍酒时应注意哪些规范？

_____

_____

小提示：

侍酒服务规范：

客人点单杯酒时，应当根据客人的点单需求进行服务，待主人做出肯定的试饮评价之后，按照主宾—女士—男士—主人的顺序，沿顺时针路径操作。单杯服务时有三种方法。第一种方法，在服务推车上用量杯测量正确的酒量并倒入正确的酒杯中，使用托盘在客人的右侧进行服务；第二种方法，使用小托盘或者服务大托盘和托盘架将酒杯、量杯和酒瓶托至客人面前进行操作服务；第三种方法，将酒杯、量具和酒瓶置于托盘内，之后从客人右侧将托盘放在餐桌上进行侍酒服务。本书中所指的主人是主导用餐的客人。

引导问题 13： 侍酒完毕之后，侍酒师接下来要完成哪些工作呢？

_____

_____

小提示：

侍酒完毕之后，祝客人用餐愉快，收拾服务用具并礼貌地告别离开。客人用餐过程中随时观照客人的杯中酒量，做到及时添加和更换酒款。

引导问题 14： 如果客人点了整瓶的雪莉酒或波特酒，要求将剩余的酒打包时，要给客人哪些建议呢？

小提示：

不同类型的雪莉酒和波特酒开瓶之后的保存期限有所差异，可以建议客人在适饮期内饮用和在家中保存的方法。客人可将雪莉酒或波特酒暂时放于冰箱中直立保存，但是不建议将雪莉或波特酒存放在冰箱中太久，因为冰箱对于长期存放来说温度太低。此外，当反复开冰箱门时，酒会频繁受到光线、震动和温度变化的影响。

表 2-63　雪莉酒开瓶后的保存时间

酒款类型	开瓶后的保存时间
菲诺（Fino）/ 曼萨尼亚（Manzanilla）	1 周
阿蒙提拉多（Amontillado）	2~3 周
奥罗露索（Oloroso）	4~6 周
佩德罗 - 希梅内斯雪莉酒（Pedro Ximenez）/ 加甜型雪莉酒（Cream）	1~2 月

表 2-64　波特酒开瓶后的保存时间

酒款类型	开瓶后的保存时间
老的年份波特（Old Vintage Port）	24 小时
晚装瓶年份波特（Late Bottled Vintage Port）	1 周
桃红波特（Rosé Port）/ 白波特（White Port）	2 周
宝石红波特（Ruby Port）/ 茶色波特（Twany Port）	3 周
陈年茶色波特（Aged Tawny Port）	2 个月

引导问题 15： 请查阅相关资料，以小组为单位选择马德拉酒、马萨拉酒、马拉加酒、利口葡萄酒、加香葡萄酒等任一款特种葡萄酒，模拟侍酒

服务流程并撰写酒款解说词。

_____

_____

七、评价反馈

表 2-65　工作计划评价表

工作计划评价项目	分数					
	优	良	中	可	差	劣
	10	8	6	4	2	0
1. 材料及消耗品记录清晰						
2. 使用器具及工具的准备工作						
3. 工作流程的先后顺序						
4. 工作时间长短适宜						
5. 未遗漏工作细节						
6. 器具使用时的注意事项						
7. 工具使用时的注意事项						
8. 工作安全事项						
9. 工作前后检查改进						
10. 字迹清晰工整						
总分						
等级						
A=90 分以上；B=80 分以上；C=70 分以上；D=70 分以下；E=60 分以下。						

表 2-66　卫生安全习惯评价表

卫生安全习惯评价项目	是	否
1. 正确使用规定器具，不随意更换		
2. 器具及材料放至适当位置并摆放整齐		
3. 操作时，集中精神，不嬉闹		

续表

卫生安全习惯评价项目	是	否
4. 操作过程中不擅自离岗		
5. 不以任何物品或肢体接触运转中的器具或设备		
6. 玻璃器皿等器具摆放之前检查是否干净安全		
7. 根据规定穿着工作服装，符合侍酒师仪容仪表规范		
8. 对工作环境进行规范和整理，保持清洁安全		
9. 随时注意保持个人清洁卫生		
10. 恰当清洗及保养器具		
总分		
等级		
A=90分以上；B=80分以上；C=70分以上；D=70分以下；E=60分以下。 每一项"是"者得10分，"否"者得0分。		

表 2-67 学习态度评价表

学习态度评价项目	分数					
	优	良	中	可	差	劣
	10	8	6	4	2	0
1. 言行举止合宜，服装整齐，容貌整洁						
2. 准时上下课，不迟到早退						
3. 遵守秩序，不吵闹喧哗						
4. 学习中服从教师指导						
5. 上课认真专心						
6. 爱惜教材教具及设备						
7. 有疑问时主动要求协助						
8. 阅读讲义及参考资料						
9. 参与班级教学讨论活动						
10. 将学习内容与工作环境结合						
总分						
等级						
A=90分以上；B=80分以上；C=70分以上；D=70分以下；E=60分以下。						

表 2-68 总评价表

评分项目	单项得分	单项等第	比率（%）	单项分数	总分	等级
1.操作部分			40%			☐ A
2.工作计划			20%			☐ B ☐ C
3.安全习惯			20%			☐ D
4.学习态度			20%			☐ E
总评	☐ 合格		☐ 不合格			
备注						
A=90 分以上；B=80 分以上；C=70 分以上；D=70 分以下；E=60 分以下。						

八、相关知识点

一、特种葡萄酒

根据我国《饮料酒术语和分类》（GB/T17204—2021）标准的规定，特种葡萄酒（Special Wines）是指在种植、采摘或酿造工艺中使用特定方法酿制而成的葡萄酒。特种葡萄酒包括含气葡萄酒、冰葡萄酒、低度葡萄酒、贵腐葡萄酒、产膜葡萄酒、利口葡萄酒、加香葡萄酒、脱醇葡萄酒、原生葡萄酒和其他特种葡萄酒。

本教材中的特种葡萄酒主要是指雪莉酒、波特酒、马德拉酒、马萨拉酒和马拉加酒等加强型葡萄酒和利口葡萄酒、加香葡萄酒等。

二、雪莉酒斟酒器（Venencia）

Venencia 的出现取决于雪莉酒独特的索莱拉系统。层层堆叠码放木桶（Butt）的方式，使得不能弯折的普通玻璃取酒器无法从塞孔（Bojo）伸入每一只木桶的中心，但 Venencia 富有弹性的长柄却能完美地适应酒桶间狭小的缝隙，取出木桶中央部分澄清的酒液。

除了销售时供买家品尝需要用 Venencia 取酒，在雪莉酒的整个生产过程中，酿酒师（Bodequero）必须不断地取出每个桶里的酒样进行品尝，检查酒的品质。几个世纪以来，在赫雷斯、圣路卡及圣玛利亚

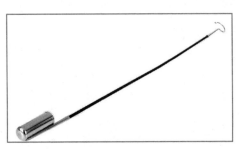

图 2-25 雪莉酒斟酒器

港的酒庄里，都是由斟酒师（Venenciador）帮助酒庄的负责人（Capataz）和试酒师（Catador）取得酒液样本，再从很高的高度将酒倒入品酒杯里，让酒样充分接触空气，展开酒的风味。因此，雪莉酒的陈酿过程中，始终需要用到 Venencia。

三、马德拉酒（Madeira）

马德拉酒是一种加强型葡萄酒，起源于马德拉岛，是一种带有烤坚果、炖水果、焦糖和太妃糖等风味的葡萄酒。

马德拉酒包括各类具有陈年指数的混酿酒，以及年份葡萄酒。随着陈年时间增长，葡萄酒会愈加复杂和浓郁。马德拉酒可以分为具有陈年指数的葡萄酒和年份标识葡萄酒。

具有陈年指数的葡萄酒又可以细化为四种类型。精致型（Finest）由黑莫乐葡萄酿制，使用温室法熟化 3 年，有干型（Dry）、半干型（Medium Dry）、半甜型（Medium Rich）和甜型（Rich），雨水风格（Rainwater）是精致型分类中的半干型风格；珍藏型（Reserva / Reserve）主要由黑莫乐葡萄酿制，经过 5 年的熟化，但也有一些由四个贵族品种酿制，酒杯上则会标明品种名；特别珍藏型（Reserva Especial/Special Reserve）或陈年珍藏型（Reserva Velha）通常是由通过温架法熟化 10 年的葡萄酒进行混合而成，酒标会出现葡萄品种的名字；超长珍藏型（Reserva Extra/Extra Reserve）通常是由通过温架法熟化 15 年的葡萄酒进行混合，酒标会出现葡萄品种的名字。酿制更长陈年指数的葡萄酒是允许的，但是十分罕见。

年份标识葡萄酒可以细化为两种类型：单一年份（Colheita）马德拉酒必须在橡木桶中熟化至少 5 年时间，可能是黑莫乐葡萄品种的混酿酒或者在酒标上标注葡萄品种的名字；弗拉科拉（Frasqueira）或年份酒（Vintage）是马德拉酒中的极致风格，这些酒必须在酒标上标示出品种的名字，用贵族品种酿制，并且必须在橡木桶中熟化至少 20 年。许多已经装瓶的葡萄酒年龄都非常老，有些甚至超过了一个世纪，该类型马德拉酒非常复杂，酸度很高，具有多层的氧化味道、焦烤糖和果脯的芳香。

四、马萨拉酒（Marsala）

马萨拉酒产于意大利西西里岛（Sicilia）西北部的马萨拉一带。马萨拉酒根据熟化工艺不同可以细分为两种类型：马萨拉索莱拉（Marsala Vergine/Soleras）和马萨拉康乔托（Marsal Conciato）。

马萨拉索莱拉通常是采用白葡萄酿造的，在发酵完后，再用高酒精度的葡萄酒或烈酒进行加强，之后采用索莱拉系统陈酿。根据陈酿年份的不同，马萨拉索莱拉又可以分为马萨拉索莱拉（陈酿至少 5 年）和马萨拉索莱拉珍藏（Marsala Vergine/Soleras Stravecchio，陈酿至少 10 年）。

马萨拉康乔托（Marsala Conciato）在发酵完成后，选择加入酒精、"Mosto Cotto"（意大利传统甜味剂，使用煮过的新葡萄酒汁制作而成，影响着酒的味道和颜色）或 Mistelle（一种葡萄汁和浓缩新葡萄酒汁的混合物，影响着酒的糖分含量和香味）进行加强，之后采用普通的橡木桶陈酿。马萨拉康乔托酒根据不同的陈酿年份又可分为：优质马萨拉酒（Fine，陈酿约 1 年）、超级马萨拉酒（Superiore，陈酿至少 2 年）以及超级珍藏马萨拉酒（Superiore Riserva，陈酿至少 4 年）。

除此之外，马萨拉酒还可以根据颜色进行分类，分为金黄色马萨拉（Oro Marsala）、琥珀色马萨拉（Ambra Marsala）以及宝石红马萨拉（Rubino Marsala）等。根据酒中的剩余糖分，马萨拉酒又可划分为干型（Secco，少于 40g/L）、半干或半甜型（Semisecco，41~100g/L）和甜型（Docle，大于 100g/L）。

五、马拉加酒（Malaga）

马拉加的酿酒史可以追溯到公元前 6 世纪，马拉加酒（Malaga Wine）在西班牙语中称为"Málaga Vino"，这是一种西班牙马拉加省（Malaga）出产的多种葡萄酒的总称，其中以强化葡萄酒闻名。

按糖分含量分为四种类型：甜型（Sweet/Dulces），残糖含量大于 45g/L；半甜型（Semi-sweet/Semidulces），残糖含量在 12~45g/L；半干型（Semi-dry/Semisecos），残糖含量在 4~12g/L；干型（Dry /Secos），残糖含量小于 4g/L。

其中甜型马拉加酒（Málaga Dulces）又可以划分为三种类型：大师酒（Vino Maestro），指在发酵结束前加入不超过 8% 的葡萄酒蒸馏酒精，当酒精浓度达到 15%~16% 时发酵会终止，酒中保留了部分残糖（超过 100g/L），从而为葡萄酒带来天然甜味；柔和的酒（Vino Tierno），用在阳光下风干后的高糖分葡萄酿制，发酵前的葡萄汁糖分含量大于或等于 350g/L，在发酵过程中用葡萄酒蒸馏酒精进行强化，酒精浓度和甜度都比较高；天然甜酒（Vino dulce Natural），用天然糖分含量超过 212g/L 的佩德罗 - 希梅内斯（Pedro Ximenez）和麝香（Moscat）葡萄原汁酿制的天然甜酒（Vino dulce Natural）。

按陈年熟化时间分为五种类型：马拉加（Málaga），陈年熟化时间在 6~24 个月；贵族马拉加（Málaga Noble），陈年熟化时间在 2~3 年；阿涅霍马拉加（Málaga Añejo），陈年熟化时间在 3~5 年；特拉萨阿涅霍马拉加（Málaga Trasañejo），陈年熟化时间在 5 年以上；浅色马拉加（Málaga Pálido），用索莱拉系统熟化，不计酒龄，属于多年份混合型强化葡萄酒。

任务九　烈酒与鸡尾酒侍酒服务

一、任务情境描述

鸡尾酒服务视频

　　海思酒吧的晚餐时间，7号桌的3位客人（1位女士、2位男士）点了一杯大都会鸡尾酒、一杯干邑白兰地和一杯苏格兰威士忌，请你按照侍酒师的工作流程和服务标准，为该桌客人做好烈酒和鸡尾酒的侍酒服务。

　　侍酒服务过程中应能够符合《葡萄酒推介与侍酒服务职业技能等级标准（2021年1.0版）》和《SB/T10479—2008饭店业星级侍酒师技术条件》等相关标准要求。

二、学习目标

　　通过完成该任务，明确烈酒和鸡尾酒的侍酒服务的工作要求，完成烈酒和鸡尾酒的侍酒服务。具体要求如下：

表2-69　具体要求

序号	要求
1	能够根据客人的需求推介适宜的干邑和鸡尾酒酒款。
2	能够乐于和善于与客人沟通，细致地解答客人提出的问题。
3	能够在侍酒前与客人核对酒款。
4	能够使用正确的方法调制鸡尾酒和做好烈酒服务。
5	能够在服务过程中回答客人的问题并介绍烈酒和鸡尾酒知识，构建良好的服务氛围。

三、任务分组

表2-70　学生分组表

班级		组号		指导老师	
组长		学号			

	学号	姓名	角色	轮转顺序
组员				
备注				

表 2-71　工作计划表

工作名称：			
（一）工作时所需工具			
1	6	11	16
2	7	12	17
3	8	13	18
4	9	14	19
5	10	15	20

（二）所需材料及消耗品			
名称	说明	规格	数量

（三）工作完成步骤			
序号	工作步骤	卫生安全注意事项	工作注意事项
1			
2			
3			
4			
5			
6			

注意：现在你已经完成你的作业，请不要着急提交，先思考一下，有没有其他更好的办法呢？有没有遗漏呢？请将你的作业交给老师，然后再开始工作。

四、服务准备

引导问题 1：烈酒和鸡尾酒服务的工作流程是什么？

_____

_____

引导问题 2：如何进行烈酒和鸡尾酒服务的点单工作？

_____

_____

小提示：

点单时侍酒师首先问候客人（先生 / 女士，您好，我是侍酒师 / 调酒师 William，请问您想喝点什么吗？）。当客人查看酒单并点酒之后，确认酒款信息（您点的是干邑白兰地 / 大都会鸡尾酒，对吗？），并与客人友好自然地互动交流，询问客人对鸡尾酒口味的特殊需求。

图 2-26　干邑白兰地酒标

引导问题 3：客人点了一杯干邑白兰地 X.O.，你了解 X.O. 是什么含义吗？

_____

_____

小提示：

干邑白兰地酒标所标注的字母代表的是干邑最年轻基酒的陈年时间。例如：X.O. 代表的是干邑最年轻的基酒在橡木桶中至少陈年了 10 年。

引导问题 4：查阅相关资料，完成填写下列干邑白兰地的酒标术语含义。

表 2-72　干邑白兰地的酒标术语

序号	酒标术语	含义
1	V.S.（Very Special）	
2	V.S.O.P（Very Superior Old Pale）	
3	Napoléon	
4	X.O.（Extra Old）	

引导问题 5：请估算大都会（Cosmopolitan）鸡尾酒的酒精度数。

表 2-73　大都会（Cosmopolitan）的酒精度数

大都会（Cosmopolitan）		酒精度数
柠檬味伏特加	45mL	
君度	15mL	
青柠汁	15mL	
蔓越莓汁	30mL	
注：计算时不考虑冰块化水。		

小提示：

鸡尾酒度数的估算方法

酒精度数是客人在饮用鸡尾酒时的关注重点，因此调酒师应该能够估算出客人所点鸡尾酒的酒精度数，并给出饮用建议，从而更好地提升服务品质。

估算一杯鸡尾酒的酒精度数时，可以分别计算出材料用量与酒精度数相乘后的结果，将结果合计后除以材料总量和冰块融化后的水量（一般冰块的融化水量约 10mL）。当遇到一些酒的配方中存在未给出明确数量的苏打水、可乐等调换溶液时，也可借鉴用酒杯容量大小的 1/2 作为公式的分母进行估算。

$$鸡尾酒酒精度数 \approx \frac{（A的酒精度数 \times 用量）+（B的酒精度数 \times 用量）+\cdots}{（材料总量）+（冰块融化的水量）}$$

为便于快速估算出酒精度数，也可以在不考虑冰块化水量的前提下，用分数计算法对鸡尾酒酒精度数进行表述，将所用的材料整体量视为1，再将各项材料的使用量予以分数化，再乘以材料的酒精度数，然后全部加总的数字就是鸡尾酒的酒精度数。

引导问题6：客人点单之后，侍酒师／调酒师需要准备哪些物品？请列出你的物品清单和工作步骤。

表2-74　工作计划表

工作名称：			
（一）工作时所需工具			
1	6	11	16
2	7	12	17
3	8	13	18
4	9	14	19
5	10	15	20

（二）所需材料及消耗品			
名称	说明	规格	数量

（三）工作完成步骤			
序号	工作步骤	卫生安全注意事项	工作注意事项
1			
2			
3			
4			
5			
6			

注意：现在你已经完成你的作业，请不要着急提交，先思考一下，有没有其他更好的办法呢？有没有遗漏呢？请将你的作业交给老师，然后再开始工作。

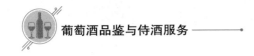
小提示：

客人点单并确认好酒款信息之后，侍酒师需要准备干邑白兰地和鸡尾酒所需要的酒杯、摇酒壶、量杯、吧匙等物品。

引导问题7：干邑白兰地需要使用哪种类型的酒杯呢？

_____

_____

小提示：

白兰地的品鉴和饮用使用白兰地酒杯，形似郁金香，酒杯腰部丰满，杯口缩窄，又称白兰地吸杯（Snifter）。使用时以手掌托着杯身，让手温传入杯中使酒升温，并轻轻摇荡杯子。这样可以充分享受杯中的酒香。这种杯子容量很大，通常为8oz（oz，盎司）左右。但饮用白兰地时一般只倒1oz左右，酒太多不易很快温热，就难以充分尝到酒味。另外，标准的白兰地杯放倒时所能盛装的容量应刚好为1oz。

引导问题8：威士忌需要使用哪种类型的酒杯呢？

_____

_____

小提示：

威士忌的品鉴和饮用所用酒杯有格伦凯恩杯、古典杯和雪莉杯等三种类型，在酒吧服务过程中，可以根据个人需求进行选择。当客人品鉴威士忌要求"Whisky on the rock"时，使用古典杯进行服务更加符合要求；当客人纯饮威士忌时，可以使用格伦凯恩杯或雪莉杯，同时配一杯冰水。不管选择何种类型的酒杯，都应当满足以下基本要求：

第一，酒杯应当是清澈透明的，以便清楚地看到威士忌的颜色。酒杯的宽度和高度充裕，但无须过大，不要使用像烈酒杯那种短而窄的杯子。第二，在威士忌酒液表面之上，要留有足够的空间以汇聚香气，留有足够的高度，以便在品尝时可以轻轻地摇动酒杯以激发酒液中的香气。同时，酒杯也不能过宽，否则香气会迅速地消散。第三，酒杯应有一个坚实的底座或手柄，便于握住该部位而不会将热量传导给威士忌。小型的白葡萄酒杯、雪莉酒杯和古典杯都是比较好的选择。

引导问题9：品鉴威士忌时，很多客人要求加水兑和，应该加入多少的水呢？

_____

_____

小提示：

威士忌加水可以释放出酒液中的一些香气和风味。这些芳香族化合物多数是带有水果气息、味道浓郁的酯类物质，此类物质会被富含乙醇的溶液锁住，乙醇分子在四周封锁了这些物质，加水之后，此类物质会被释放出来。可以想象下雨之后，我们能够闻到来自植物的清香味，来自潮湿路面的独特香气。这是因为水能够帮助这些香气摆脱化学键的束缚，得以自由释放到空气中。水也会将较重的苏格兰威士忌中的硫化合物带出来，从而释放出一种难闻的橡胶味和肉味。此类味道会抑制泥煤类的烟熏酚类香味以及怡人的谷物气息。

加水时可以借鉴威士忌作家恰克·考德利德威士忌稀释公式加水期望的水量。期望酒度所加入的水量（mL）＝威士忌量 ×（瓶装酒度／期望酒度 −1）。

五、鸡尾酒调制服务

引导问题 10：鸡尾酒调制的方法有哪些？

_____

_____

小提示：

鸡尾酒的调制方法多种多样，基酒、辅料和装饰物经过调酒师的精心调制，几分钟之内便可变成色、香、味、体俱佳的饮品。不同的调制方法会产生不同的效果，合理使用调制方法制作鸡尾酒是保证鸡尾酒品质的关键因素之一。鸡尾酒调制的四种基本方法包括兑和法、调和法、摇和法和搅拌法。

引导问题 11：大都会鸡尾酒应当如何进行调制呢？

_____

_____

小提示：

调制鸡尾酒时要特别注意先后顺序和调制的原则。调制时，要找齐所用酒水、辅料、装饰物和杯具等，应准备好再开始，不要边做边找酒水或调酒用具。

（一）准备

第一，按配方把所需的酒水、辅料、装饰物备齐，放在调酒工作台上的专用位置。

第二，把所需的调酒用具，如酒杯、吧匙、量杯等工具备好。

第三，备好所需冰块。

第四，洗手。

（二）制作

第一，取瓶。指把酒瓶从操作台上取到手中的过程。取瓶一般有从左手传到右手或从下方传到上方两种情形。用左手拿瓶颈部传到右手上，用右手拿住瓶的中间部位，或直接用右手从瓶的颈部上提至瓶中间部位。要求动作快、稳。

第二，示瓶。即把酒瓶展示给客人。用左手托住瓶下底部，右手拿住酒瓶，呈45°把主酒标展示给客人。取瓶到示瓶应是一个连贯的动作。

第三，开瓶。

第四，量酒。量杯要端平，右手将酒倒入量杯，倒好后收瓶，同时左手将量杯中的酒倒进所用的调酒用具中。

第五，调制酒水。根据配方，先从最小、最便宜的材料开始，依次倒入调酒杯（摇酒壶），并轻微搅拌，品尝味道并确认后，放入适量冰块，使用对应的调酒方法进行调制。

第六，制作装饰物。在制作装饰物前应洗手。

引导问题 12：调制鸡尾酒时如何使用考不勒摇酒壶呢？

_____

_____

小提示：

考布勒摇酒壶易于使用，制作精准，基本步骤如下：

第一步，按配方把辅料、基酒等材料依次量入壶体内，最后加入冰块。通常，所放材料和冰块占到壶体的六成左右。

第二步，先将滤冰器盖在壶体上，最后将壶盖盖上。如果将滤冰器与壶盖作为整体盖在壶体上，摇动后摇酒壶的内外会产生气压差，壶盖会出现脱落的情况。

第三步，以右手为惯用手为例，双手持摇酒壶的时候，右手拇指压住靠向身前的壶盖，其他手指自然放于壶体之上（也可用无名指和小指夹住壶体），左手拇指按住滤冰器，中指与无名指第一关节托住壶底，其他手指指尖轻轻地抵住摇酒壶。实际工作中采用左右手对换的相反姿势或用单手摇壶也是可以的。

第四步，握着摇酒壶，将摇酒壶由身体正面拿到靠近左胸前和左肩之间的位置。然后在胸前按照斜上—胸前—斜下—胸前的顺序，有节奏性地重复摇动。这种摇酒方式被称为二段式摇动。该动作是最常用的摇酒动作，此外还有一段式摇和法和三段式摇和法。不管是哪种方法，只要照规定的次数来摇和，指尖会感受到摇酒壶中温度的变化，待摇酒壶表面结了一层白霜时，就表示摇和完毕。不过如果使用奶油、砂糖、蛋等材料时，摇动次数要加倍，同时力道也要加强，才能均匀混合。

第五步，摇和结束后，拿掉壶盖，右手食指按于滤冰器肩部，防止滤冰器偏移，并将酒倒入杯中。此时要将摇酒壶中的酒全部倒尽。

第六步，倒好后将摇酒壶里的冰块丢掉，用水洗净，摆放回原来的位置。如果使用高脂材料或气味较浓的茴香酒、薄荷酒，则需使用中性洗洁剂和热水清洗，切勿让摇酒壶残留气味。

第七步，清理操作台，原材料归位，清洗工具。

六、侍酒服务

引导问题 13：侍酒时应注意哪些规范？

_____

_____

小提示：

侍酒服务规范：

将烈酒和调制好的鸡尾酒使用托盘端到客人桌前，小心不要打翻，不要弄掉装饰物。靠近客人并告知客人酒的名字，先放杯垫，再放酒。简要介绍烈酒和鸡尾酒的饮用方式，致谢后离开。

引导问题 14：干邑白兰地应当如何品鉴呢？

_____

_____

小提示：

干邑的品鉴

1. 观色

品鉴干邑时，首先需要观察它的颜色，包括色泽深浅，是否有杂质，其清澈度、光亮度等。干邑刚从蒸馏器中流出时是无色的，而最终倒入酒杯时却是有色的，这些色泽变化阐述着它的橡木桶窖藏历程。通常，年轻的干邑呈现稻草或者蜂蜜的颜色，随着年龄的增长，颜色过渡为金色、深金色、琥珀色甚至更深的颜色。不过，干邑的色泽除了来自橡木桶陈年的因素外，往往也源于焦糖调色。所以，判定一款干邑的年份，并不能光靠看颜色。

2. 闻香

与葡萄酒闻香不同，闻干邑时，不要把鼻子伸进酒杯，也别太用力吸气，否则很容易闻到刺鼻的酒精味。正确的做法是将鼻子凑近杯口，轻轻闻香即可。接下来，将酒杯绕圆周转动使干邑充分与空气接触，感受一下香气的变化。可以缓慢而轻柔地晃动酒杯，这样有利于香气的完全释放。

因着产区和陈年等级的差异，不同干邑间的香气也会有很大区别。一般来说，年轻的干邑主要带有新鲜花果味，例如玫瑰、柑橘和梨子的香气；而经历了长时间陈年的酒，则会逐渐展现出果干、焦糖、坚果和肉桂等甜香料气息，甚至会演变出泥土和蘑菇的陈年风味。无色的白兰地，则无需考虑陈年香气，这些酒款都是以果味为主。

3. 品尝

小啜一口干邑，不要急着咽下，让酒液覆盖口腔，用舌头不同区域的味蕾捕捉不同的味道：舌尖可以分辨干邑的甜味，两侧可以分辨酸味，两侧偏后可以分辨咸味，舌根处则用于分辨苦味。同时，留意风味在口中的停留长度，并感受一下干邑的各种风味是否平衡。

优质干邑的口感应该是平衡精致的，不会给人刺激粗糙的感觉。通常而言，年轻的干邑在口中结构更偏简单，陈年干邑则更复杂和细腻。

最后，还要感受一下干邑的余味。当咽下口中干邑后，口腔依然会沉醉在干邑的香气中，而品质越高的干邑，口中的余味也会越长。

此外，不要在干邑刚一倒入酒杯后就马上品尝，相关干邑专家指出陈年干邑每一年需"醒酒"（Breathe）30 秒，例如，一款 20 年的 X.O. 干邑在品尝之前至少需要放 10 分钟之久。

引导问题 15：侍酒完毕之后，侍酒师接下来要完成哪些工作呢？

小提示：

侍酒完毕之后，要将酒瓶归位，将所有使用过的调酒用具清洗干净，工作台清理整洁。

七、评价反馈

表 2-75　工作计划评价表

工作计划评价项目	分数					
	优	良	中	可	差	劣
	10	8	6	4	2	0
1. 材料及消耗品记录清晰						
2. 使用器具及工具的准备工作						
3. 工作流程的先后顺序						
4. 工作时间长短适宜						
5. 未遗漏工作细节						
6. 器具使用时的注意事项						
7. 工具使用时的注意事项						
8. 工作安全事项						
9. 工作前后检查改进						
10. 字迹清晰工整						
总分						
等级						
A=90 分以上；B=80 分以上；C=70 分以上；D=70 分以下；E=60 分以下。						

表 2-76　卫生安全习惯评价表

卫生安全习惯评价项目	是	否
1. 正确使用规定器具，不随意更换		
2. 器具及材料放于适当位置并摆放整齐		
3. 操作时，集中精神，不嬉闹		
4. 操作过程中不擅自离岗		
5. 不以任何物品或肢体接触运转中的器具或设备		
6. 玻璃器皿等器具摆放之前检查是否干净安全		

续表

卫生安全习惯评价项目	是	否
7. 根据规定穿着工作服装，符合侍酒师仪容仪表规范		
8. 对工作环境进行规范和整理，保持清洁安全		
9. 随时注意保持个人清洁卫生		
10. 恰当清洗及保养器具		
总分		
等级		
A=90分以上；B=80分以上；C=70分以上；D=70分以下；E=60分以下。 每一项"是"者得10分，"否"者得0分。		

表 2-77　学习态度评价表

学习态度评价项目	分数					
	优	良	中	可	差	劣
	10	8	6	4	2	0
1. 言行举止合宜，服装整齐，容貌整洁						
2. 准时上下课，不迟到早退						
3. 遵守秩序，不吵闹喧哗						
4. 学习中服从教师指导						
5. 上课认真专心						
6. 爱惜教材教具及设备						
7. 有疑问时主动要求协助						
8. 阅读讲义及参考资料						
9. 参与班级教学讨论活动						
10. 将学习内容与工作环境结合						
总分						
等级						
A=90分以上；B=80分以上；C=70分以上；D=70分以下；E=60分以下。						

表2-78　总评价表

评分项目	单项得分	单项等第	比率（%）	单项分数	总分	等级
1. 操作部分			40%			☐ A
2. 工作计划			20%			☐ B ☐ C
3. 安全习惯			20%			☐ D
4. 学习态度			20%			☐ E
总评	☐ 合格		☐ 不合格			
备注						
A=90分以上；B=80分以上；C=70分以上；D=70分以下；E=60分以下。						

八、相关知识点

（一）鸡尾酒调制时的酒瓶持法与开瓶

拿酒瓶时，到底是应该握着贴了标签的正面或是从后面握酒瓶，还是从侧边握酒瓶，目前存在着不同的观点。因为调酒师的手有时候是湿的，如果从正面握酒瓶，则会把标签弄湿、弄脏。而且一些酒瓶的造型特殊，即使用整只手握酒瓶也很难拿稳。较理想的方法是从侧边拿酒瓶，而且是握着酒瓶下方倒酒，这样既不会弄脏标签，也能让客人清楚地看到是什么酒。

开启瓶盖的方法。瓶盖几乎都是金属制的螺纹瓶盖，此类瓶盖如果要从上面开的话，需要旋转4~5次才能打开。以右手为惯用手的调酒师，可以右手握酒瓶，左手握住瓶盖，首先将右手朝左旋转至内侧，左手向右也旋转至内侧，在这一位置上，两手从两侧握住酒瓶及瓶盖。接着双手往外侧旋转开瓶，只需转一圈，最多转一圈半，就可迅速且轻松地将瓶盖打开。

左手的大拇指和食指的根部轻轻夹着已经开启的瓶盖，然后以握着酒瓶的右手倒酒。如果将打开的瓶盖摆在吧台或工作台上，不仅会影响操作，而且会让客人觉得侍酒师做得不够利落。

盖上瓶盖时，要将夹在左手大拇指和食指根部的瓶盖扣在瓶口上，再以左手大拇指侧向转动，最后以大拇指和食指将螺纹旋紧。

像利口酒等酒类，如果酒液残留在瓶口上，瓶盖盖上后，瓶口会与瓶盖粘在一起打不开。因此倒完这类酒后，一定要养成用干净的毛巾将残液擦拭干净的习惯。

（二）调制鸡尾酒的小窍门

（1）如果必须用调酒壶制备泡沫鸡尾酒（在它的成分中加入糖浆），那么最好使用砂糖。

（2）要得到优质的鸡尾酒，必须把冰块中的水（从用于混合的调酒杯中或摇酒壶中）滗掉。这是在调酒师比赛中评价制备鸡尾酒技艺的基本准则之一。

（3）为了不使冰融化，调酒的速度要快，一般在1~3分钟内完成。

（4）调制鸡尾酒要使用量杯，以保持鸡尾酒口味一致。如果量杯长期不用，应把它放在装满水的容器中。为了防止不同风味的鸡尾酒之间串味，要经常换水。

（5）使用完器具和设备后要马上进行清洗，因为变干后的残留物很难清理干净。

（6）柠檬汁不仅能让鸡尾酒的味道避免过于甜腻，而且能使其独具风味，除此以外，柠檬汁还能促进不同的原料更好的混合。

（三）威士忌风味物质

1. 谷物

谷物的风味来自发酵和蒸馏，是品尝威士忌时味道的主要成分。麦芽威士忌比较甜美，并带有坚果和温热的谷物气息；玉米会散发出甜味和玉米味；黑麦有些苦，带有草药、青草和薄荷的味道。

2. 酯类物质

酯类物质是一种带有水果香味的发酵副产品，并可进入蒸馏阶段。不同的酯类物质带有不同的香味（乙酸异戊酯有香蕉的香气，而己酸乙酯闻起来像苹果），回流度以及馏分方式决定了最终酒液中含有多少酯类物质。酒液存放在木桶中，木质素的分解也会生成酯类物质，而且会生成更多的香气。例如，丁香酸乙酯有烟草和无花果的味道，阿魏酸乙酯有辛辣的肉桂味，香草酸乙酯则会散发出烟熏和烧焦的气味。

3. 内酯

内酯是橡木中的成分，在陈年过程中进入威士忌。波本威士忌贮藏在全新的木桶中，比贮藏在旧木桶中陈年的威士忌含有更多的内酯。威士忌中含有两种橡木内酯的同分异构物：顺式内酯赋予威士忌甜美的香草椰子味，而反式内酯则生成一种丁香和椰子混合起来的辛香味，但此种风味相对较弱。

4. 酚类物质

酚类物质是泥煤烟熏麦芽中的主要烟熏味物质，以百万分率（ppm）对其进行测量和监测。依据发酵和蒸馏工艺不同，酚类物质的使用情况也各不相同。

5. 酒精

乙醇通常是清新的并带有一点甜味。所有其他种类的酒精可能被统称为杂醇油，这些酒精会生成高浓度的油味。

6. 水杨酸甲酯

在某些白橡木中存在少量的水杨酸甲酯，它会赋予年轻的威士忌薄荷香气。

7. 香草醛

橡木能以多种方式生成香草醛，其中之一就是木质素的分解。香草醛散发出来的香草气息在波本威士忌中最为显著。

8. 乙醛

乙醛具有花香、柠檬味、咖啡香或溶剂味，它还能与橡木中的木质素发生作用生成酯类物质。

任务十　侍酒服务突发情况处理

一、任务情境描述

作为今晚的侍酒师，William 在侍酒时，出现了瓶塞断裂的情况。如果你是 William，你会怎么做？

侍酒工作应符合《葡萄酒推介与侍酒服务职业技能等级标准（2021 年 1.0 版）》和《SB/T10479—2008 饭店业星级侍酒师技术条件》等相关标准要求。

二、学习目标

通过完成该任务，要明确突发情况处理的工作要求。具体要求如下：

表 2-79　具体要求

序号	要求
1	能够根据问题找到相应的原因。
2	能够了解葡萄酒常见的品质问题。
3	能够分辨葡萄酒的问题出自品质还是操作。
4	能够针对具体问题提供相应的解决方案。

三、任务分组

表 2-80　学生分组表

班级		组号		指导老师	
组长		学号			

续表

组员	学号	姓名	角色	轮转顺序
备注				

表2-81 工作计划表

工作名称：			
（一）工作时所需工具			
1	6	11	16
2	7	12	17
3	8	13	18
4	9	14	19
5	10	15	20
（二）所需材料及消耗品			
名称	说明	规格	数量
（三）工作完成步骤			
序号	工作步骤	卫生安全注意事项	工作注意事项
1			
2			
3			

续表

4			
5			
6			

注意：现在你已经完成你的作业，请不要着急提交，先思考一下，有没有其他更好的办法呢？有没有遗漏呢？请将你的作业交给老师，然后再开始工作。

四、突发情况及处理

海思餐厅今晚有一场宴请，作为侍酒师，William 为这场宴会共准备了九款酒，开到第三瓶时酒塞突然断裂了。

引导问题 1： 哪些原因可能导致瓶塞断裂？

_____

_____

小提示：

造成瓶塞断裂的原因一般有三种：

（1）葡萄酒储存的问题。储存时，一般将葡萄酒横放于酒架，确保瓶塞浸润于酒液中，保证瓶塞充胀，从而确保密封。但若葡萄酒长期处于直立状态，酒塞与酒液便无法接触，久而久之，酒塞逐渐变干，容易发生断裂。情况严重时，还会影响酒的品质：瓶塞干燥收缩导致瓶口与瓶塞间出现缝隙，酒液与空气接触导致酒液变质。若储存环境较为潮湿，还可能导致出现瓶塞发霉等情况。

（2）侍酒师操作失误。此类情况常见于经验不够丰富的新手侍酒师。由于每款葡萄酒的酒塞品质、长短及带给侍酒师的手感不同，侍酒师在高强度或紧张的情况下容易出现此类失误。

（3）特殊的酒塞长度。随着技术的发展，开始出现特殊长度的酒塞。侍酒师若没有事先察觉或缺少开长酒塞的相关经验，也容易造成断塞。

引导问题 2： 瓶塞断裂可能会给葡萄酒带来哪些风险？

_____

_____

小提示：

瓶塞断裂可能会对葡萄酒造成以下影响：

（1）软木塞残渣影响口感。断塞常伴随软木残渣，若残渣落入葡萄酒中，便会影响口感和饮酒体验。因此，侍酒师在处理断塞前，通常使用干净口布擦拭瓶口，以此避免残渣落入瓶中。

（2）霉菌污染酒液。葡萄酒长期在潮湿的环境中储存，则酒塞可能发生霉变。沾染霉菌的酒塞碎屑与酒液接触，也会造成酒液污染。

引导问题3：在侍酒时出现瓶塞断裂的情况，该如何应对？

_____

_____

小提示：

首先，应保持冷静，沉着应对；其次，判断酒塞断裂的原因及观察断裂的程度；最后，采用相应的工具和操作步骤解决问题。处理断塞常见的工具有海马刀、螺旋转和老酒刀。

引导问题4：什么情况下使用海马刀处理断塞？如何处理？

_____

_____

小提示：

酒塞状态较好时，可使用海马刀取出断塞。

操作步骤见下：

（1）用海马刀割去整个酒帽，观察断塞的位置及长度。

（2）将海马刀的螺旋转钻入瓶内断塞剩余最长的部分。

（3）将螺旋转贴着酒瓶内壁上提，拔出断塞。

（4）用洁净的口布擦拭瓶口，避免碎屑残留落入酒液。

引导问题5：什么情况下使用老酒刀处理断塞？如何处理？

_____

_____

小提示：

老酒刀常用于年份葡萄酒的开瓶，也适用于处理瓶中断塞残留较长的情况。

操作步骤见下：

（1）将老酒刀的金属片分别插入两边酒塞和瓶颈的缝隙至断裂处。

（2）动作轻柔，旋转上提，取出酒塞。

引导问题6： 什么情况下会结合螺旋转和老酒刀处理断塞？如何处理？

_____

_____

小提示：

螺旋转与老酒刀的结合适用于质地较软、碎屑较多的软木塞，以老酒的瓶塞居多。

操作步骤见下：

（1）将老酒刀的金属片分别插入两边酒塞和瓶颈的缝隙至断裂处。

（2）将海马刀的螺旋转钻入瓶内断塞剩余最长的部分。

（3）同时上提螺旋转和老酒刀，动作轻缓，直至瓶塞取出。

引导问题7： 在上述操作中，若出现失误，导致断塞无法取出或断塞掉入瓶中，该如何处理？

_____

_____

小提示：

出现此类情况时，可采取滗析（或称"滗酒"）方式处理。

操作步骤与醒酒类似：

（1）静置葡萄酒，将沉淀物沉至瓶底。

（2）在醒酒器瓶口加置过滤筛（过滤筛的质地可为医疗纱布、茶漏、茶包等，避免使用不锈钢过滤网）。

（3）将酒瓶的瓶肩对准蜡烛上方，确保眼睛、酒瓶瓶肩、光源在一条线上。如此，当酒瓶中的酒越来越少时，可透过蜡烛的光源看到酒液中的残留物，以便及时停止。

（4）将葡萄酒缓缓倒入醒酒器。

引导问题8： William 打开第五瓶酒时，他闻到了一些火柴、橡胶和臭鸡蛋的味道。什么原因导致葡萄酒出现火柴、橡胶和臭鸡蛋等味道？

_____

_____

小提示：

当葡萄酒出现香气闭塞或案例中的火柴、橡胶、臭鸡蛋、烂白菜等味道时，可能是瓶中出现了还原反应。中文酒标常标有葡萄酒的成分，除了葡萄汁外，最常见的另一种成分是二氧化硫。二氧化硫是葡萄酒的抗氧化剂，可防止葡萄酒在运输和陈年的过程中氧化变质。但过量的二氧化硫容易引起其与氧化反应相反的还原反应，主要的表现即为闭塞香气，严重时，会出现案例中描述的气味。还原现象常见于新装瓶的葡萄酒。在葡萄品种中，西拉和慕合怀特等相比其他品种更容易出现还原性气味。

引导问题9：当葡萄酒出现还原性气味时，该怎么办？

_____

_____

小提示：

还原性气味是可逆的，最常见的解决方法是将葡萄酒倒入一个内部空间较大的醒酒器中，让酒液与空气充分接触，从而加速氧化，便可在短时间内消除还原气味。还原情况较严重时，可以轻柔地晃动醒酒器，加速酒液氧化。除此之外，对于侍酒师来说，还需要熟练掌握还原与氧化状态之间的平衡，避免酒液过度氧化。

引导问题10：William 在打开第八瓶酒后，客人对葡萄酒不满意。侍酒过程中，有哪些方法可以有效避免客人不满或投诉的情况？

_____

_____

小提示：

点酒时，侍酒师应仔细聆听客人的需求，例如酒水类型、口感特点、预算规格等。在此基础上，给予客人合理的建议。若客人无法描述个人偏好时，可列举一些常见的风味类型作建议性推荐，也可以在餐厅的预算内选择若干不同风格的杯卖葡萄酒（每款微量即可）供客人尝试，由此推断客人的喜好，再作瓶卖建议。

引导问题11：当客人认为葡萄酒的风味不够集中时该如何解决？

_____

_____

小提示：

若是酒体温度升高导致的风味散失，可通过下列方式将葡萄酒的温度降回至适饮温度：在冰桶中装入 1:1 的冰水混合物并加入大量食盐，将葡萄酒放入冰桶中迅速降温；若情况紧急，还可将葡萄酒换入内部空间窄小、材质轻薄的醒酒器中，以增加酒液与冰水的接触面积。最后，将醒酒器放入上述冰桶中。通常情况下，葡萄酒可在 5 分钟内降至理想温度。

引导问题 12： 当客人认为葡萄酒的收敛感和涩感过于明显时，该如何解决？

_____

_____

小提示：

收敛感和涩感过于明显的情况常见于年轻的红葡萄酒，可以通过醒酒来改善口感，但要注意避免过度氧化和气味的损失。

引导问题 13： 若投诉来自葡萄酒本身的问题，侍酒师无法通过操作解决，该怎么办？

_____

_____

小提示：

在葡萄酒的酿造、储藏和运输过程中的操作不当均会对葡萄酒产生不可逆的损伤。如木塞污染、过度氧化、受热变质等。出现此类情况时，侍酒师应为客人换酒，并将存在质量问题的酒交还供应商鉴定，可向供应商提出更换或赔偿要求。存在质量问题的葡萄酒绝不可提供给客人饮用，这不仅是侍酒师的职业素养的体现与服务规范的要求，同时也是对客人负责。

引导问题 14： 若客人投诉侍酒师的服务操作，应当如何处理？

_____

_____

小提示：

侍酒师是葡萄酒的呈现者，良好的服务品质和愉悦的沟通模式是客人的美酒体验的重要组成部分。侍酒师应耐心地与客人交流，根据客人的喜好，推荐适合酒款，帮助客人理解推荐酒款的魅力所在。

五、评价反馈

表 2-82　工作计划评价表

工作计划评价项目	分数					
	优	良	中	可	差	劣
	10	8	6	4	2	0
1. 材料及消耗品记录清晰						
2. 使用器具及工具的准备工作						
3. 工作流程的先后顺序						
4. 工作时间长短适宜						
5. 未遗漏工作细节						
6. 器具使用时的注意事项						
7. 工具使用时的注意事项						
8. 工作安全事项						
9. 工作前后检查改进						
10. 字迹清晰工整						
总分						
等级						
A=90 分以上；B=80 分以上；C=70 分以上；D=70 分以下；E=60 分以下。						

表 2-83　卫生安全习惯评价表

卫生安全习惯评价项目	是	否
1. 正确使用规定器具，不随意更换		
2. 器具及材料放于适当位置并摆放整齐		
3. 操作时，集中精神，不嬉闹		

续表

卫生安全习惯评价项目	是	否
4.操作过程中不擅自离岗		
5.不以任何物品或肢体接触运转中的器具或设备		
6.玻璃器皿等器具摆放之前检查是否干净安全		
7.根据规定穿着工作服装，符合侍酒师仪容仪表规范		
8.对工作环境进行规范和整理，保持清洁安全		
9.随时注意保持个人清洁卫生		
10.恰当清洗及保养器具		
总分		
等级		
A=90 分以上；B=80 分以上；C=70 分以上；D=70 分以下；E=60 分以下。 每一项"是"者得 10 分，"否"者得 0 分。		

表 2-84　学习态度评价表

学习态度评价项目	分数					
	优	良	中	可	差	劣
	10	8	6	4	2	0
1.言行举止合宜，服装整齐，容貌整洁						
2.准时上下课，不迟到早退						
3.遵守秩序，不吵闹喧哗						
4.学习中服从教师指导						
5.上课认真专心						
6.爱惜教材教具及设备						
7.有疑问时主动要求协助						
8.阅读讲义及参考资料						
9.参与班级教学讨论活动						

续表

学习态度评价项目	分数					
	优	良	中	可	差	劣
	10	8	6	4	2	0
10.将学习内容与工作环境结合						
总分						
等级						
A=90分以上；B=80分以上；C=70分以上；D=70分以下；E=60分以下。						

表2-85　总评价表

评分项目	单项得分	单项等第	比率（%）	单项分数	总分	等级
1.操作部分			40%			☐A
2.工作计划			20%			☐B
3.安全习惯			20%			☐C ☐D
4.学习态度			20%			☐E
总评	☐合格		☐不合格			
备注						
A=90分以上；B=80分以上；C=70分以上；D=70分以下；E=60分以下。						

六、相关知识点

1.软木塞污染

软木塞污染（Cork Taint）又被称为TCA（Trichloro Anisole，三氯苯甲醚）污染，是指葡萄酒在装瓶后，酒液与软木塞接触而产生的一系列令人反感的气味和味道，常见的气味有霉味、腐朽味和潮湿的麻袋味。

2.如何判断葡萄酒是否受到了软木塞污染？

软木塞污染不同于木塞掉入葡萄酒中，软木塞污染的酒液中并不会有明显的颗粒物，仅通过观色很难察觉，必须结合闻味和品尝。软木塞污染的气味强度会受到接触程度的影响；同时饮酒者对香气的敏感度也会影响其对木塞是否污染或污染程度的判断。因此，葡萄酒开瓶后侍酒师通常会先试酒，确保品质无误后再进行斟倒。

软木塞污染的葡萄酒一般会带有一些令人不悦的气味，这种气味并不是单纯的木塞味。软木塞污染不严重时，葡萄酒一般表现为果味不足，口感不平衡，但没有明显的缺陷；污染严重时，往往带有类似湿纸板、霉味和湿报纸的气味。除了气味之外，口感也会受到影响。放置几天后，异味会越发明显，因此醒酒对解决木塞污染毫无帮助。

3. 软木塞污染的葡萄酒是否能继续饮用？

通常而言，经软木塞污染的葡萄酒从其口感和营养价值上来说是不宜饮用的。因此，在侍酒服务中，若发现酒款被木塞污染时，应为客人重新换一瓶酒。

项目三
餐酒搭配技能

项目导读

　　本项目以餐酒搭配的葡萄酒促销技能及提升顾客满意度为主要内容，通过对应任务的学习，能够掌握餐酒搭配的基本原则，能够运用餐酒搭配原则，根据菜肴特点和葡萄酒特点进行适宜搭配，能够掌握葡萄酒与常见奶酪的搭配与场景运用，掌握餐酒搭配的知识与酒水推介技能。

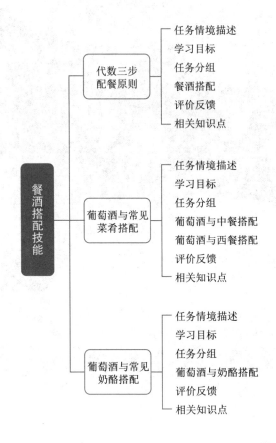

代数三步配餐原则
- 任务情境描述
- 学习目标
- 任务分组
- 餐酒搭配
- 评价反馈
- 相关知识点

餐酒搭配技能

葡萄酒与常见菜肴搭配
- 任务情境描述
- 学习目标
- 任务分组
- 葡萄酒与中餐搭配
- 葡萄酒与西餐搭配
- 评价反馈
- 相关知识点

葡萄酒与常见奶酪搭配
- 任务情境描述
- 学习目标
- 任务分组
- 葡萄酒与奶酪搭配
- 评价反馈
- 相关知识点

任务一　代数三步配餐原则

一、任务情境描述

海思餐厅的晚餐时间，7号桌的3位客人（1位女士、2位男士）分别点了盐烤鳗鱼、烤肉眼牛排配红酒酱和法式香料配红酒汁眼肉牛排等菜肴，需要搭配葡萄酒用餐，请你按照葡萄酒与食物搭配的工作流程和服务标准，为该桌客人做好葡萄酒与食物搭配服务。

侍酒服务过程中应能够符合《葡萄酒推介与侍酒服务职业技能等级标准（2021年1.0版）》和《SB/T10479—2008饭店业星级侍酒师技术条件》等相关标准要求。

二、学习目标

通过完成该任务，明确葡萄酒与食物搭配的工作要求，做好葡萄酒与食物搭配服务。具体要求如下：

表3-1　具体要求

序号	要求
1	能够根据客人的需求和所点菜肴推介适宜的葡萄酒酒款。
2	能够乐于和善于与客人沟通，细致地解答客人提出的问题。
3	能够正确为肉类菜肴推荐适宜的葡萄酒款。
4	能够正确为鱼类菜肴推荐适宜的葡萄酒款。
5	能够因酱汁的改变正确为肉类菜肴推荐适宜的葡萄酒款。
6	能够因酱汁的改变正确为鱼类菜肴推荐适宜的葡萄酒款。
7	能够在服务过程中回答客人的问题并介绍菜肴与酒知识，构建良好的服务氛围。

三、任务分组

表 3-2　学生分组表

班级		组号		指导老师	
组长		学号			
组员		学号	姓名	角色	轮转顺序
备注					

表 3-3　工作计划表

工作名称:			
（一）工作时所需工具			
1	6	11	16
2	7	12	17
3	8	13	18
4	9	14	19
5	10	15	20
（二）所需材料及消耗品			
名称	说明	规格	数量

续表

（三）工作完成步骤

序号	工作步骤	卫生安全注意事项	工作注意事项
1			
2			
3			
4			
5			
6			

注意：现在你已经完成你的作业，请不要着急提交，先思考一下，有没有其他更好的办法呢？有没有遗漏呢？请将你的作业交给老师，然后再开始工作。

四、餐酒搭配

引导问题 1： 进行葡萄酒与食物搭配的工作流程是什么？

_____

_____

引导问题 2： 在餐酒搭配的工作中，侍酒师除了对酒水知识的了解，还要具备什么样的能力？

_____

_____

小提示：

点单时侍酒师应走到主人右手边，问候客人（先生／女士，您好，我是侍酒师 William，请问您需要菜肴搭配葡萄酒的推荐吗？）。同时应准备好菜单与葡萄酒方便客人与侍酒师快速准确的交流。侍酒师应精确地阐述出菜肴与葡萄酒搭配的原因（因为您点了一份西冷牛排，我为您推荐一款波尔多的赤霞珠为主的红葡萄酒，原因是强劲的酒体能支撑住牛肉厚实的结构与口感。），在与客人确定了大方向之后，再次仔细与客人确认酒庄酒款与年份。

在餐厅实际的工作中，侍酒师除了要掌握葡萄酒知识，对餐厅提供的食物也要如数家珍，清楚地了解其制作过程。侍酒师只具备葡萄酒品鉴能力不足以胜任日常工作，为客人点选的菜肴选择合适的葡萄酒搭配是侍酒师的核心工作职责之一。侍酒师在餐厅的角色，除了从事葡萄酒的销售服务之外，同样是厨师与客人之间的桥梁，在有限的时间内利用餐酒搭配的契机，让客人更多地体会到餐厅产品的用心，感受到一加一大于二的用餐体验，才是餐配酒的核心价值。

引导问题 3： 烤眼肉牛排应该搭配怎样的葡萄酒呢？

_____

_____

小提示：

眼肉牛排是牛排分类中较为浓郁、油脂最饱满的部位，通常会搭配酒体较为饱满、结构较为强壮的红葡萄酒，例如赤霞珠、西拉、歌海娜等大多数厚重的葡萄品种，这些品种的结构可以撑起整个肉的质感，单宁可以软化红肉肉质，适中的酸度同样可以让较多的脂肪吃起来不会过于油腻。所以在这个条件下，大部分拥有中等偏高酒体的红葡萄酒都可以胜任。餐酒搭配训练的第一阶段：以主要食材的质感与结构定酒体。经过这个练习，我们很快了解到餐配酒的第一个要素——食物的口感决定了搭配葡萄酒的口感与结构。

引导问题 4： 如果这块烤眼肉牛排搭配了红酒酱汁，在餐酒搭配上我们是否应该做一些改变呢？

_____

_____

小提示：

在这道菜肴的主要食材眼肉牛排没有发生变化的情况下，我们发现引导问题4中其实多出了一个条件就是酱汁。我们将主要食材假设为A，将酱汁假设为B，以上条件已知改变的是我们增加了一个新的条件：B，酱汁。侍酒师此时应该考虑的因素便是：酱汁是否改变了整道菜的口味？整道菜口味的改变是否影响了葡萄酒选择？红酒酱汁作为西餐常用的一种基础酱汁，其原料显而易见，通常是由红葡萄酒与其他香料浓缩而成，在口味上本身就与葡萄酒天然契合，所以红酒酱汁在牛排与葡萄酒的选择上不会造成任何的阻碍。由此我们便可得知，在条件A与B都对整个搭配的口感与口味没有任何影响的情况下，我们依然可以选用赤霞珠、西拉、歌海娜作为配酒的合理范围。经过上面的练习，我们清楚了影响餐配酒的另一个重要因素：酱汁影响口味。

引导问题 5： 如果这块烤眼肉牛排搭配红酒酱点缀上非常多的法式香料，如迷迭香、百里香、平叶芹、龙蒿草、鼠尾草等地中海香料，在餐酒搭配上我们是否应该做一些改变呢？

_____

_____

小提示：

这个问题引出了餐配酒中非常重要的第三个环节，菜肴的辅料与香料的运用与搭配。这也是一个优秀的餐配酒方案最终要考量的一处点睛之笔，如果说前面的练习还只是停留在一个普通侍酒师对餐酒搭配的基本原则的理解，而这第三个部分，则是要抓住菜肴辅料或者香料的气息特点，为整个菜肴搭配具有相同特色或者互补香气的葡萄酒，这也是一名优秀侍酒师必须要熟练掌握的精巧技能。在这道菜肴中我们看到的主要食材（A）眼肉牛排与酱汁（B）红酒酱汁同样没有发生变化，这次增加的一个新条件是众多的法式香料，我们把它假设为条件 C。这些香草在南欧的地中海沿岸地区长满灌木的荒野上十分常见，龙蒿草、迷迭香、百里香、鼠尾草等一众香料在南法地中海地区被统称为 Garrigue（荒地上的植物），这些香料不但带有极强的地方特色，同时具有鲜明与强烈的气味。而恰恰同样来自于这一区域的西拉或者以歌海娜为主的混酿，则在化学分析上同样具备与这些香料相似的味道，这样的搭配不可谓不是天作之合。西拉拥有满足 A 条件（眼肉牛排的口感）的酒体，拥有满足 B 条件（红酒酱汁）的口味，同样拥有完美契合 C 条件的香料气息。所以我们看到，第三个条件实际上帮我们在众多的搭配之中缩小了范围，在几个合适的选择中，挑出了最出彩的最优搭配，使得整个搭配更加相得益彰。

引导问题 6： 看到这位客人点了这道法式香料配红酒酱汁眼肉牛排，同桌的女士也觉得是个不错的选择，但是作为女士会觉得眼肉有点油腻，便点了一份相似的法式香料配红酒酱汁菲力，请问作为侍酒师您会给出什么样的配酒建议呢？

_____

_____

小提示：

已知 A（肉质）、B（酱汁）、C（香料）中唯一的变化是主食材 A，我们便需要调整葡萄酒的结构与酒体，菲力牛排是牛的里脊肉，平时牛在运动的时候几乎运用不到，是牛排部位中最嫩的一块。所以在葡萄酒的选择上，要推荐一款酒体较薄、结构偏清雅一点的红葡萄品种，黑皮诺和佳美都是不错的选择，但是由于菜肴依然保有丰富的香料气息，因而通常过橡木桶的黑皮诺在香料的契合上会比清新的佳美更胜一筹。

引导问题 7：邻桌的客人看到这边的客人点的眼肉牛排上桌后，整个餐厅都弥漫着烤牛排的香气，邻桌客人也想来一份眼肉牛排，但是他们想要贝阿恩酱汁（Bearnaise）来搭配牛排，你会有什么好的配酒建议呢？

_____

_____

小提示：

我们看到条件 B（酱汁）由红酒酱汁变为了贝阿恩酱汁，这是个非常重要的变化。我们说过条件 B（酱汁）决定了整道菜的口味，贝阿恩酱汁是非常传统的欧式酱汁，由黄油、蛋黄、龙蒿、白葡萄酒等制作而成，有非常浓郁的奶香味。这个口味上的极度转变也非常大地影响了葡萄酒的选择，在条件 A（眼肉牛排）不变的情况下，红葡萄酒已经无法保证与奶油酱汁口味上的基本契合，所以这时候我们要选择一款结构扎实、口感饱满的白葡萄酒来满足条件 A 的肉质结构的诉求，同时满足贝阿恩酱汁这样一种奶香浓郁的酱汁在口味上的相宜。这时，经过了苹果酸乳酸发酵并在橡木桶中陈年的一款霞多丽便成为一个优质的选择，霞多丽饱满的酒体与坚挺的结构，决定了它即便是一款白葡萄酒依然拥有搭配牛肉的能力，同时苹果酸乳酸发酵和橡木桶带来的黄油、酸奶和香草等气息则瞬间解决了与之前贝阿恩酱汁口味不合的冲突。由此可见，酱汁在整个餐酒搭配中非常重要，甚至可以影响红白葡萄酒类型的选择。

引导问题 8：客人如果点了一条鳕鱼佐淡奶油酱，作为侍酒师你将为客人推荐什么葡萄酒？

_____

_____

引导问题 9：客人如果点了一条鳕鱼佐淡奶油酱配芒果丁与百香果泥，作为侍酒师你将为客人推荐什么葡萄酒？

_____

_____

引导问题 10：客人如果点了一条盐烤鳗鱼，作为侍酒师你将为客人推荐什么葡萄酒？

_____

_____

引导问题 11：客人如果点了一条蒲烧鳗鱼，作为侍酒师你将为客人推荐什么葡萄酒？

_____

_____

引导问题 8~11
餐酒搭配
参考建议

五、评价反馈

表 3-4　工作计划评价表

工作计划评价项目	分数					
	优	良	中	可	差	劣
	10	8	6	4	2	0
1. 材料及消耗品记录清晰						
2. 使用器具及工具的准备工作						
3. 工作流程的先后顺序						
4. 工作时间长短适宜						
5. 未遗漏工作细节						
6. 器具使用时的注意事项						
7. 工具使用时的注意事项						
8. 工作安全事项						
9. 工作前后检查改进						
10. 字迹清晰工整						
总分						
等级						
A=90 分以上；B=80 分以上；C=70 分以上；D=70 分以下；E=60 分以下。						

表 3-5　卫生安全习惯评价表

卫生安全习惯评价项目	是	否
1. 正确使用规定器具，不随意更换		
2. 器具及材料放于适当位置并摆放整齐		
3. 操作时，集中精神，不嬉闹		
4. 操作过程中不擅自离岗		
5. 不以任何物品或肢体接触运转中的器具或设备		
6. 玻璃器皿等器具摆放之前检查是否干净安全		
7. 根据规定穿着工作服装，符合侍酒师仪容仪表规范		
8. 对工作环境进行规范和整理，保持清洁安全		
9. 随时注意保持个人清洁卫生		
10. 恰当清洗及保养器具		
总分		
等级		

A=90 分以上；B=80 分以上；C=70 分以上；D=70 分以下；E=60 分以下。
每一项"是"者得 10 分，"否"者得 0 分。

表 3-6　学习态度评价表

学习态度评价项目	分数					
	优	良	中	可	差	劣
	10	8	6	4	2	0
1. 言行举止合宜，服装整齐，容貌整洁						
2. 准时上下课，不迟到早退						
3. 遵守秩序，不吵闹喧哗						
4. 学习中服从教师指导						
5. 上课认真专心						
6. 爱惜教材教具及设备						
7. 有疑问时主动要求协助						
8. 阅读讲义及参考资料						

续表

学习态度评价项目	分数					
	优	良	中	可	差	劣
	10	8	6	4	2	0
9. 参与班级教学讨论活动						
10. 将学习内容与工作环境结合						
总分						
等级						
A=90 分以上；B=80 分以上；C=70 分以上；D=70 分以下；E=60 分以下。						

六、相关知识点

（一）代数三步配餐原则

葡萄酒与食物的搭配已经深刻地融入了西餐文化，酒与食物的搭配旨在相互促进与提升，尤其是对于一些相对较清淡的食物，合适的葡萄酒能够很好地提升食物的味道和客人的用餐体验。但是对于一些原本就较浓郁的中国菜肴等食物，寻找合适的葡萄酒进行搭配则会有些难度。

餐酒搭配因个人的饮食习惯和爱好不同而有所不同，侍酒师在进行餐酒搭配时需要重点关注用餐者的个人喜好。因此，餐酒搭配没有绝对固定的模式或准则，尤其是对于丰富多样的中餐菜肴尤为如此。因此本任务提出一个循序渐进的代数三步配餐原则，按照菜品质感、酱汁和香料的三步分析逻辑，综合考量菜肴的酸甜苦辣咸鲜等特点进行餐酒搭配。

代数三步配餐原则的具体搭配步骤：

第一步是根据菜品主要食材的口感与结构定酒体。菜品主要食材口感如果较为软嫩，可以搭配酒体较为轻盈的酒款；当菜品口感较为劲道或油腻时，则可以搭配酒体较为饱满的酒款。

第二步是根据菜品酱汁选择葡萄酒的口味和类型。搭配时需要考虑酱汁是否改变了整道菜的口味，以及整道菜口味的改变是否影响葡萄酒选择，以此确定选择红葡萄酒或白葡萄酒。

第三步是根据菜品的辅料与香料的运用进行搭配。抓住菜肴辅料或者香料的气息特点，为整个菜肴搭配具有相同特色或者互补香气的葡萄酒，香料气息有助于在众多的搭配之中缩小酒款的选择范围。

表 3-7　酒体结构类型示例

酒体	白葡萄酒 / 起泡葡萄酒	红葡萄酒	啤酒	清酒
清爽	长相思、雷司令、普罗塞克	佳美	白啤、皮尔森啤酒	生酒、吟酿酒
中等	法国霞多丽	黑皮诺	印度淡色艾尔	纯米酒、古酒
饱满	美国霞多丽	赤霞珠	世涛啤酒	浊酒、贵酿酒

（二）食物的风味对葡萄酒的影响

食物中的甜度和鲜味容易使葡萄酒变得坚硬一些（更苦、更酸，甜度降低，果味减少），食物中的咸度和酸度能让葡萄酒尝起来更柔和一些（苦味和酸度降低，更甜一些，果味更明显）。一般来讲，食物对于葡萄酒风味的影响要比葡萄酒对食物的影响多一些，且多是不好的影响。

食物中的酸味，能够平衡一款高酸度的葡萄酒，同时增加酒的果味。如果酒本身的酸度较低，高酸度的食物会使酒尝起来乏味，松散。食物中的酸度可以增加酒体饱满度、甜度和果味的感受，降低葡萄酒的酸度感受。

食物中的甜味，可以使一款干型葡萄酒尝起来果味降低，并且让酸度变得更加尖锐和令人不悦。一般要选择甜度水平更高的酒来搭配甜食。食物中的甜味可以增加葡萄酒的苦、酸度以及酒精灼热感的感知，降低酒体饱满度、甜度及果味的感受。

食物中的苦味，可以增加葡萄酒的苦味。一般来说，苦味会相互叠加，因此一种食物中的苦味搭配了一款苦味可能是平衡的葡萄酒之后，可能会带来很不愉悦的苦味。

食物中的咸味，对葡萄酒比较友好，它可以帮助平衡食物中其他较难搭配葡萄酒的成分，可以提高酒体饱满度，降低苦味和酸味的感受。

食物中的鲜味，可以增加葡萄酒的苦、酸度以及酒精的灼热感，降低酒体饱满度、甜度及果味，尤其是对于红葡萄酒较难搭配。但是像烟熏的海鲜或肉类，以及硬质奶酪（特别是帕玛森奶酪）等加了咸味的食物则可以中和鲜味对葡萄酒的影响，因此，此类食物可以搭配一些白葡萄酒。

食物中的辣味，辣味是口感而不是风味，能够增加葡萄酒苦、酸的感受及酒精的灼热感，降低酒的浓郁度、甜度、果味和酒体饱满度的感受。酒精度与辣味相互叠加影响，酒精度越高，辛辣感也越高，对于偏爱辣味的人来说，此种叠加会受到欢迎。

任务二 葡萄酒与常见菜肴搭配

一、任务情境描述

海思餐厅的晚餐时间，7号桌的3位客人（1位女士、2位男士）选择了烤鸭作为大菜，需要搭配葡萄酒用餐，请你按照葡萄酒与食物搭配的工作流程和服务标准，为该桌客人做好葡萄酒与食物搭配服务。

侍酒服务过程中应能够符合《葡萄酒推介与侍酒服务职业技能等级标准（2021年1.0版）》和《SB/T10479—2008饭店业星级侍酒师技术条件》等相关标准要求。

二、学习目标

通过完成该任务，明确葡萄酒与食物搭配的工作要求，做好葡萄酒与食物搭配服务。具体要求如下：

表3-8 具体要求

序号	要求
1	能够根据客人的需求和所点菜肴推介适宜的葡萄酒酒款。
2	能够乐于和善于与客人沟通，细致地解答客人提出的问题。
3	能够正确为肉类菜肴推荐适宜的葡萄酒款。
4	能够正确为鱼类菜肴推荐适宜的葡萄酒款。
5	能够掌握西餐菜肴类型和结构及餐酒搭配的注意事项。
6	能够掌握甜品与葡萄酒的搭配原则。
7	能够在服务过程中回答客人的问题并介绍菜肴与酒知识，构建良好的服务氛围。

三、任务分组

表 3-9　学生分组表

班级		组号		指导老师	
组长		学号			
组员	学号	姓名		角色	轮转顺序
备注					

表 3-10　工作计划表

工作名称：			
（一）工作时所需工具			
1	6	11	16
2	7	12	17
3	8	13	18
4	9	14	19
5	10	15	20
（二）所需材料及消耗品			
名称	说明	规格	数量

续表

（三）工作完成步骤			
序号	工作步骤	卫生安全注意事项	工作注意事项
1			
2			
3			
4			
5			
6			
注意：现在你已经完成你的作业，请不要着急提交，先思考一下，有没有其他更好的办法呢？有没有遗漏呢？请将你的作业交给老师，然后再开始工作。			

四、葡萄酒与中餐搭配

引导问题 1： 葡萄酒与万千变化的中餐，如何进行搭配呢？

_____

_____

小提示：

中国饮食文化博大精深，包含鲁、川、粤、闽、苏、浙、湘、徽等八大菜系，每个菜系又分众多中小菜系、小吃与地方菜。酸甜苦辣咸鲜，口味之复杂，植物鸟兽游鱼，取材之广，煎炒炸煮熬炖烧，工艺之烦琐，放眼世界其他饮食文化，少有比肩者。例如仅川菜一系，就有"一菜一格，百菜百味"之说，所以中餐的餐酒搭配，如果以菜系或者口味作为切入点来阐述，非常难找到条理与逻辑，与此同时也似乎缺少了对中餐文化的基本尊重。作为侍酒师，我们必须要比普通消费者更加深入地了解中餐，更加负责地讨论中餐与酒类的搭配，这需要侍酒师除了对菜色有足够的认识之外，还要从消费者的饮食习惯、饮食需求、饮食趋势等多个方面去看中餐配酒的情况。

引导问题 2： 中餐的用餐形式有哪些呢？

_____

_____

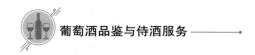

小提示：

中餐的用餐形式主要分为合餐制和分餐制，两种服务的方式不同，餐配酒的形式也会产生很大的区别。

引导问题 3： 中餐的分餐制有哪些特点？

_____

_____

小提示：

分餐制是中国最古老的饮食方式，与现在"围桌而坐，举箸共食"的习惯不同，中国在宋代之前的用餐形式是按人分餐，每人凉菜、汤、头菜、热炒、鱼虾、面点、水果等多种形式以份位按道上菜。这也是很多官府菜和如今高端中餐宴请比较常见的形式。分餐制的主要好处之一是干净卫生，避免了不必要的交叉感染。此外分餐制也避免了夹菜分餐时的菜肴部位好坏、夹多夹少等尴尬情况，提升了社交的效率。分餐制也为餐酒搭配提供了更为便利的条件。

引导问题 4： 中餐分餐制的餐酒搭配应注意哪些原则？

_____

_____

小提示：

中餐分餐制进行餐酒搭配时可以遵循分析冷菜特点和个人需求、分析菜品质感和酱汁特点、注意口味合并、配酒量少于菜品道数、注意留白等基本原则。

引导问题 5： 客人如需要对分餐制中的凉菜进行配酒，侍酒师应当如何进行葡萄酒推荐呢？

_____

_____

小提示：

中餐的冷菜与西餐的餐前小食（Amuse-bouche）或者前菜不同，通常种类繁多，即使是分餐制也有可能提前置于桌上，其功能性是为了让客人们喝酒前稍微垫一口和接下来佐酒之用。由于上桌的冷菜多种多样，导致很难用一款酒百分之百完美搭配所有的冷菜，但是我们可从两方面去分析客人的需求，一是冷菜通常清爽，无论是醋的运用，还是冷食的性质，都非常适合一款清凉百搭的起泡酒。相似的酸度不会让餐与酒之间尝起来太突兀，起泡酒清爽宜人的温度在搭配冷菜时又很开胃。第二点也是最重要的一点，就是看清客人到底需要什么。冷菜的本质便是寒暄即将告一段落，也是一顿筵席感情破冰的开始，众多凉菜中某一口凉菜与开胃酒不搭，不会是众人注意的焦点，清爽刺激的口感才是晚宴开始前仪式感在味蕾上的体现。

引导问题 6： 客人点了粤菜中的脆皮鸡，运用菜品质感和酱汁原则，你为客人推荐何种葡萄酒？

_____

_____

小提示：

粤菜脆皮鸡经过煮卤浸淋炸，鸡肉入味，外皮焦脆，内在汁水饱满。如果直接入口，一款来自勃艮第的霞多丽无论是在禽类中等强度的口感质地上，还是在中性的风味上，都是非常好的选择。但是如果脆皮鸡搭配了赤酱做底的广式酱汁，我们很可能将这款白葡萄酒换成一款红葡萄酒。具体逻辑参考任务一代数三步配餐原则，无论中餐西餐还是墨西哥菜或印度菜，只要思考逻辑顺序对了，其实万变不离其宗。

引导问题 7： 针对分餐筵席中数量众多的菜肴，侍酒师应当如何进行餐酒搭配呢？

_____

_____

小提示：

注意口味合并，配酒量少于菜品道数。分餐制中餐与西餐不同，由于菜系的不同，名菜数量不同，招待规格不同，分餐制中餐一场筵席下来可能少到七八道，多到十几、二十几道菜肴。不要像传统西餐般，每一道菜都搭配酒款，客人一顿晚宴无法承受如此大的酒精摄入量与味觉信息量，侍酒师在搭配时需要做减法，要明白少即是多的道理。与主厨沟通，把两道味道相近的菜放在相近的位置，用同一款酒搭配。过多的配酒也会让客人在服务上体验较差，有一直在被打扰的慌乱感。

引导问题 8： 根据不同筵席主题和菜肴数量，侍酒师应当如何进行餐酒搭配呢？

_____

_____

小提示：

注意留白，不适合配酒的菜不要强行搭配，同时注意不要喧宾夺主。不要让酒抢了菜的风头，不要让菜抢了客人晚宴的主题，是侍酒师需要明白的一个道理。同样地，也不要让自己的配酒抢了自己配酒的风头。例如，无论中餐还是西餐，汤作为一个流状菜品，无论温度还是口感上都很难搭配酒类，这种情况没有十足出彩把握，没有必要为汤搭配一款酒，给客人留一个空隙认真喝汤，让客人大脑做个简短的休息，客人才能集中精力听你讲下一道餐配酒，有舍才有得。

引导问题 9： 中餐合餐制餐酒搭配时应注意哪些要点？

_____

_____

小提示：

中餐合餐制是重要的情感交流方式，合餐制其实是从宋朝才开始兴起的，到了清朝盛行。合餐制是最复杂的餐配酒情况，因为不存在一款酒可以完美搭配一桌子的食物的情况。但是合餐制是有主题的，可以根据用餐主题或最重要的大菜进行酒水搭配。

引导问题 10： 中餐合餐制的大菜是烤鸭时，侍酒师应当如何进行餐酒搭配呢？

_____

_____

小提示：

当筵席中最重要的大菜是烤鸭，并且只选择一款酒进行搭配，此时搭配时应该注重筵席主题，选择适合搭配烤鸭的酒款。鸭肉属于红肉的一种，口感有些嚼劲，配上油香四溢的脆皮，沾上甜面酱卷着饼皮，搭配一款新西兰中奥塔哥的黑皮诺是不错的选择，该酒的结构能支撑鸭肉的质感，圆滑成熟的口感带着饱满的果香与甜面酱的甜度也能相得益彰，同时黑皮诺的高酸度能解除烤鸭的油腻感。

引导问题 11： 中餐合餐制的主题是火锅时，侍酒师应当如何进行餐酒搭配呢？

_____

_____

小提示：

火锅作为中国人最喜欢的食物之一，是餐酒搭配时不可能绕过的难缠话题。以最难搭配葡萄酒的重庆火锅为例，由于食材众多，口感不一，很难把握搭配的要点。搭配时可从味道着手，大部分川渝火锅味道以辛辣为主，作为侍酒师需要清楚其实辣并不是一种味觉，而是一种痛觉，是一种灼烧感，比如皮肤感受不到甜和咸，却能感知到高浓度的辣（灼烧感）。

了解了"辣"，我们比较容易从口腔刺激感解决这个问题，但依然需要把客人放在第一位，有的人喜欢这种灼烧的刺激感而吃"辣"，针对这一部分客人，可以推荐一些高度的烈酒，例如中国白酒、伏特加，甚至威士忌和朗姆酒等，用酒精增加更强烈的刺激感。

对于大多数人来说，吃火锅配酒还是想中和一下辣度，此时应注意避免走入甜可以解辣的误区。事实上，甜本身不能解决辣的问题，但是酸和低温可以，所以只是恰巧很多优秀的甜酒正好具备这个条件，优秀的酸甜平衡加上极低的适饮温度完美解决了火锅极其"辣"的问题。因此进行餐酒搭配时，应找到最合适的甜酒应该具备什么条件，首先酒精度高会加剧灼热感，酸可中和辣椒的碱，低温会在物理上减少口腔的灼热感，甜作为安慰剂。由此，在搭配辛辣食物的时候，德国莫泽尔雷司令可能在很大程度上要优于法国阿尔萨斯甜型的琼瑶浆。

表3-11　不同酒款与辛辣食物搭配对比表

酒款	酒精度	酸度	侍酒温度	甜度
德国莫泽尔雷司令	中低	高	低	中高
意大利阿斯蒂起泡酒	低	中	低	中高
法国阿尔萨斯琼瑶浆	中高	低	低	中高

引导问题 12：中餐合餐制中有很多地方特色的食材和菜品时，侍酒师应当如何进行餐酒搭配呢？

_____

_____

小提示：

一些地方特色的食材和菜品有独特之处，餐酒搭配时应当加以考虑。例如，上海菜的浓油赤酱偏甜，有些人会喜欢用稍微带些残糖的普里米蒂沃（Primitivo）或者阿玛罗尼（Amarone）搭配；粤菜相对清淡，可能适合饮用更多的白葡萄酒；西北菜孜然调料多，也许天生适合西拉；潮州菜多卤味，则适合木香温润的白兰地。

五、葡萄酒与西餐搭配

引导问题 13：西餐菜品主要有哪些部分组成？

_____

_____

小提示：

西餐的主要组成部分为主食材（通常为肉、鱼、禽类等）、酱汁、淀粉与配菜。

引导问题 14：根据代数三步配餐原则，西餐菜品的主食材对配酒有哪些影响？

_____

_____

小提示：

西餐菜品口感 = 主食材 + 烹饪方式，相当于主食材对应的是酒类的结构与酒体。

引导问题 15：根据代数三步配餐原则，西餐菜品的酱汁对配酒有哪些影响？

_____

_____

小提示：

西餐菜品的酱汁决定了主要风味，也就是酒类的类型选择。

引导问题 16：根据代数三步配餐原则，西餐菜品的配菜对配酒有哪些影响？

_____

_____

小提示：

配菜可以看成是我们升华优秀餐配酒的可利用条件之一。

引导问题 17： 根据代数三步配餐原则，西餐菜品的淀粉类食材对配酒有哪些影响？

_____

_____

小提示：

淀粉类食材是现代西餐重要的一部分，特别在主食中扮演着令人产生饱腹感的角色。与中餐各式各样的主食可以随意选择搭配的情况不同，西餐的淀粉类通常都是伴随着一餐最重要的大菜而出现，对主厨和食客都非常的重要。但是在餐酒搭配的情形中，侍酒师考虑更多的是风味的提升，所以淀粉类作为一个相对中立的味道，是可以舍去不作考虑的因素（面食为主食材除外，如意面、披萨、意饺等）。因此，餐配酒的另一个重要理论就是，要分清主次。优秀的餐配酒不要妄想面面俱到，要有舍有得。

引导问题 18： 根据代数三步配餐原则，牛排配薯条这道菜品如何搭配葡萄酒？

_____

_____

小提示：

西餐中，牛排配薯条是一个经典的搭配，但无论是搭配一款赤霞珠、西拉、黑皮诺，还是霞多丽，完全是取决于肉的部位和搭配的酱汁。如果是眼肉这种比较肥腻的部位，则可以选用一款赤霞珠；软嫩的菲力可以搭配一款黑皮诺；如果用的是奶类白酱，则可以使用一款饱满的过桶霞多丽。薯条虽然作为菜品是不可忽视的一部分，但却是非常次要的餐酒搭配的因素，在这个搭配中，无论把薯条换成土豆泥、烤土豆、意面，或者是烤玉米，都不会影响餐酒搭配的最终结果。

引导问题 19： 葡萄酒与西餐搭配除了遵循代数三步配餐原则外，还有哪些需要注意的要点或事项？

_____

_____

小提示：

掌握西餐的主要构成和餐配酒的基本理论后，还应注意很多有特色的固定搭配，例如当地食物与当地酒类的搭配。侍酒师作为将世界美酒美食带到一起的角色，掌握世界不同葡萄酒产区的饮食文化也是应当具备的职业素养。例如，产自法国西北部大西洋海边的生蚝，肥嫩而清爽，传统上通常搭配当地清脆的慕斯卡黛（Muscadet）和长相思葡萄酒。意大利许多地方盛产极优质的番茄，是意面、披萨、卡普雷塞（Caprese）水牛沙拉，甚至是各种配菜中的常见食材。意大利人很喜欢使用高酸的红葡萄酒来搭配番茄这个元素，因为两者的相同酸度可以让两者相互衬托，而不会吃起来过于平庸或突兀。

引导问题 20：西餐中的甜点应当如何搭配葡萄酒呢？

_____

_____

小提示：

西餐中甜点与酒的搭配理念包括正向搭配和反向搭配两种。酒类搭配甜点在中餐文化里不太常见，因为我们有另一种重要的饮品——茶。茶类在中式的茶话会里扮演了重要的角色，因为茶味清雅、微苦，可以解除一直吃茶点的甜腻感。这与西餐中反向搭配的理念是相同的。

引导问题 21：客人点了巧克力慕斯或黄桃派作为甜点，使用正向搭配理念，应该如何去配酒呢？

_____

_____

小提示：

正向搭配是指用甜酒搭配甜点，这是非常老派的欧美式搭配。因此，可以使用波特酒配巧克力慕斯蛋糕，苏岱贵腐酒搭配黄桃派。这样会比反向搭配在口感上更和谐一些，但是大多数中国消费者对这种甜上加甜的搭配很难接受，所以甜与甜的搭配中，酸度是平衡口感的关键，侍酒师要善用甜品或葡萄酒中的酸度，这样口感才不会过于甜腻。

引导问题 22：客人点了熔岩蛋糕作为甜点，使用反向搭配理念，应该如何去配酒呢？

_____

_____

小提示：

反向搭配是指使用干型的酒类搭配较甜的甜点。因此可以使用极干的香槟、桃红香槟或干邑搭配熔岩蛋糕，从而可以消除很多甜腻感。但是在运用反向搭配理念时，应当慎重选择干型葡萄酒搭配甜品，因为食物中的甜味会增加人对葡萄酒的苦味、酸味和酒精度的感知，从而减少对酒体、甜度和果香味的感知。

六、评价反馈

表 3-12　工作计划评价表

工作计划评价项目	分数					
	优	良	中	可	差	劣
	10	8	6	4	2	0
1. 材料及消耗品记录清晰						
2. 使用器具及工具的准备工作						
3. 工作流程的先后顺序						
4. 工作时间长短适宜						
5. 未遗漏工作细节						
6. 器具使用时的注意事项						
7. 工具使用时的注意事项						
8. 工作安全事项						
9. 工作前后检查改进						
10. 字迹清晰工整						
总分						
等级						
A=90 分以上；B=80 分以上；C=70 分以上；D=70 分以下；E=60 分以下。						

表 3-13　卫生安全习惯评价表

卫生安全习惯评价项目	是	否
1. 正确使用规定器具，不随意更换		
2. 器具及材料放于适当位置并摆放整齐		
3. 操作时，集中精神，不嬉闹		

续表

卫生安全习惯评价项目	是	否
4. 操作过程中不擅自离岗		
5. 不以任何物品或肢体接触运转中的器具或设备		
6. 玻璃器皿等器具摆放之前检查是否干净安全		
7. 根据规定穿着工作服装，符合侍酒师仪容仪表规范		
8. 对工作环境进行规范和整理，保持清洁安全		
9. 随时注意保持个人清洁卫生		
10. 恰当清洗及保养器具		
总分		
等级		
A=90分以上；B=80分以上；C=70分以上；D=70分以下；E=60分以下。 每一项"是"者得10分，"否"者得0分。		

表 3-14　学习态度评价表

学习态度评价项目	分数					
	优	良	中	可	差	劣
	10	8	6	4	2	0
1. 言行举止合宜，服装整齐，容貌整洁						
2. 准时上下课，不迟到早退						
3. 遵守秩序，不吵闹喧哗						
4. 学习中服从教师指导						
5. 上课认真专心						
6. 爱惜教材教具及设备						
7. 有疑问时主动要求协助						
8. 阅读讲义及参考资料						
9. 参与班级教学讨论活动						
10. 将学习内容与工作环境结合						
总分						
等级						
A=90分以上；B=80分以上；C=70分以上；D=70分以下；E=60分以下。						

七、相关知识点

无论是中餐还是西餐，侍酒师从不只是葡萄酒的朋友，大家应该开阔眼界，大胆使用各种酒类为餐配酒添彩。曾有侍酒师为川菜大师兰桂均的原创泡脚凤爪搭配过 Eric Bordelet 来自法国诺曼底有机梨子起泡酒，为另一位淮扬菜大师的蟹肉菊花豆腐羹搭配了加热的日本浊酒。又有侍酒师用中国的客家娘酒搭配西班牙巴斯克的甜点，用俄国的顶级伏特加搭配江南的河鲜。世界有许多美食美酒等待着侍酒师去挖掘，具有创造力与好奇心才是侍酒师最大的财富。

下面着重谈谈从葡萄酒的风味角度考虑如何与食物进行搭配。

1. 葡萄酒的酸度

酸度是餐酒搭配过程中最重要的考虑要素。葡萄酒尝起来酸时，可以选择有着浓郁、绵密口感，含有大量油脂，或是较咸的菜肴来中和葡萄酒的酸味。用酸爽的菜肴（尖酸的食材、油醋汁或是其他很酸的酱汁）搭配具有酸度的葡萄酒。可以用葡萄酒来减轻略辣菜肴的辣味。有一定酸度的葡萄酒可以替换需要加入鱼肉、鸡肉、小牛肉、猪肉、蔬菜及谷物等食物中的柠檬块。如果是酸度较低的葡萄酒，餐酒搭配方面会比较吃亏，此时，最好挑选相对口味柔和，只带些许酸度的食材，相对平和的灰皮诺和霞多丽，搭配鱼肉慕斯配柠檬、凉薯沙拉等，口感会有额外的加分。

2. 葡萄酒的甜度

如果选择甜酒搭配甜点，须确保甜点不如酒甜，否则酒就会喝起来很酸。如果葡萄酒不是很甜（接近半干），可以考虑搭配微甜的食物，或是选择用来中和略辣菜肴。可以尝试用葡萄酒搭配微咸的菜肴，结果可能相当有趣，尤其是搭配奶酪、许多亚洲菜肴及新派拉美菜肴、北非菜肴、佛罗里达/加勒比海岸菜肴，或是夏威夷风格的热带风情菜肴。

3. 葡萄酒酒精度高

葡萄酒酒精度数高、辣口明显，与之相配的菜肴应确保风味足够浓郁厚重，否则就会被酒的味道盖过。除非客人非常偏好辣味，否则不建议搭配任何非常辛辣的食物，食物可能会让酒显得更加辣口。烹饪时避免过多使用盐，它会让葡萄酒品尝起来更辣口。

4. 葡萄酒的单宁

高单宁的葡萄酒，可以选用含有大量蛋白质、脂肪或两者兼有的食物来平衡单宁。要注意蛋白质或脂肪不足的菜肴很可能会让酒的单宁感显得更高。单宁与辛辣味道绝对不是一对好朋友，由于它本身有苦味，因此可以用碾碎的胡椒（黑或白）来平衡单宁感。选择带有苦味的食物（茄子、菊苣、球花甘蓝及其他食材）或是用可以加强苦味的烹饪方法（焦烤、木火烤、烧烤），都可以让菜肴更配高单宁葡萄酒。

5. 葡萄酒的橡木味

由于橡木味重的葡萄酒搭配菜肴时总会显得很"厚重"，最好选择比较浓郁的菜肴。可以选择合适的食材来搭配这类葡萄酒（比如坚果或甜香料），或是恰当的烹饪方法（轻微烤制或烟熏），要记住橡木陈年会给葡萄酒增添额外的浓郁口感，让其更适合搭配浓郁的酱汁和菜肴。

陈年红葡萄酒可以搭配采用烤制、熏制或焦糖化等烹饪方式制作的肉类菜肴，这样可以填充因陈年导致的新鲜果味变化而带来的风味空缺。

任务三　葡萄酒与常见奶酪搭配

一、任务情境描述

海思餐厅晚餐期间，餐厅酒吧吧台的 2 位客人（1 位女士、1 位男士）想小酌几杯，他们不想只点一瓶葡萄酒而是想多尝几种杯卖酒与奶酪的搭配，请你按照葡萄酒与奶酪搭配的工作流程和服务标准，为该桌客人做好葡萄酒与奶酪搭配服务。

待酒服务过程中应能够符合《葡萄酒推介与侍酒服务职业技能等级标准（2021 年 1.0 版）》和《SB/T10479—2008 饭店业星级侍酒师技术条件》等相关标准要求。

二、学习目标

通过完成该任务，明确葡萄酒与食物搭配的工作要求，为客人做好葡萄酒与奶酪搭配服务。具体要求如下：

表 3-15　具体要求

序号	要求
1	能够正确为红葡萄酒搭配合适的奶酪。
2	能够掌握白葡萄酒与奶酪搭配的原则。
3	能够根据客人的需求和所点奶酪推介适宜的葡萄酒酒款。
4	能够乐于和善于与客人沟通，细致地解答客人提出的问题。

三、任务分组

表 3-16　学生分组表

班级		组号		指导老师	
组长		学号			

组员	学号	姓名	角色	轮转顺序
备注				

表 3-17　工作计划表

工作名称：			
（一）工作时所需工具			
1	6	11	16
2	7	12	17
3	8	13	18
4	9	14	19
5	10	15	20
（二）所需材料及消耗品			
名称	说明	规格	数量
（三）工作完成步骤			

序号	工作步骤	卫生安全注意事项	工作注意事项
1			
2			
3			
4			
5			
6			

注意：现在你已经完成你的作业，请不要着急提交，先思考一下，有没有其他更好的办法呢？有没有遗漏呢？请将你的作业交给老师，然后再开始工作。

四、葡萄酒与奶酪搭配

引导问题 1： 奶酪是由什么原料制成的呢？

小提示：

奶酪按原料的不同可以分为牛奶奶酪、水牛奶酪、羊奶酪，或者山羊奶酪等。牦牛或者骆驼奶酪十分稀少，又有较强地域性，一般较少在现代奶酪中提及。

引导问题 2： 奶酪有哪些类型呢？

小提示：

葡萄酒与奶酪的搭配作为欧洲常见的餐酒搭配，已经存在了几个世纪。奶酪的历史更是可以追溯到公元前 8000 年以前，据说甚至比如今可考的葡萄酒的出现还要早 2000 年。与葡萄酒的起源一样，奶酪的起源也是众说纷纭，充满了偶然性与戏剧性，据说奶酪最早出现在西亚、中东、撒哈拉或地中海地区，沙漠的旅人在储存牛奶的过程中发现了鲜奶的发酵后的产物——可食用的奶酪，也被翻译为芝士。这可能是奶酪被发现的最合理解释，毕竟鲜奶发酵成奶酪的过程并不像葡萄酒那么复杂。现代奶酪以极高的频率出现在欧美人的日常生活之中，随着社会的发展和人们物质生活的极大丰富，奶酪的品种也日益增多。学习和了解奶酪，对于并没有日常食用习惯的中国侍酒师来说，确实是一个较为困难的课题。

现代奶酪的分类确实比较复杂，按商业分可以分为工业奶酪与手工奶酪。

工业奶酪通常被当做食材使用，以半成品的形态用于菜肴的制作，比如用于芝士汉堡、芝士三明治、披萨的制作。

手工奶酪则更多代表平时直接食用的具有各自特点的奶酪。有部分工艺较简单的手工奶酪或半手工奶酪通过现代工具的辅助如今也可以实现部分量产。

奶酪按工艺的不同又可以分为水洗奶酪、酒洗奶酪、成熟奶酪、未熟

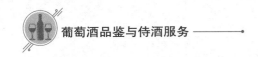
奶酪、白霉奶酪、蓝纹奶酪等。

按原产国家还可以分为法国奶酪、瑞士奶酪、英国奶酪、西班牙奶酪、意大利奶酪等。这样分类是因为奶酪也存在互相模仿的情况，由于近代的商业行为增多，各个国家也想在本国更便捷地享用其他国家的奶酪风味，在技术与工艺上确实有相互借鉴的可能。例如，从风味上来讲，英国车达奶酪与法国孔泰奶酪和瑞士格鲁耶尔奶酪确实有相似之处。

引导问题 3：奶酪的主要食用场景是什么？

_____

_____

小提示：

西餐饮食中，奶酪通常会作为餐前或餐后的食品。

引导问题 4：按照奶酪的硬度可以分为哪些类型呢？

_____

_____

小提示：

按照奶酪的硬度可以分为：新鲜软奶酪（Fresh Soft）、新鲜干奶酪（Fresh Firm）、软奶酪（Soft）、半软奶酪（Semi-soft）、半硬奶酪（Semi-hard）、硬奶酪（Hard）、半干奶酪（Semi-firm）、干奶酪（Firm）。

引导问题 5：如何进行葡萄酒与奶酪的搭配呢？

_____

_____

小提示：

葡萄酒与奶酪搭配时，过于系统地死记硬背所有纬度的奶酪分类方式是不现实的。葡萄酒配奶酪本就没有非黑即白的固定搭配理论，随着越来越多新理念葡萄酒与现代奶酪的增加，奶酪与葡萄酒的搭配也变得越来越多姿多彩。葡萄酒搭配奶酪时，只要遵循一个大致原则，便可以较好地梳理出葡萄酒搭配奶酪的主线脉络。以奶酪硬度分类方式切入奶酪与葡萄酒搭配，就可以有比较清晰的搭配逻辑。

引导问题 6：硬质奶酪与葡萄酒如何进行搭配？

_____

_____

小提示：

更硬的奶酪，可以尝试搭配单宁更强的葡萄酒。例如，帕玛森芝士（干奶酪）与基安蒂（Chianti DOCG）葡萄酒甚至皮埃蒙特的巴罗洛（Barolo DOCG）葡萄酒（巴罗洛葡萄酒由高酸、高酒精、高单宁而著称的奈比奥罗酿造而成）搭配。

引导问题7：软质奶酪与葡萄酒如何进行搭配？

_____

_____

小提示：

越是细腻顺滑的奶酪，越适宜尝试搭配较酸的葡萄品种，比如布里（Brie）奶酪搭配霞多丽或者白中白香槟。布里奶酪较强的奶香与霞多丽苹果酸乳酸发酵的酸奶、黄油风味相得益彰，同时搭配霞多丽的一定的酸度又不会使得整个搭配过于油腻。因此，该奶酪与白中白香槟的酵母自溶后的饼干味搭配精髓也在于此。

引导问题8：新鲜奶酪与葡萄酒如何进行搭配？

_____

_____

小提示：

越新鲜的奶酪越适宜搭配更加清爽的葡萄酒。此种搭配中，两者都具有"生"的概念融合其中，比如一个新年份的长相思或干型灰皮诺就很适合搭配一道新鲜水牛芝士沙拉。

引导问题9：咸味奶酪与葡萄酒如何进行搭配？

_____

_____

小提示：

咸味重的奶酪可以搭配甜型葡萄酒。例如，蓝纹奶酪与贵腐甜酒的经典搭配，甜酒的甜度可以很好地中和蓝纹奶酪极咸的口味。与此同时，蓝纹奶酪中的青霉素或绿霉菌辛香刺激的香气与贵腐甜酒中贵腐灰霉甜腻独特的味道又搭配得非常奇妙。

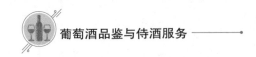

引导问题 10： 葡萄酒与奶酪的其他搭配原则还有哪些呢？

_____

_____

小提示：

最常见也是最安全的搭配方式，就是当地奶酪搭配当地葡萄酒。此种搭配方式在欧洲的很多餐配酒中非常常见，例如法国弗朗什孔泰（Frenche-comte）地区著名的孔泰奶酪就与该地区汝拉黄酒（Vin Jaune）在风味口感上都非常契合，陈年孔泰干酪在长时间的陈年中发展出大量的榛子、杏仁等味道，这与汝拉黄酒的香气口味不谋而合。这些当地酒配当地食物的搭配在欧洲很多地方都十分相宜，无论是单纯的巧合，还是在历史长河中口味的近似，食物和葡萄酒慢慢地演化成如今相得益彰的样子，总之是一种美好的体验。

引导问题 11： 葡萄酒与奶酪的常见搭配有哪些呢？

_____

_____

小提示：

表 3-18　葡萄酒与奶酪的常见搭配表

序号	葡萄酒	奶酪
1	霞多丽（Chardonnay）	布里奶酪（Brie）
2	长相思（Sauvignon Blanc）	山羊奶酪、水牛奶酪
3	阿西尔提可（Assyrtico）	羊奶干酪（Feta）
4	灰皮诺（Pinot Grigio）	里科塔奶酪（Ricotta）
5	基安蒂（Chianti DOCG）	帕玛森与 Parmigiano-Reggiano
6	莫斯卡托酒泥陈酿（Muscadet sur lie）	布里亚·萨瓦兰奶酪（Brillat-savagnin）
7	黑皮诺（Pinot Noir）	格鲁耶尔（Gruyere）
8	加尔纳恰（Garnacha）	曼彻格奶酪（Manchego）
9	西拉 / 设拉子（Shiraz）	烟熏高达奶酪（Smoked Gouda）
10	梅洛（Merlot）	高达奶酪（Gouda）

续表

序号	葡萄酒	奶酪
11	赤霞珠（Cabernet Sauvignon）	车达奶酪（Cheddar）
12	汝拉黄酒（Vin Jaune）	孔泰奶酪（Comté）
13	苏玳（Sauternes）	洛克福特（Roquefort）
14	年份波特（Vintage Port）	斯提耳顿奶酪（Stilton）
15	香槟（Champagne）	卡蒙贝尔奶酪（Camembert）
16	莫斯卡托阿斯蒂（Moscato d'Asti）	芳提娜奶酪（Fontina d'aosta）

引导问题 12： 葡萄酒与奶酪菜品的常见搭配有哪些呢？

_____

_____

小提示：

表 3-19　葡萄酒与奶酪的常见搭配表

序号	葡萄酒	奶酪菜品
1	霞多丽葡萄酒	芝士火锅 Cheese Fondue
2	长相思葡萄酒	芝士扒芦笋
3	博若莱葡萄酒	芝士汉堡
4	基安蒂葡萄酒	番茄奶酪披萨
5	小芒森甜白葡萄酒	芝士蛋糕

引导问题 13： 葡萄酒与奶酪搭配有哪些注意事项吗？

_____

_____

小提示：

（1）不是所有的酒都适合搭配奶酪，不要试图给所有葡萄品种都找到一种完美的奶酪来搭配。

（2）相较于白葡萄酒，有些单宁极强、酒精特别高的红葡萄酒就不适合搭配奶酪。

（3）白葡萄酒适合搭配大部分奶酪，这也就是说有些葡萄酒可以有多种奶酪搭配的可能。

（4）奶酪多是正餐后的一款小食，与葡萄酒搭配，享受一段小酌的时光，放松心情，不要过于执着口味上的极致匹配。

五、评价反馈

表 3-20　工作计划评价表

工作计划评价项目	分数					
	优	良	中	可	差	劣
	10	8	6	4	2	0
1.材料及消耗品记录清晰						
2.使用器具及工具的准备工作						
3.工作流程的先后顺序						
4.工作时间长短适宜						
5.未遗漏工作细节						
6.器具使用时的注意事项						
7.工具使用时的注意事项						
8.工作安全事项						
9.工作前后检查改进						
10.字迹清晰工整						
总分						
等级						
A=90分以上；B=80分以上；C=70分以上；D=70分以下；E=60分以下。						

表 3-21　卫生安全习惯评价表

卫生安全习惯评价项目	是	否
1. 正确使用规定器具，不随意更换		
2. 器具及材料放于适当位置并摆放整齐		
3. 操作时，集中精神，不嬉闹		
4. 操作过程中不擅自离岗		
5. 不以任何物品或肢体接触运转中的器具或设备		
6. 玻璃器皿等器具摆放之前检查是否干净安全		
7. 根据规定穿着工作服装，符合侍酒师仪容仪表规范		
8. 对工作环境进行规范和整理，保持清洁安全		
9. 随时注意保持个人清洁卫生		
10. 恰当清洗及保养器具		
总分		
等级		
A=90 分以上；B=80 分以上；C=70 分以上；D=70 分以下；E=60 分以下。每一项"是"者得 10 分，"否"者得 0 分。		

表 3-22　学习态度评价表

学习态度评价项目	分数					
	优	良	中	可	差	劣
	10	8	6	4	2	0
1. 言行举止合宜，服装整齐，容貌整洁						
2. 准时上下课，不迟到早退						
3. 遵守秩序，不吵闹喧哗						
4. 学习中服从教师指导						
5. 上课认真专心						
6. 爱惜教材教具及设备						
7. 有疑问时主动要求协助						

续表

学习态度评价项目	分数					
	优	良	中	可	差	劣
	10	8	6	4	2	0
8. 阅读讲义及参考资料						
9. 参与班级教学讨论活动						
10. 将学习内容与工作环境结合						
总分						
等级						
A=90 分以上；B=80 分以上；C=70 分以上；D=70 分以下；E=60 分以下。						

六、相关知识点

（一）奶酪的类型

1. 新鲜奶酪

新鲜奶酪指没有经过成熟的新鲜干酪，也称"鲜奶酪"、"鲜干酪"，是其他所有类型天然干酪的基础。它的水分充足、酸味清爽、口感嫩滑，脂肪含量很低，其鲜美质感可以与豆腐相比拟。但新鲜奶酪储存期很短，需尽快食用。固体的新鲜奶酪通常加于沙拉内进食，其他食法有混合于果酱、蜜糖、香草或香料中一起食用，甚至可以作为甜品的材料。

2. 乳清奶酪

乳清奶酪是一种未经熟成的新鲜奶酪，指的是奶在油水分离后乳清（Whey）的产物。严格说来乳清奶酪并不算是奶酪，而是奶酪的副产品。常见的有意大利的里柯塔奶酪（Ricotta cheese）。这些奶酪的主要成分是水溶性的白蛋白，质地比较柔软，爽口而又含有牛奶的醇厚奶味和甘甜，是制作意大利点心时不可缺少的配料。

3. 天然皮软质奶酪

天然皮软质奶酪通常是以羊奶为原材料制成的奶酪，质地柔软。表皮自然形成，通常有很多褶皱。阿加特奶酪（Agate）、瓦伦卡奶酪（Valencay）、巴侬奶酪（Banon）、普利尼—圣皮耶奶酪（Pouligny-Saint-Pierre）等都属于天然皮软质奶酪。

4. 花皮软质奶酪

花皮软质奶酪是熟化期短的奶酪，经过沥干，装入模具，不经压榨，也不经煮熟。这种奶酪的含水量在 50% 至 60%，脂肪含量占 20% 至 26%。花皮软质奶酪往往经过了 2~6 周的熟化，它的特征是白色表皮上覆盖着由于霉菌快速增长带来的茸毛，口味平衡，带有蘑菇、榛子和黄油的香气。

这种奶酪的名称来源于它花纹状的表皮，其实这是由于表皮覆盖着真菌茸毛（或霉），这些霉和真菌通常是白色的。这种奶酪食用时，既可以保留它的表皮，也可以根据个人喜好除去表皮。比较知名的花皮软质奶酪有卡门培尔奶酪（Camembert）、布里奶酪（Brie）、查尔斯奶酪（Chaource）以及纽夏特奶酪（Neufchâtel）等。

5. 洗皮软质奶酪

洗皮软质奶酪有着典型的橙色外皮及象牙色内里。水洗软质奶酪气味浓烈，但味道其实很柔和，这种强烈的反差使得水洗软质奶酪成为了最受欢迎的品种之一。比较知名的水洗软质奶酪有利瓦罗奶酪（Le Livarot）、伊波斯奶酪（l'Époisses）、马罗瓦勒奶酪（le Maroilles）、彭勒维克奶酪（le Pont-l'Évêque）、芒斯特奶酪（le Munster）。

6. 压制生奶酪

压制生奶酪在法国约有 30 多款，一般是修道院用牛奶或者羊奶制成。压缩未熟奶酪加热不会超过 50℃。比较典型的有米莫莱特奶酪（la Mimolette）、康塔尔奶酪（le Cantal）、萨瓦多姆奶酪（la Tomme de Savoie）、萨莱奶酪（le Salers）、拉可雷特奶酪（la Raclette）、瑞布罗申奶酪（le Reblochon）。

7. 压制熟奶酪

压制熟奶酪在制作过程中经过了长时间的压缩，因而这类奶酪的质地非常硬。大大小小的奶酪眼和独特的果香味是这类奶酪的显著特征。比较典型的有阿邦当斯奶酪（Abondance）、孔泰奶酪（Comté）、博福尔奶酪（Beaufort）、格吕耶尔奶酪（Gruyère）、埃曼塔尔奶酪（Emmental）等。

8. 蓝纹奶酪

蓝纹奶酪质感柔软，主要成分是牛奶或羊奶，气味较臭，经青微菌发酵而成，带有独特的香气，内部通常带有蓝绿色条纹或斑点，表面呈大理石花纹状，这种纹理的形成是由于在熟化的过程中用长针刺穿奶酪，以促使其中的霉菌生长。比较知名的有洛克福尔奶酪（Roquefort）、奥弗涅蓝纹奶酪（le Bleu d'Auvergne）、富尔姆奶酪（Fourme）等。蓝纹奶酪配合面包最为经典，亦可配以蜜糖、梨子或苹果使奶酪味升华，或点缀于沙拉上。

可以配以醇厚的红酒、甜白葡萄酒、啤酒或威士忌一起享用。

9. 拉伸奶酪

奶酪制作主要包括凝聚、处理凝聚物和陈化三个步骤，拉伸奶酪在第二步制作时会有一个揉拉过程，以此著名的就是马苏里拉奶酪（Mozzarella）。经过这种类似揉面过程制作的马苏里拉奶酪，质地坚韧而细腻，口味平和。

10. 融化奶酪

一种或几种经过挤压的奶酪团，煮熟与未熟均可，经融化后加入牛奶、奶油或黄油后就可制成这种奶酪。这种奶酪的优点在于其可长期保存。根据不同产品，可加入稳定剂、乳化剂、盐、色素、香料（香草植物、辛香料、水果、坚果、樱桃酒）和甜味剂（糖、玉米糖浆）。添加成分不同，奶酪的柔软以及弹性也有所不同，并且味道柔和。康库瓦约特奶酪（La Cancoillotte）、乐芝牛（La Vache Qui Rit）都是融化奶酪。

11. 再制奶酪

再制奶酪是为了满足消费者对于口感等的要求，在原制奶酪的基础上再次加工而成的奶酪。原制奶酪是由牛奶直接制作而成。再制奶酪的加工过程是将原制奶酪经过高温融化，然后再添加一些辅料，制成不同口味、形状、质地的奶酪。

（二）世界著名奶酪品种

1. 奶油奶酪（Cream Cheese）

奶油奶酪是一种未成熟的全脂奶酪，由牛奶和奶油的混合物发酵而成。奶油奶酪的水分含量比较高，有点像软化的黄油。色泽洁白，质地细腻，吃起来有淡淡的咸味和乳酸的香味，非常适合用来制作奶酪蛋糕。奶油奶酪开封后非常容易变质，所以要尽早食用。

2. 布里奶酪（Brie Cheese）

布里奶酪在中国的知名度很广，虽然此奶酪原产于法国的布里地区，也由此得名，但现在已经是一类奶酪的统称。在法国，布里奶酪有许多变种，其中受 AOC 法规认可的只有莫城布里奶酪（Brie de Meaux）和默伦布里奶酪（Brie de Melun），两者均于 1980 年获得 AOC 认证，其中后者往往有着更为浓烈辛辣的口感。布里奶酪被称为法国"奶酪之王"，属于软牛奶乳酪。刚凝聚的布里奶酪在模中摊平如煎饼，直径约为 23~38 厘米。布里奶酪呈金黄色奶油状，外层洁白光滑，内里柔软细腻，奶味温和浓厚，闻之香气扑鼻。14 世纪著名诗人尤斯塔奇·德尚酷爱奶酪，他曾说"法国唯一的好东西就是莫城布里奶酪"。

3. 车达奶酪（Cheddar Cheese）

车达奶酪是世界上最著名的奶酪之一，其名称来源于 16 世纪的英国原产地车达郡，是英国索莫塞特郡车达地方产的一种硬质全脂牛乳奶酪，历史悠久。车达奶酪色泽白或金黄，组织细腻，口味柔和，含乳脂 45%。如今已广传于世界许多地区。车达奶酪质地较软，颜色从白色到浅黄不等，味道也因为储藏时间长短而不同，有的微甜（9 个月），有的味道比较重（4 个月）。

车达奶酪应该是用途最多的奶酪，从浇汁到奶酪酱到烘烤，它几乎可以替代所有的奶酪。有时候车达还和马苏里拉混合放在披萨上，或者切成小块放在苏打饼干上，也可以和红酒、葡萄、无花果等搭配在一起直接吃。

4. 马苏里拉奶酪（Mozzarella Cheese）

马苏里拉奶酪是意大利坎帕尼亚和那布勒斯地方产的一种淡味奶酪，由水牛乳制成，色泽淡黄，含乳脂 50%。马苏里拉在意大利被称为"奶酪之花"，因为它质地潮润香滑，极适合制作糕点，而菜肴上与西红柿和橄榄油搭配更是锦上添花。

融化的马苏里拉能够拉丝，一般做披萨用的就是此类奶酪，还见于千层面、港式焗意粉等，或者切厚片均匀混合在沙拉中食用。

5. 马斯卡彭奶酪（Mascarpone Cheese）

马斯卡彭奶酪严格来说不能算是奶酪，因为它既非菌种发酵，也不是由凝乳霉制得的。其本身制作非常方便，是用轻质奶油（淡奶油，Light Cream）加入酒石酸（Tartaric Acid）后转为浓稠而制成。马斯卡彭奶酪质地接近奶油奶酪，但脂肪含量更高，所以更加柔软顺滑。打开的马斯卡彭奶酪最好在一周之内用完。

马斯卡彭奶酪是制作提拉米苏的重要配料，也借助着提拉米苏的浪漫气息风靡全球，此外也可替代奶油奶酪做乳酪蛋糕，很多意大利甜点用的也都是马斯卡彭。它有着极好的蓬松感，味道微甜、奶香浓郁，因此，可以在马斯卡彭奶酪中拌入糖，做成类似奶油霜一样的乳酪霜，抹在面包或者饼干上，或直接搭配水果。

6. 菲达奶酪（Feta Cheese）

菲达奶酪是希腊的标志性美食，是绝佳的餐桌奶酪。根据欧盟法律，菲达奶酪已被认定为希腊产品，也仅有希腊可以生产菲达奶酪。菲达奶酪是用 70% 的绵羊奶和 30% 的山羊奶制成的，具有一种新鲜的奶油感，味道略咸。这种奶酪还有一种惹人喜爱的特色，那是种类似大口吃肉般的豪迈感，无论配水果还是蜂蜜，大口咀嚼中，有韧度、有质感。对希腊人来说，最经典传统的奶酪吃法莫过于蔬菜沙拉，黄瓜和番茄切块，洋葱切丝，倒上橄榄油，撒上刺山柑，再把菲达切成块，铺在沙拉上面，最后撒点牛至粉就完成了。

7. 埃曼塔尔奶酪（Emmental Cheese）

埃曼塔尔奶酪起源于瑞士中部的伯尔尼州，以埃米（Emme）河谷的埃曼塔尔地区命名。其奶酪质感和外皮都比较坚硬，它的外形最大的特点就是有气孔，这是发酵过程中气泡造成的变化。果香味浓，口味刺激。可以制作奶酪火锅或配以口感浓郁的红酒。

8. 高达奶酪（Gouda Cheese）

高达奶酪是一种扁扁的黄色大车轮状奶酪，以荷兰港口城市高达（Gouda）命名，也被称为"黄波奶酪"，味道咸香、醇厚，是荷兰最著名的奶酪之一，占荷兰总奶酪产量的 50% 以上。为了保持新鲜，高达奶酪外皮裹着红色的薄蜡，但食用时必须切除。高达奶酪加热时，可以完全融化，同时会变成轻微的褐色，表现出良好的拉伸性和优异的流动性，散发出奶酪气味并呈现出软厚的纹理，同时还有坚果的味道。

9. 帕玛森奶酪（Parmesan Cheese）

帕玛森奶酪是意大利顶级奶酪，被称为"意大利的奶酪之王"。正宗的帕玛森奶酪会被冠以 Parmigiano-Reggiano 一名，只有出产于意大利艾米利亚—罗马涅的帕尔马以及艾米利亚的奶酪使用该名称。帕玛森奶酪是用刚挤出的因为重力有一点点分离的牛生乳制造。制作帕玛森奶酪的要求非常严格，除了天然的乳浆、盐以及取自未断奶的牛犊胃里的乳凝素之外，其他的各种添加剂一律被禁止。牛也只能喂食鲜草或干草，以保证牛乳的品质。整个制作及成熟过程需要 24 个月以上。整套制作工序一丝不苟地按照沿用了近 8 个世纪的传统，全人工操作，最后每 440 公升牛奶只可制成一件 40 千克的芝士，可谓极致精粹的浓缩。最后制成的奶酪色泽淡黄柔润，具有浓郁诱人的水果香味，味道醇厚，口感油润，是奶酪中的极品。

一般来说，当帕玛森奶酪成熟到 24 个月时，它的色、香、味、硬度等各个方面已经比较和谐了，这个时候的奶酪适合添加进菜肴里作为调料，可以在很大程度上提升菜肴的鲜味和香味。新鲜的白松露配帕玛森干酪薄片是意大利餐中的奢华前菜。而真正的极品则是成熟了 36 个月的奶酪，这时的奶酪由于质地干硬，香味过于丰富而不再适合作为调味品，可以切成小块蘸着传统的意大利香醋食用。

10. 夸克奶酪（Quark Cheese）

夸克奶酪是软质新鲜奶酪，德国人对夸克奶酪的钟爱，如同他们生活中不能没有啤酒、香肠一样。其口感细腻滑润，口味清淡、偏酸，如同酸奶，含有丰富的蛋白质等营养成分，是补钙的理想佳品。夸克奶酪的制作工艺极其简单，是可以现做现吃的新鲜奶酪。夸克奶酪既可以作为餐前开胃菜，也可作为餐后甜点，还可以用来调制沙拉，制作浓汤，涂在吐司面包上，而且还可以用来制作芝士蛋糕。

11. 卡蒙贝尔奶酪（Camembert Cheese）

卡蒙贝尔奶酪是一种软身的白色霉菌奶酪，形状呈饼形，以法国下诺曼底大区奥恩省附近的村庄卡蒙贝尔命名。卡蒙贝尔奶酪属于花皮软质奶酪，质感较软，类似新鲜蛋糕，因其易于在高温下融化，故适合烹饪菜肴，并可以佐酒直接食用。

12. 洛克福特蓝纹奶酪（Roquefort Cheese）

洛克福特蓝纹奶酪是采用高原台地上的拉科讷绵羊奶，在法国中央山地南边罗克福尔村内的洞穴中培养而成。洞穴中极为特殊的湿度和温度让乳酪内部的缝隙中长满了霉菌，使得乳酪变得非常香浓润滑，具有极其圆融的口感。

洛克福特蓝纹奶酪口味比较轻，很适合刚开始接触蓝纹奶酪的人。质感由半软到软膏状，将奶酪切开便可看到蓝绿色花纹，是法国奶酪家族之中极为特殊的一类，散发出独特的香气，口感清新又富特色。洛克福特奶酪是公认的"奶酪之王"。目前，全世界只有 7 家奶酪厂有资格生产洛克福特奶酪，它和产于意大利的戈贡佐拉奶酪（Gorgonzola）、产于英国的斯蒂尔顿奶酪（Stilton）并称世界三大蓝霉干酪。

洛克福特蓝纹奶酪可以搅以白葡萄酒放在锅里用火烤，吃时把切好的面包块用特制的铁钎插住，蘸着热乎乎的流质奶酪，趁热放进嘴里，这就是奶酪火锅（Fondue）。若把奶酪直接放火上烤，再把一片片的肉肠和烤热的奶酪卷起来一起吃，就成了奶酪卷肠（Raclette）。也可以直接涂抹在面包上，也可以碾碎，拌在沙拉里。欧洲人还常把蓝纹奶酪和奶油混在一起，做成酱汁，浇在牛排上，咸香入味。

13. 戈贡佐拉奶酪（Gorgonzola Cheese）

相比洛克福特蓝纹奶酪，戈贡佐拉奶酪味道十分浓烈，这种奶酪的纹路颜色呈草黄色，霉纹分布粗糙，被认为是"世界上最好的蓝纹奶酪"，该奶酪是储存奶酪时意外霉变的产物。戈贡佐拉奶酪分两种，甜与辣。前者质地柔软，比较像奶油，辛辣味不重；后者奶酪团凝结得比较紧，所以显得酥脆，更多的发霉让味道的霉香味偏重，口感也辛辣得多。

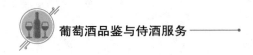

14. 斯蒂尔顿奶酪（Stilton Cheese）

斯蒂尔顿奶酪的独特之处是添加了洛克福青霉孢子，奶酪在成熟一段时间以后，用钢针穿许多孔，让空气进入，促进青霉菌生长，最终形成蓝纹奶酪。最初斯蒂尔顿奶酪的发源地在英国爱尔兰东部的郡区，但却在斯蒂尔顿大卖，于是因此得名。现在斯蒂尔顿奶酪受英国法律的保护，只允许在莱斯特郡、诺丁汉郡以及德贝郡这三个地方生产。斯蒂尔顿奶酪是世界三大蓝纹奶酪之一，味道比较浓烈。

项目四
侍酒师管理技能

项目导读

    本项目以侍酒师管理技能为核心，通过对应任务的学习，能够根据餐厅定位和客人需求做好葡萄酒的选品管理，能够做好葡萄酒的储存和服务管理，能够为餐厅设计和管理酒单，并且能够根据酒店、餐厅或客人需求做好活动策划与现场服务管理，能够做好侍酒师团队建设管理，提高侍酒师的管理运营能力。

思维导图

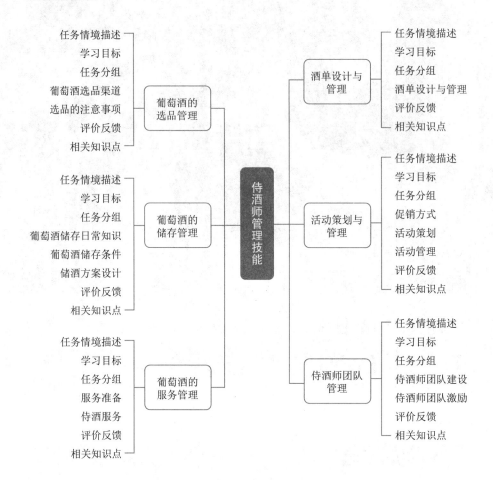

任务情境描述
学习目标
任务分组
葡萄酒选品渠道
选品的注意事项
评价反馈
相关知识点
— 葡萄酒的选品管理

任务情境描述
学习目标
任务分组
葡萄酒储存日常知识
葡萄酒储存条件
储酒方案设计
评价反馈
相关知识点
— 葡萄酒的储存管理

任务情境描述
学习目标
任务分组
服务准备
侍酒服务
评价反馈
相关知识点
— 葡萄酒的服务管理

侍酒师管理技能

酒单设计与管理
任务情境描述
学习目标
任务分组
酒单设计与管理
评价反馈
相关知识点

活动策划与管理
任务情境描述
学习目标
任务分组
促销方式
活动策划
活动管理
评价反馈
相关知识点

侍酒师团队管理
任务情境描述
学习目标
任务分组
侍酒师团队建设
侍酒师团队激励
评价反馈
相关知识点

任务一　葡萄酒的选品管理

一、任务情境描述

海思餐厅的酒单已经使用了一段时间，你作为侍酒师，需要按时更新酒单，选择一些合适的新酒款写进酒单，并淘汰一部分旧的酒款。

二、学习目标

通过完成该任务，我们要明确葡萄酒选品的工作要点和注意事项，保证酒单内葡萄酒的品质。具体要求如下：

表 4-1　具体要求

序号	要求
1	能够理解葡萄酒选品的渠道。
2	能够明确对葡萄酒供应商的选择标准。
3	能够掌握保证葡萄酒质量的合同条款。
4	能够理解和分析不同经营场所的选酒需求。
5	能够实现葡萄酒采购的成本控制。

三、任务分组

表 4-2　学生分组表

班级		组号		指导老师	
组长		学号			

	学号	姓名	角色	轮转顺序
组员				
备注				

表4-3　工作计划表

工作名称：

（一）工作时所需工具

1	6	11	16
2	7	12	17
3	8	13	18
4	9	14	19
5	10	15	20

（二）所需材料及消耗品

名称	说明	规格	数量

（三）工作完成步骤

序号	工作步骤	卫生安全注意事项	工作注意事项
1			
2			
3			
4			
5			
6			

注意：现在你已经完成你的作业，请不要着急提交，先思考一下，有没有其他更好的办法呢？有没有遗漏呢？请将你的作业交给老师，然后再开始工作。

四、葡萄酒选品渠道

引导问题 1：侍酒师常用的选品渠道有哪些？

_____

_____

小提示：

如果参观一位侍酒师的办公室，多数情况下你会发现一些设计精美的、带有彩色图片的葡萄酒产品目录，它们就像杂志一样，能够非常直观地展示酒庄和不同的酒款。这些产品目录大多来自不同的葡萄酒供应商，也有的来自酒庄，有些产品目录还是电子版的。对于侍酒师来说，它们就像资料库，随时等待着被选择，被使用。

引导问题 2：从供应商的产品目录里选择葡萄酒款，质量有保证吗？

_____

_____

小提示：

目前国内许多供应商都有丰富的经验，有专业的人员进行选酒，也能提供相应的服务，因而在酒款质量上一般不会出现问题。侍酒师在选择葡萄酒时，应考虑不同风格酒款的搭配，结合品牌／酒庄的知名度、客人的喜好、性价比、侍酒师的认可程度等因素采选。例如一些知名品牌营销策略做得好，市场认可度高，因其受顾客的欢迎，能够为餐厅增加收入，侍酒师应当选择其中一些加入酒单。更多时候，侍酒师应该运用专业知识和鉴赏能力，为顾客寻找和推荐口感好并且性价比高的酒款。

引导问题 3：侍酒师如何选择葡萄酒供应商？

_____

_____

小提示：

重点是要选择资质较好、值得信赖的供应商。目前国内比较知名的供应商有圣皮尔精品酒业、美夏国际贸易、桃乐丝葡萄酒贸易、由西往东贸易、红樽坊酒业、嘉里一酒香贸易等。在与供应商签订合同时，要在合同条款里约定保证葡萄酒按时供货，规定运输和储存方式，并说明出现质量问题时的退换货处理方式等。

引导问题 4：侍酒师如何品尝和比较各种葡萄酒？

_____

_____

小提示：

多多尝试新的酒款是侍酒师的职业需要，因此，侍酒师应该抓住机会，参加各种培训和品鉴活动，比如经销商举办的品鉴活动、酒庄的品牌推广活动、产区路演、大师班等。除此之外，在餐厅中做侍酒服务时，侍酒师也常常会帮客人试酒，这也是品尝酒款的机会，要切记先经过客人的同意，才可以帮客人试酒。

引导问题 5：除了通过供应商，侍酒师还有哪些采购葡萄酒的渠道？

_____

_____

小提示：

近年来国产葡萄酒受到广泛关注，优质酒款越来越多，侍酒师有很多机会与酒庄直接接触，达成采购意向之后可以与酒庄签订采购合同。

五、选品的注意事项

引导问题 6：葡萄酒的选品如何搭配餐厅风格？

_____

_____

小提示：

第一，参考餐厅的档次。餐厅的档次关系到客人的消费水平和消费能力。平均消费比较高的餐厅可以适当增加葡萄酒的品种，并常备一些价值较高的精品葡萄酒供客人选择，既可以为客人提供更多选项，又可以提高餐厅的收入，这也是为什么许多高档餐厅的酒单有多达几百款葡萄酒的原因。较多的酒款对餐厅的硬件提出更高的要求（如专业的酒窖），需要更准确的库存管理，并占用较多的资金。为了方便管理，提升服务效率，平均消费较低的餐厅不需要设置过多的酒款。

第二，参考餐厅的风味特色。不同国籍、不同地区的料理适合搭配的葡萄酒各有不同，吸引的客户群体饮酒偏好也有不同。例如意大利餐厅可以多选取来自意大利各个产区的代表性葡萄酒，易于搭配菜品，同时也更受餐厅客户的欢迎。而美式扒房的选酒要考虑如何搭配各种不同部位的牛排，形成最佳搭档。

引导问题 7： 在选品这个步骤上，如何实现成本控制呢？

_____

_____

小提示：

除了独家代理的葡萄酒，其他的酒款在选择时应比较一下不同供应商的供货价，以及供应商所能提供的活动赞助、培训、供货周期等因素，综合评价之后再做决定。除此之外，可以运用 wine searcher 等工具查询酒款的国际均价，再与供应商的报价进行比较，以便更好地了解报价。

六、评价反馈

表 4-4　选品方案评价表

选品方案评价项目	分数					
	优	良	中	可	差	劣
	10	8	6	4	2	0
1. 能够分析经营场所的价位						
2. 能够分析经营场所的风味特色						
3. 确定葡萄酒选品的数量						
4. 确定葡萄酒选品的价格区间						
5. 确定精品葡萄酒的选择						
6. 体现对葡萄产区的侧重						
7. 供应商的选择及理由						
8. 其他选酒渠道的理解						
9. 整体策划方案描述						
10. 字迹清晰工整						
总分						
等级						
A=90 分以上；B=80 分以上；C=70 分以上；D=70 分以下；E=60 分以下。						

表 4-5 沟通表达评价表

沟通表达评价项目	是	否
1. 使用礼貌用语和规范语言		
2. 恰当的身体语言		
3. 适当的眼神交流		
4. 集中精力，不走神		
5. 轻松自如的交谈氛围		
6. 清晰的思路		
7. 流畅表达的能力		
8. 掌握工作节奏的能力		
9. 根据规定穿着工作服装，符合侍酒师仪容仪表规范		
10. 随时注意保持个人清洁卫生		
总分		
等级		
A=90 分以上；B=80 分以上；C=70 分以上；D=70 分以下；E=60 分以下。每一项"是"者得 10 分，"否"者得 0 分。		

表 4-6 学习态度评价表

学习态度评价项目	分数					
	优	良	中	可	差	劣
	10	8	6	4	2	0
1. 言行举止合宜，服装整齐，容貌整洁						
2. 准时上下课，不迟到早退						
3. 遵守秩序，不吵闹喧哗						
4. 学习中服从教师指导						
5. 上课认真专心						
6. 爱惜教材教具及设备						
7. 有疑问时主动要求协助						

续表

学习态度评价项目	分数					
	优	良	中	可	差	劣
	10	8	6	4	2	0
8.阅读讲义及参考资料						
9.参与班级教学讨论活动						
10.将学习内容与工作环境结合						
总分						
等级						
A=90分以上；B=80分以上；C=70分以上；D=70分以下；E=60分以下。						

表4-7　总评价表

评分项目	单项得分	单项等第	比率（%）	单项分数	总分	等级
1.选品方案			60%			□ A
2.沟通表达			20%			□ B
						□ C
3.学习态度			20%			□ D
总评	□ 合格		□ 不合格			□ E
备注	A=90分以上；B=80分以上；C=70分以上；D=70分以下；E=60分以下。					

七、相关知识点

　　餐厅通常是通过国内的进口商采购葡萄酒。侍酒师通过对餐厅需求的分析，规划餐厅酒单将要包含的酒款类型、品种、产区、年份、价格甚至具体的酒款，然后咨询进口商，逐步完成酒单。除了凭借经验，侍酒师也需要常常参加品鉴会，不断发现新的酒款，以便丰富原有的酒单。极少数情况下，餐厅可以向国外酒庄直接购买葡萄酒。对于国产葡萄酒，餐厅可以考虑直接与酒庄联系，也可以向其定制酒款。许多酒庄也希望与餐厅达成直接合作，以便了解终端市场的需求，并提高酒款的曝光度。

任务二 葡萄酒的储存管理

一、任务情境描述

海思餐厅的常客李先生喜爱葡萄酒，家中储存了各种类型的葡萄酒，闲暇时李先生会和太太在家中开一瓶酒，一次喝不完就留到下次。一天，当你为李先生服务时，李先生向你请教储存葡萄酒的正确方法，包括未开瓶的葡萄酒和已开瓶的葡萄酒。

二、学习目标

通过完成该任务，我们要明确葡萄酒储存管理的正确方法，为顾客提供合理的储酒建议。具体要求如下：

表 4-8 具体要求

序号	要求
1	能够为客人推荐合适的储酒设备。
2	能够明确葡萄酒储存的温度需求。
3	能够明确葡萄酒储存的湿度要求。
4	能够说明不同酒塞的葡萄酒储存方式的区别。
5	能够说明葡萄酒储存中的禁忌。
6	能够说明已开启葡萄酒正确的储存方法。
7	能够明确经营场所中葡萄酒储存的常用设施设备。
8	能够明确杯卖葡萄酒的保存方式和保存期限。

三、任务分组

表4-9 学生分组表

班级		组号		指导老师	
组长		学号			
组员	学号	姓名		角色	轮转顺序
备注					

表4-10 工作计划表

工作名称：			
（一）工作时所需工具			
1	6	11	16
2	7	12	17
3	8	13	18
4	9	14	19
5	10	15	20
（二）所需材料及消耗品			
名称	说明	规格	数量

续表

（三）工作完成步骤

序号	工作步骤	卫生安全注意事项	工作注意事项
1			
2			
3			
4			
5			
6			

注意：现在你已经完成你的作业，请不要着急提交，先思考一下，有没有其他更好的办法呢？有没有遗漏呢？请将你的作业交给老师，然后再开始工作。

四、葡萄酒储存日常知识

引导问题 1： 家庭储存中葡萄酒经常存放在哪里？

_____

_____

引导问题 2： 葡萄酒在以上地点存放时，存在哪些风险？

_____

_____

小提示：

侍酒师与客人交流时，态度应亲切自然。当客人向我们咨询问题时，要保持谦虚和礼貌的态度，避免给客人造成刻板、高傲的印象，主动与客人交流，询问客人的具体情况，并根据情况给出合理的建议。例如，当客人咨询如何储存葡萄酒的时候，我们需要先弄清楚客人有多少葡萄酒库存，包含哪些品种，年份的分布，客人的饮酒习惯等，然后有针对性地提供建议。

引导问题 3： 日常储存和运输葡萄酒时，存在哪些误区呢？

_____

_____

引导问题4：为什么有的葡萄酒尝起来像醋一样？

_____

_____

小提示：

如果储存不当，葡萄酒会"变质"，其中大部分情况是由氧化导致的。导致氧化的原因有过度的光照（包括日光和灯光）、过高的温度或者温度起伏大、过度的震动、酒瓶放置的方式不对导致酒塞干燥空气进入、葡萄酒储存时间过久从而超过了适饮期等。

观察葡萄酒的颜色，白葡萄酒发生氧化之后，颜色会变深，接近金色、琥珀色；红葡萄酒发生氧化之后，颜色会变浅，接近棕红色、砖红色。

葡萄酒氧化的另外一个典型特征是香气和果味的散失，当嗅闻的时候，那些令人愉悦的味道很难被发现，有时会闻到蜂蜜、咖啡等味道；当品尝的时候，会发现结构感遭到破坏，口感寡淡、不平衡。

引导问题5：为什么葡萄酒不能放在汽车的后备厢里？

_____

_____

小提示：

思考汽车后备厢的环境在不同季节中是怎样的，温度如何，汽车行进过程中的颠簸，葡萄酒放置的方法，滞留在后备箱中的时间等。

引导问题6：为什么不可以在冰箱中长期储存葡萄酒？什么情况下葡萄酒可以放在冰箱中储存？

_____

_____

小提示：

冰箱与恒温酒柜不同，其内部温度、湿度都和葡萄酒储存所需存在差距，冰箱发动机的持续运转产生震动对葡萄酒产生不利影响，软木塞在冰箱中久置会失去弹性，影响其密封效果，同时冰箱中存在的食物气味也会影响葡萄酒。

引导问题7：查阅资料，阐释葡萄酒中为什么要添加二氧化硫。

_____

_____

小提示：

二氧化硫存在于大部分的葡萄酒中，其含量不会对人体造成危害，因而对此不必过于忧虑。二氧化硫的主要作用有两个方面：一是抑菌，葡萄酒中容易出现各种杂菌，以致影响风味和质量，二氧化硫则是一种杀菌剂；二是抗氧化，防止酒液过早氧化"衰老"，能够维持葡萄酒的生命力。现在也有一些葡萄酒是不含二氧化硫的，比如一些有机葡萄酒、自然酒等。

五、葡萄酒储存条件

引导问题 8：红葡萄酒、白葡萄酒、起泡酒、甜酒等不同类型的酒需要分开储存吗？你建议的储存方案是什么？

_____

_____

小提示：

葡萄酒的储存除了要考虑保护葡萄酒的品质、维持葡萄酒的生命周期，也要考虑不同类型葡萄酒适宜的饮用温度。例如红葡萄酒适宜凉爽室温或者轻微冰镇饮用，白葡萄酒适宜冰镇或者轻微冰镇后饮用，起泡酒和甜酒适宜充分冰镇后饮用。如果储存时能够分区保存，将为接下来的侍酒服务和品鉴提供便利。

_____

_____

引导问题 9：葡萄酒储存对湿度有要求吗？哪些地方湿度不符合要求？

_____

_____

小提示：

环境湿度主要是通过影响软木塞从而影响葡萄酒的品质。环境过于干燥容易导致软木塞变干，出现气孔，使过量的空气进入，加速葡萄酒的氧化；环境湿度过大则容易导致软木塞和酒标发霉。但是软木塞发霉不一定意味着葡萄酒变质，特别是老年份的葡萄酒，葡萄酒的品质最终还是要通过品鉴来判断。

引导问题 10： 一般来说，已开瓶的葡萄酒可以存放几天？

_____

_____

小提示：

已开瓶葡萄酒的储存时间，一方面取决于葡萄酒的类型，例如红葡萄酒、白葡萄酒、起泡酒的储存时间有所不同；另一方面取决于储存方式，使用不同类型的储酒设施设备，将会有不同的效果。

引导问题 11： 讨论一下，为什么大部分餐厅和酒吧都不提供已开瓶葡萄酒的储存服务？

_____

_____

引导问题 12： 以下表格中列出的储酒设施设备，请分析它们的优点和缺点。

表 4-11　储酒设施设备的优点和缺点

序号	设施设备名称	优点	缺点
1	葡萄酒储藏室		
2	常温酒架		
3	恒温酒柜		
4	分杯保鲜机		
5	真空抽气泵和瓶塞		
6	Coravin 取酒器		

小提示：

选择储酒设施设备时，要考虑设施设备所需的空间、储酒的数量、是否需要展示、是否可以温度分区、采购设施设备的预算等，对于已开启的葡萄酒，要考虑需要储存的葡萄酒数量、可以储存的时间、一瓶酒的消耗速度、储酒所需成本等。

图4-1　葡萄酒储藏室

图4-2　常温酒架

图4-3　恒温酒柜

图4-4　分杯保鲜机

图 4-5　真空抽气泵和瓶塞

图 4-6　Coravin 取酒器

六、储酒方案设计

引导问题 13： 家庭储酒和经营场所储酒有什么不同？为客人提供家庭储酒方案设计时有哪些注意事项？

_____

_____

小提示：

根据储酒的规模和可利用空间选择适当的设施设备；根据每日开启的葡萄酒数量确定已开启酒的储存方案；根据红葡萄酒和白葡萄酒的比例确定是否实行分区储存；根据客人库存的葡萄酒年份信息帮客人决定哪些酒需要尽快消耗，哪些酒具有陈年潜力，适合继续存放。

引导问题 14： 经营场所中的葡萄酒储存需要考虑哪些因素？

_____

_____

小提示：

除了要考虑葡萄酒的数量、种类、不同种类葡萄酒的温度需求、葡萄酒的采购周期，还需要考虑氛围营造、展示的需求，需要考虑杯卖酒的种类、设施设备的采购成本、储存成本等。

引导问题 15: 葡萄酒储存中要注意哪些食品安全相关事项？

_____

_____

小提示：

葡萄酒收货检查时要保证检验检疫合格，各项证书齐全。先进先出，做好标记。酒精度数低于 8% 时要标注保质期，并在保质期内使用完毕。注意酒瓶外包装的清洁和处理。

七、评价反馈

表 4-12 储酒方案评价表

储酒方案评价项目	分数					
	优	良	中	可	差	劣
	10	8	6	4	2	0
1. 掌握顾客的个性化需求						
2. 掌握不同类型葡萄酒的储存方法						
3. 能够解释温度对葡萄酒的影响						
4. 能够解释湿度对葡萄酒的影响						
5. 能够解释光照对葡萄酒的影响						
6. 能够解释震动对葡萄酒的影响						
7. 能够解释葡萄酒储存的误区						
8. 能够解释葡萄酒的生命周期						
9. 掌握各种储酒设施设备的优缺点						
10. 方案条理清楚易懂						
总分						
等级						
A=90 分以上；B=80 分以上；C=70 分以上；D=70 分以下；E=60 分以下。						

表 4-13　对客沟通评价表

对客沟通评价项目	是	否
1. 使用礼貌用语和规范语言		
2. 恰当的身体语言		
3. 适当的眼神交流		
4. 集中精力，不走神		
5. 轻松自如的交谈氛围		
6. 获取顾客信息的能力		
7. 清晰的表达能力		
8. 能够和顾客达成一致		
9. 根据规定穿着工作服装，符合侍酒师仪容仪表规范		
10. 随时注意保持个人清洁卫生		
总分		
等级		
A=90 分以上；B=80 分以上；C=70 分以上；D=70 分以下；E=60 分以下。 每一项"是"者得 10 分，"否"者得 0 分。		

表 4-14　学习态度评价表

学习态度评价项目	分数					
	优	良	中	可	差	劣
	10	8	6	4	2	0
1. 言行举止合宜，服装整齐，容貌整洁						
2. 准时上下课，不迟到早退						
3. 遵守秩序，不吵闹喧哗						
4. 学习中服从教师指导						
5. 上课认真专心						
6. 爱惜教材教具及设备						
7. 有疑问时主动要求协助						

续表

学习态度评价项目	分数					
	优	良	中	可	差	劣
	10	8	6	4	2	0
8. 阅读讲义及参考资料						
9. 参与班级教学讨论活动						
10. 将学习内容与工作环境结合						
总分						
等级						
A=90分以上；B=80分以上；C=70分以上；D=70分以下；E=60分以下。						

表4-15　总评价表

评分项目	单项得分	单项等第	比率（%）	单项分数	总分	等级
1. 储酒方案			60%			□A
2. 对客沟通			20%			□B
3. 学习态度			20%			□C
总评	□合格		□不合格			□D □E
备注						
A=90分以上；B=80分以上；C=70分以上；D=70分以下；E=60分以下。						

八、相关知识点

（一）葡萄酒的储存温度

葡萄酒的储存温度通常设置为10~15℃，并保持恒温。葡萄酒是"有生命"的酒精饮料，即使灌装进酒瓶，也处在不断的变化之中。温度过高会使葡萄酒加速老化，风味改变，直至超过适饮期；长期的高温会使葡萄酒"变质"，口感完全改变，难以下咽。温度过低会使葡萄酒熟化变缓慢，不利于演化出细腻丰富的口感；而超低温会使葡萄酒"冻伤"，恢复常温后单宁和色素凝结，出现沉淀物，破坏葡萄酒的结构。温度起伏较大也会损伤葡萄酒，因此，阳台、冰箱、汽车后备厢等位置不适合存放葡萄酒。

（二）葡萄酒储存的湿度要求

葡萄酒储存的湿度要求是 60%~70%，有软木塞的葡萄酒要横卧摆放。适宜的湿度可以防止空气过于干燥而导致的软木塞干裂，横卧的方式使酒液与软木塞保持接触，同样是为了防止软木塞干裂气孔增大，因为氧气的进入会加速葡萄酒的氧化，缩短葡萄酒的生命周期。对于螺旋塞的葡萄酒不需要横卧，建议竖放，防止酒塞磨损，出现漏液的现象。

（三）葡萄酒储存的光线要求

葡萄酒不喜欢强光，无论是自然光还是人造光源。持续光照会使葡萄酒升温，从而加速老化，人造光源还会使葡萄酒产生异味，令人不悦。如果葡萄酒需要展示，要注意按时更换展示的葡萄酒，避免葡萄酒长期处于灯光射下。

（四）葡萄酒储存的空气质量要求

葡萄酒是一种比较娇贵的酒精饮料，其风味容易受到影响，储存时要放置在具有通风条件的地方，远离各种异味，如化妆品、油漆、装修、香水、药物等产生的异味。这也解释了为什么我们在参加品酒活动时，要注意不要使用气味浓郁的化妆品，不要喷洒香水。

（五）葡萄酒储存中防止震动的要求

葡萄酒的陈年需要一个安静不被打扰的环境，持续的震动会加速葡萄酒的老化，破坏平衡的结构，影响其细腻和复杂的口感，损伤葡萄酒的品质。冰箱、汽车后备厢、长期的运输等都会使葡萄酒处于震动状态，应该尽量避免，或者采取防震措施。

（六）开瓶葡萄酒的储存

常见的开瓶葡萄酒的储存有以下几种方法：

用软木塞重新封口。这是最简单的一种方式，要求开瓶之后保存好木塞，如客人需要打包带走，或者需要继续保存，则将软木塞重新塞回酒瓶。重新封口的葡萄酒要放进冰箱或者葡萄酒储藏室直立保存，红葡萄酒可以继续保存 3 天左右，白葡萄酒可以继续保存 4 天左右，而起泡酒可以保存 1~3 天。家庭储酒因为开酒的数量少，可以使用这种方法，操作简单成本低，建议保存一些软木塞以备不时之需。

使用真空泵和瓶塞。使用真空泵将开启的葡萄酒中的空气抽走，然后盖上专用的真空密封塞，能够有效减少氧气与酒液的接触。比起直接使用软木塞封口，这种方法能够再延长保存期限 1~2 天。因为这种工具小巧便携，成本低廉，在餐厅中广泛使用，家庭中也可以使用这种方法储存开瓶的葡萄酒。

分杯保鲜机。分杯保鲜机的原理是密封、充入惰性气体和温度控制。密封和充入惰性气体能够隔绝氧气的接触，温度控制则协助葡萄酒保鲜。这种设备保鲜效果较好，可以选择需要保存的瓶数，适合在经营场所使用，但是采购成本相对较高，保存瓶数越多的价格越贵。

Coravin 取酒器。这种工具无需开瓶，通过一个细长的针管可以直接穿过软木塞取到瓶中的酒液，同时注入氩气。使用这种工具不会破坏酒塞，可以长时间维持葡萄酒的状态，适合出售高价值的优质葡萄酒，给葡萄酒爱好者更多品尝好酒的机会。缺点是配套的氩气胶囊价格较高，因而使用成本高。

当侍酒师为客人推荐储酒方案时，或者为餐厅设计储酒方案时，要综合考虑各种因素，以及客户或者餐厅的实际需要，灵活运用各种设施设备，实现保存效果和成本的双赢。

任务三　葡萄酒的服务管理

一、任务情境描述

海思餐厅的晚餐时间，1号桌的王先生带着公司下属正在宴请合作伙伴，席间共八位客人。王先生选了两瓶勃艮第大区级红葡萄酒，合作方中的一位女士喜欢喝白葡萄酒，选了一杯新西兰长相思。请你按照葡萄酒推介和侍酒服务的工作流程和服务标准，为该桌客人进行侍酒服务。

侍酒服务过程中应能够符合《葡萄酒推介与侍酒服务职业技能等级标准（2021年1.0版）》和《SB/T10479—2008饭店业星级侍酒师技术条件》等相关标准要求。

二、学习目标

通过完成该任务，我们要明确葡萄酒侍酒服务的工作要求和注意事项，为顾客提供良好的侍酒服务。具体要求如下：

表4-16　具体要求

序号	要求
1	能够判断各位客人的角色，确定服务顺序。
2	能够乐于和善于与客人沟通，细致地回答客人提出的问题。
3	能够做好服务准备，准备好将要使用的工具。
4	能够确保葡萄酒处于最佳饮用温度。
5	能够掌握好倒酒的量。
6	能够掌握好酒水与菜品的服务速度和节奏。
7	能够在服务过程中与客人互动，构建良好的服务氛围。
8	能够处理好葡萄酒打包服务。

三、任务分组

表 4-17　学生分组表

班级		组号		指导老师	
组长		学号			
组员		学号	姓名	角色	轮转顺序
备注					

表 4-18　工作计划表

工作名称：			
（一）工作时所需工具			
1	6	11	16
2	7	12	17
3	8	13	18
4	9	14	19
5	10	15	20
（二）所需材料及消耗品			
名称	说明	规格	数量

（三）工作完成步骤

序号	工作步骤	卫生安全注意事项	工作注意事项
1			
2			
3			
4			
5			
6			

注意：现在你已经完成你的作业，请不要着急提交，先思考一下，有没有其他更好的办法呢？有没有遗漏呢？请将你的作业交给老师，然后再开始工作。

四、服务准备

引导问题 1：根据客人选择的葡萄酒，判断需要准备哪种酒杯？

_____

_____

引导问题 2：侍酒服务需要用到的器具有哪些？

_____

_____

小提示：

关于葡萄酒杯的配置，为了方便管理和控制成本，大部分餐厅和宴会只配置通用的红葡萄酒杯和白葡萄酒杯，用来服务红白葡萄酒。高档的餐饮场所或者专业的葡萄酒吧会配置更加多样的杯型，如波尔多杯、勃艮第杯等，目的是让不同品种的葡萄酒充分发挥其优势。

除了要准备侍酒服务所需最基本的酒杯、开瓶器、酒巾、小碟之外，要根据客人所选的葡萄酒，考虑是否需要冰桶、醒酒器等器具。

引导问题 3：为 1 号桌客人进行侍酒服务时，应按照怎样的顺序服务？

_____

_____

小提示：

服务顺序的确认有两个原则：女士优先和客人优先。因此当我们进行侍酒服务时，通过观察、倾听以及与客人的互动了解清楚在场各位客人的身份，并结合侍酒服务的需要，最终决定服务顺序。比如不管点酒的是主人还是客人，侍酒师都会让点酒的人试酒，斟酒时最后一个倒给他。另外还要考虑具体的服务场合，一般来说要优先服务最尊贵的客人，除非客人主动谦让女士。

引导问题 4： 如何根据座次判断哪位客人是主宾？

_____

_____

小提示：

中餐厅中以圆桌为主，主人位于内侧中间，正对门口或者背靠墙，主宾位于主人的右手边。西餐厅中以长桌为主，根据餐桌餐椅摆放的不同略有变化，但主人位仍然位于中间，主宾位于主人的右手边。如 1 号桌的案例，用餐的客人属于两个不同的公司或者组织，则可以分坐长条桌的两侧，主人和主宾相对而坐。

引导问题 5： 客人所选的两款葡萄酒，适合怎样的侍酒温度？

_____

_____

小提示：

专业的侍酒服务并不是常规认识中的红葡萄酒常温饮用，白葡萄酒冰镇饮用。事实上，不同品种或风格的葡萄酒，都有适合它们的更精确的温度要求，侍酒师需要了解各种类型的葡萄酒适宜的侍酒温度，从而为客人提供更好的品鉴体验。

表 4-19　各类葡萄酒的侍酒温度

葡萄酒类型	侍酒温度	葡萄酒类型举例
甜葡萄酒	充分冰镇 6~8℃	贵腐甜酒、冰酒
起泡酒	充分冰镇 6~10℃	法国香槟、西班牙卡瓦、意大利阿斯蒂
酒体轻盈的白葡萄酒	冰镇 8~11℃	法国夏布利、新西兰长相思、干型雷司令

续表

葡萄酒类型	侍酒温度	葡萄酒类型举例
酒体饱满的白葡萄酒	略微冰镇 12~15℃	过桶的长相思和霞多丽
桃红葡萄酒	轻微冰镇 8~13℃	法国普罗旺斯桃红、西班牙桃红
酒体轻盈的红葡萄酒	略微冰镇 12~15℃	勃艮第大区级黑皮诺、意大利瓦玻利切拉
酒体饱满的红葡萄酒	略低于室温，适饮温度 15~18℃	纳帕赤霞珠、澳大利亚设拉子、意大利阿玛罗尼、西班牙里奥哈

引导问题6： 如果葡萄酒没有达到适宜的侍酒温度，如何调节？

_____

_____

小提示：

配备较齐全的经营场所，通常会把白葡萄酒和红葡萄酒分开储存，进行侍酒服务时能够使葡萄酒快速达到所需温度，如饱满的红葡萄酒可以室温储存，轻盈的红葡萄酒可以略微冰镇，清爽的白葡萄酒可以通过使用冰桶持续降温。

需要特别注意的是，酒体饱满的白葡萄酒不要一直放在冰桶里，过低的温度导致葡萄酒馥郁的香气无法完全释放，使客人不能完全领略其风味，而这一点往往会被忽略。因此，在服务过程中，所有的白葡萄酒一律被放入冰桶的做法是不正确的。

在餐厅中常见的现象是客人自带葡萄酒，在没有保温箱的条件下，往往温度达不到要求，最主要的问题是温度过高。例如夏日从室外带进来的红葡萄酒，已经超过了适饮温度，应该通过短暂的冰镇，使其温度下降至凉爽室温。常温的白葡萄酒想要达到适饮温度需要的时间更长，为了加快这个过程，可以在冰水混合物中加入大量食盐，因为盐水降温的速度快。

使用冰桶时，一是要注意冰和水的比例通常为1:1，这样形成的冰水混合物才能有效使葡萄酒降温，冰块过多会减少接触面积；二是要尽量使葡萄酒浸没于冰水中，如果条件受限不能做到，则要适当转动酒瓶，使酒液均匀受冷。

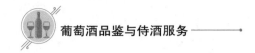

五、侍酒服务

引导问题 7： 整瓶的葡萄酒，每个客人倒多少酒合适？单杯葡萄酒呢？

_____

_____

小提示：

通常一瓶酒的容量为 750 毫升，一般可以倒出 6~8 杯。侍酒师在进行斟酒服务时，要考虑在座客人的人数，比如 8 位客人点了一瓶葡萄酒，要控制每一杯的量，确保每一位客人都能分到适量酒，避免出现最后有客人没有酒的尴尬局面。一瓶酒快要倒完的时候，要提前与客人沟通，询问客人是否需要续加一瓶，以便提早做准备，保证葡萄酒的持续供应。

单杯卖的酒每一杯的量要有标准，通常多于平日倒酒的量。一瓶标准的葡萄酒是 750 毫升，如果按照售卖 5 杯计算，除去用于品尝的 30 毫升，每一杯还可以倒 120 毫升。每个员工都应该得到相应的培训，保证客人每次得到等量的酒。侍酒师服务单杯卖的葡萄酒时，可以适当灵活，比如最后一杯酒有剩余可以给客人多加一些，但是要和客人说明。每个餐厅或者酒店有自己的标准，售卖的价格也要按照标准计算，并培训员工按照标准倒酒。

在西餐等服务场合，斟酒一般是按照国际标准，但是在中餐厅和宴会等服务场合，客人时常有"干杯"的习惯，往往要求服务人员一次倒少量葡萄酒，待客人完成"干杯"后要立即续酒。这种情况下，服务人员要侍立在旁，随时倒酒。

引导问题 8： 服务过程中，侍酒师有哪些需要注意的行为标准？斟酒服务时如何才能保证不滴酒？

_____

_____

小提示：

侍酒师要遵循相应的服务标准，比如服务时从客人的右侧进行，行走时按照顺时针方向，服务时接近客人要说"您好，打扰一下……"以提醒客人注意，仪态自然大方，保持微笑。

除此之外，由于侍酒服务在人们心目中是非常优雅的，侍酒师要体现礼仪和风范，这就要求平日多加练习，才能驾轻就熟，例如开酒的流畅程度，握瓶的姿势，斟酒时的干净和连贯性等。斟酒时要手握酒瓶的下方或底部，酒标时刻朝向客人；一脚在前，一脚在后，略微倾身站在客人右手边；斟酒时不疾不徐，对准酒杯正中间，不要碰到杯口，控制好酒液的流速保持稳定；斟酒结束时将瓶口微微转动并顺势上提，另一只手里的酒巾随即跟上，擦拭瓶口的酒液。这个斟酒的过程平日可以用自来水来练习。第一次斟酒结束，每个客人杯中酒的量要保持一致。

引导问题 9： 如何掌握斟酒的时机？

_____

_____

小提示：

基本原则是先酒后餐。客人点单结束之后立即进行侍酒服务，给客人斟倒第一轮葡萄酒，之后可以选择在上菜的间隙倒酒。对于正式的西式晚宴，每道菜搭配一款酒，其中搭配的葡萄酒要在每道菜上菜之前倒酒。另外侍酒师要观察客人喝酒的进度，并留意客人发出的信号，掌握斟酒的节奏。斟酒过慢显得服务不及时，客人举杯杯中无酒，斟酒过快则会加快宴会的进程，没有留给客人足够的时间进行交谈，仿佛在催促客人。因为每位客人酒量不同，侍酒师斟酒时应细心观察，灵活调整，避免造成浪费。

斟酒时如果客人正在热烈地交谈，侍酒师应避免打扰，可以稍候一下，或者先给其他客人倒酒。

引导问题 10： 一瓶酒倒完，开启新的一瓶酒时需要注意哪些问题？

_____

_____

小提示：

每一瓶新开启的葡萄酒都要经过试酒，与客人确认酒的品质；也可征得客人同意，由侍酒师代为试酒。每次试酒都要用新杯子。

试酒结束后，如果不更换葡萄酒，可以不换杯子。如果客人更换了葡萄酒，则需要更换所有的酒杯。如果客人杯中有剩余，则要保留原有的杯子，再增加一个新杯子，注意标记，以方便客人辨认。

如果新开启的葡萄酒需要醒酒，应该计算出醒酒所需时间，提前安排开酒和试酒。

引导问题 11：在试酒过程中，如果客人提出葡萄酒质量有问题，该如何处理？

_____

_____

小提示：

葡萄酒运输和储藏过程中是存在风险的，因此偶尔会出现坏瓶的现象，如木塞污染、氧化、酒液浑浊等问题导致的坏瓶。如果客人提出质疑，侍酒师应对葡萄酒进行品鉴，确认出现质量问题，要立即为客人更换一瓶新的葡萄酒。这个时候应尽量向客人推荐其他类似风格的葡萄酒，因为同一款酒尤其是同一批次的酒可能存在类似的风险。出现问题的葡萄酒应联系供应商进行换货。

引导问题 12：点单时如果客人提出想先品尝，再决定买哪一款葡萄酒，该怎么处理？

_____

_____

小提示：

一般情况下，整瓶卖的葡萄酒是不可以答应客人品尝之后再决定是否购买的。因为一旦打开之后，客人不想购买，不便于二次销售。侍酒师可以询问客人的个人偏好，选择一些单杯卖的葡萄酒提供给客人品尝，从而确立客人喜欢的风格，最后为客人提供选酒的建议。

引导问题 13：如果客人要求打包葡萄酒，需要注意哪些问题？

_____

_____

小提示：

第一，防止碰撞。可以使用充气袋，用来保护每一瓶葡萄酒。如果要装进纸箱，可以使用泡沫来进行填充，起到固定和缓震的作用。

第二，保温。如果打包的葡萄酒是用于外卖等场合，需要维持葡萄酒在适饮温度，则要用到保温箱。

第三，已开瓶的葡萄酒。为客人开酒之后，酒塞不要扔掉，如果客人要打包，需要把原来的酒塞塞回去，再给客人打包。已开瓶的葡萄酒要直立打包，避免出现酒液渗漏等情况。

六、评价反馈

表4-20　工作计划评价表

工作计划评价项目	分数					
	优	良	中	可	差	劣
	10	8	6	4	2	0
1. 材料及消耗品记录清晰						
2. 使用器具及工具的准备工作						
3. 工作流程的先后顺序						
4. 工作时间长短适宜						
5. 未遗漏工作细节						
6. 器具使用时的注意事项						
7. 工具使用时的注意事项						
8. 工作安全事项						
9. 工作前后检查改进						
10. 字迹清晰工整						
总分						
等级						
A=90分以上；B=80分以上；C=70分以上；D=70分以下；E=60分以下。						

表4-21　对客沟通评价表

对客沟通评价项目	是	否
1. 使用礼貌用语和规范语言		
2. 恰当的身体语言		
3. 适当的眼神交流		
4. 集中精力，不走神		
5. 轻松自如的交谈氛围		
6. 判断顾客身份的能力		

对客沟通评价项目	是	否
7. 清晰的表达能力		
8. 掌握工作节奏的能力		
9. 根据规定穿着工作服装，符合侍酒师仪容仪表规范		
10. 随时注意保持个人清洁卫生		
总分		
等级		

A=90 分以上；B=80 分以上；C=70 分以上；D=70 分以下；E=60 分以下。
每一项"是"者得 10 分，"否"者得 0 分。

表 4-22 学习态度评价表

学习态度评价项目	分数					
	优	良	中	可	差	劣
	10	8	6	4	2	0
1. 言行举止合宜，服装整齐，容貌整洁						
2. 准时上下课，不迟到早退						
3. 遵守秩序，不吵闹喧哗						
4. 学习中服从教师指导						
5. 上课认真专心						
6. 爱惜教材教具及设备						
7. 有疑问时主动要求协助						
8. 阅读讲义及参考资料						
9. 参与班级教学讨论活动						
10. 将学习内容与工作环境结合						
总分						
等级						

A=90 分以上；B=80 分以上；C=70 分以上；D=70 分以下；E=60 分以下。

表4-23 总评价表

评分项目	单项得分	单项等第	比率（%）	单项分数	总分	等级
1.服务流程			40%			□A
2.工作计划			20%			□B □C
3.对客沟通			20%			□D
4.学习态度			20%			□E
总评	□合格		□不合格			
备注						
A=90分以上；B=80分以上；C=70分以上；D=70分以下；E=60分以下。						

七、相关知识点

（一）餐桌侍酒服务步骤

（1）点单。侍酒师与客人沟通，确定酒款。有些客人会先选酒，有些客人则先点菜，再选酒。

（2）取酒。去葡萄酒储藏柜或者酒窖等处取出客人所选的葡萄酒，核对好酒款，过程中注意不要摇晃酒瓶。

（3）其他同事协助准备合适的酒杯。

（4）侍酒师检查酒刀、酒巾、冰桶、醒酒器等器具是否已准备齐全。

（5）冰桶通常放在主人的右手边，或者他处靠近此桌客人且不妨碍服务的地方。

（6）将酒出示给点酒的人并重新确认酒款信息。

（7）开酒，并请点酒的人试酒，试酒的量大约为30毫升。

（8）开酒产生的锡封等垃圾要放进口袋或者边台。

（9）经过客人同意之后，侍酒师试酒。

（10）开始斟酒。先从最尊贵的客人开始，先女士后男士，先宾客，后主人。

（11）斟酒时站在客人右侧，动作要稳，避免滴洒酒液。

（12）沿顺时针方向行走。如果不是非常正式的场合，可以征得客人同意之后，从主宾或者一位女客人开始，逐个为客人斟酒，而不需要持续转圈。

（13）一瓶标准葡萄酒大约倒6~8杯，侍酒师要根据具体人数控制倒酒的量。

（14）一瓶酒斟倒完毕之前，要提醒客人是否需要续酒，如果是，则提前做好准备。

（15）倒完一圈之后，在不妨碍客人用餐或者视线交流的情况下，可以将葡萄酒置于客人桌上，靠近主人放置；否则可以放在靠近客人的边台上，做好标记。

（16）如果使用醒酒器，要检查醒酒器是否干净无水渍。

（17）如果客人更换酒款，则要更换所有的杯子，新杯子要做好标记，避免弄混。

（18）侍酒过程中要保障葡萄酒的适饮温度。

（19）保证每道菜上菜之前，酒水斟倒完毕，先酒后菜。

（20）观察客人用餐进度，控制好节奏，既要保证客人的酒水供应，又要避免倒酒过快，使客人产生被催促的感觉。

（21）根据每个客人的酒量，灵活掌握倒酒的量和次数。

（22）保存好客人的酒塞，如果客人需要打包服务，要保证客人的酒尽量完整的状态。

（二）不同酒款的服务顺序

（1）先干型酒后甜型酒。如果先喝甜型酒，再喝干型酒的时候会感到酸涩难以下咽，难以体会到后者真正的风味特色。

（2）先白葡萄酒后红葡萄酒。首先是因为白葡萄酒酸爽开胃，能够唤醒口腔，还能搭配清爽的开胃菜和海鲜类菜肴。其次是因为白葡萄酒不含单宁或单宁含量极少，酒体较轻，不会影响对红葡萄酒的品鉴感受。

（3）先轻酒体，后浓郁酒体的葡萄酒。对味觉的刺激一步步加重，循序渐进。

（4）先未经橡木桶陈酿的，后橡木桶陈酿的葡萄酒。经过橡木桶陈酿的葡萄酒，酒体更圆润饱满，风味更复杂。

（5）先年轻易饮的，后浓郁复杂需要醒酒的。醒酒时间不充分时，可以给后者留出更多的醒酒时间。

（三）杯卖酒服务

杯卖酒是近几年在国内高端酒店兴起的一种消费形式，由于可以分杯零点，价格实惠，深受消费者的喜爱。

1. 杯卖酒

杯卖酒也称"店酒"（House Wine），是指在酒店中以平价单杯方式出售的葡萄酒。店酒最早是指某些餐厅自酿的葡萄酒，因价格便宜且具有自己的特色，渐渐受到欢迎。现在各大酒店用的店酒通常是集中采购的指定酒款，保留了较高的性价比，通常是指酒店里最便宜，风格简明易饮，并且可以单杯卖的葡萄酒。相较于整瓶酒，杯卖酒更适合用于搭配晚餐中不同的菜肴，价格合理易于接受，也有助于顾客尝试不同的酒款，迎合了消费需求多元化的趋势。

2. 杯卖葡萄酒的类型

杯卖葡萄酒常有以下特征：

（1）价格适中。餐厅通常选用价位在 200~800 元的葡萄酒，每杯售价50~200 元不等。若杯卖价格较高，也会形成一定的消费压力，从而导致滞销。

（2）口感适中、简单易饮。选作杯卖的葡萄酒通常酸度适中、果香清新、单宁柔和，适合配餐。杯卖酒与酒店的特色菜肴相搭配可以很大程度提高客人的用餐体验，从而提升餐厅的品质和口碑。

（3）静止酒居多。由于起泡酒开瓶后气泡容易散失，因此，大部分杯卖酒以红、白和桃红葡萄酒为主。当然，也有部分餐厅将少量起泡酒用作杯卖，以满足消费的多样性。

3. 杯卖葡萄酒的服务与保存

（1）斟酒量：杯卖酒的斟酒量一般建议比正常量稍多，通常可为杯子容量的 1/2 或者 2/3，一瓶 750 毫升的葡萄酒建议斟倒 4~6 杯。

（2）开瓶后的保存：开瓶后，葡萄酒的香气会逐渐散失。为保持葡萄酒的品质，可采用保鲜分杯机，这类机器可为已开瓶的葡萄酒及时补充惰性气体，截断葡萄酒与氧气的接触，从而延长开瓶后葡萄酒的保存时间。另外，真空抽气酒塞也可适当延长葡萄酒的保存时间，但保鲜时间相对较短。葡萄酒需置于阴凉处，尽快消费，以免影响顾客的品酒效果。目前，市场上还出现了一种名为 Coravin 的"取酒器"，它由不锈钢和铝合制而成，通过将一根细长且耐用的吸管插入软木塞中取出葡萄酒，吸出葡萄酒的同时，补入氩气，将酒液与空气隔绝，从而阻止酒液氧化。此种方法无需开瓶，但成本较高，也有一定的风险。

（四）补充知识

（1）并非红葡萄酒就不能冰镇，而白葡萄酒就要一直冰镇。摒弃因循守旧的做法，具体情况具体分析，根据每个品种甚至每一瓶酒提出最佳的解决方案。

（2）白葡萄酒的杯型通常比红葡萄酒小，起泡酒的杯型则更加细长。在斟倒白葡萄酒和起泡酒的时候，每次倒酒量要适当减少，这样做是为了更好地维持杯中酒的温度，避免客人还没有喝完，温度就上升，超过了适饮温度。

任务四　酒单设计与管理

一、任务情境描述

你是一家侍酒顾问公司的侍酒师，平时的工作主要是为不同类型的餐厅制作符合每个餐厅风格与需求的酒单。以下有几个餐厅的酒单，需要你完成制作。

酒单的制作的过程应能够符合《葡萄酒推介与侍酒服务职业技能等级标准（2021年1.0版）》和《SB/T10479—2008饭店业星级侍酒师技术条件》等相关标准要求。

二、学习目标

通过完成该任务，能够掌握标准酒单的构成，独自熟练制作酒单；能够根据不同餐厅的定位，制作满足各个餐厅客人与业主需求的特色酒单；能够展开想象力，为更加潮流化的葡萄酒吧、餐吧设计更加独特、有卖点的葡萄酒单。

具体要求如下：

表 4-24　具体要求

序号	要求
1	能依据餐厅定位确定酒单所需的酒水类型及数量。
2	能根据餐厅菜肴风味选择合适的酒款。
3	能根据酒款的采购成本及餐厅的利润要求制定合适的酒水售价。
4	能确保酒单上的酒款信息准确无误。
5	能根据餐厅的菜单变化和酒水库存及时更新酒单。
6	能根据餐厅的规模和需求印制适当数量的酒单。

三、任务分组

表 4-25　学生分组表

班级		组号		指导老师		
组长		学号				
组员		学号	姓名	角色	轮转顺序	
备注						

表 4-26　工作计划表

工作名称：			
（一）工作时所需工具			
1	6	11	16
2	7	12	17
3	8	13	18
4	9	14	19
5	10	15	20
（二）所需材料及消耗品			
名称	说明	规格	数量

续表

序号	工作步骤	卫生安全注意事项	工作注意事项
1			
2			
3			
4			
5			
6			

（三）工作完成步骤

注意：现在你已经完成你的作业，请不要着急提交，先思考一下，有没有其他更好的办法呢？有没有遗漏呢？请将你的作业交给老师，然后再开始工作。

四、酒单设计与管理

引导问题 1： 酒单的作用有哪些？

_____

_____

小提示：

酒单是餐厅与客人间沟通的重要媒介，是客人选择餐酒和搭配菜品的载体。一份高质量的酒单有助于客人了解餐厅或酒吧的酒水特点，有助于侍酒师为顾客进行良好的酒水推荐，也是考验侍酒师功力的黄金标准。

引导问题 2： 酒单设计时应当包括哪些内容？

_____

_____

小提示：

一份酒单应当包含酒款名称、产区、国家、年份、价格等信息。各类信息应准确无误，并准确标明是否有服务费，是否含税等内容。酒单设计时，应注重在葡萄酒文化、普及性、酒款质量和顾客消费偏好等方面做好平衡。例如撰写一小段描述酒款的文字，不仅可以让客人很快了解酒款的风格，同时可以拉近侍酒师与客人的距离。

引导问题 3：酒单设计时应选择多少数量的酒款呢？

————————————————————————————

————————————————————————————

小提示：

酒单中的酒款数量多少通常被称为酒单的大小。酒单的大小应当与餐厅的定位相符合，确定酒单中的酒款数量是制作酒单的第一步。不同的餐厅可以根据餐厅定位设计来选择符合自身特色数量的酒款，通常国内一份大酒单不少于 300 款酒。此外还有中小型酒单，不同的系统对数量规定有所不同。例如，中国年度酒单大奖中的最佳小型葡萄酒酒单最多只能有 50 款葡萄酒，最佳中型葡萄酒酒单最多只能有 100 款葡萄酒。

引导问题 4：一份传统的大酒单结构包含哪些内容呢？

————————————————————————————

————————————————————————————

小提示：

一份传统的大酒单结构通常包括前言（特色及设计思路与团队）、目录、杯卖酒、Coravin 稀有酒杯卖酒单（新的风潮）、特殊瓶型（特殊大小的瓶型通常非常有吸引力）、起泡酒、白葡萄酒、红葡萄酒、甜酒、加强酒、烈酒。不同的餐厅可以根据定位，在大酒单的基础上调整酒款的结构内容和酒款数量，从而形成符合餐厅特色的酒单。

引导问题 5：酒单设计时，酒款如何进行定价呢？

————————————————————————————

————————————————————————————

小提示：

因为如今商业模式越来越多样，酒单定价不能一概而论。有的餐厅以葡萄酒招揽顾客，有的餐厅有较高的固定成本，通常会以成本利润率的方法进行定价。如何定价无可厚非，但是可以肯定的是，较低的定价反映在市场上一定会带来更好的销量。

引导问题 6：作为侍酒师，你需要为一个拥有 4 家高级餐厅的传统酒店做一本大酒单，请详细阐述酒单的制作思路。

————————————————————————————

————————————————————————————

小提示：

一本出色的传统大酒单，需要非常严密的结构。大酒单通常是指拥有悠久沉淀的工具书般厚重的酒店酒单。不同的系统对大酒单会有不同的定义，国内酒店使用的大酒单通常不会少于 300 款酒。

通常大酒单的国家排序都是从传统葡萄酒生产国或地区开始，之后为新兴的葡萄酒生产国或地区。由于酒店／餐厅所在国家、地区或酒店／餐厅特色原因，酒单的排序可以进行调整。

此外，以口味或品种来制作葡萄酒单的逻辑通常不太适用于大酒单，因为使得相关的酒窖管理变得更加复杂，但在单店或中型酒单中则较为常见。

引导问题 7： 你为一家新晋的意大利米其林餐厅的侍酒师，要为餐厅制作一份大酒单，请详细阐述酒单的制作思路。

_____

_____

小提示：

意大利作为传统产酒大国，拥有世界上最多的酿酒葡萄品种和最复杂的葡萄酒评定体系。著名的意大利巴罗洛（Barolo）、阿玛罗尼（Amarone），以及西西里的马萨拉（Marsala）甜酒，都有不少的拥趸，同时意大利美食富有声誉，拥有极强的本地特色。所以意大利餐厅的酒单，可以多突出意大利的特色，例如意大利知名度最高的干红分别出产于三个主流产区——皮埃蒙特、威尼托、托斯卡纳，简称 ABBBC，完全可以此作为酒单的主体。因此该酒单在设计时可以按照产区进行酒单排序，给客人更加直观的感受，形成一定的特色。

阿玛罗尼（Amarone）葡萄酒因其特有的风干法酿造工艺而制成的浓郁甜美的口感广受赞誉，巴罗洛（Barolo）与巴巴莱斯科（Barbaresco）葡萄酒以 Nebbiolo 品种为主，酒体轻，单宁强，以红色水果和香料香气为主，有着意大利酒酒王和酒后的美誉。布鲁奈罗（Brunello di Montalcino）与基安蒂（Chianti）葡萄酒出产于托斯卡纳产区，香气与巴罗洛（Barolo）类似，但是口感更加浓郁丰富。值得一提的是，托斯卡纳产区经常出品以赤霞珠和梅洛等国际品种酿造的干红，俗称超级托斯卡纳，因其不输波尔多、纳帕等国际主流产区的口感而广受好评。这些酒款通常都饱满强劲，可以选择一些上了年份的珍藏。

起泡酒的选择比较广泛，除了各种餐厅常见的香槟以外，更具有意大利特色的伦巴第产区的弗朗恰科塔（Franciacorta）传统法起泡酒风格与香槟类似，丰富的酵母香气与绵密的泡沫在餐配酒方面选择广泛。威尼托产区的普罗塞克（Prosecco）起泡酒由于发酵方式以大罐法为主，果香更简单易饮。皮埃蒙特的莫斯卡托阿斯蒂（Moscato d'Asti）微起泡酒以其丰富的荔枝花香与半甜的口感成为众多意大利餐厅的必备酒款。

意大利白葡萄酒的整体风格以清爽为主，也会有部分新兴酒庄制作饱满圆润的风格。威尼托、特伦蒂诺产区的干白适合搭配海鲜为主的地中海菜式，意大利东北部产区弗留利以其浸皮酿造的白葡萄酒（又称橘酒）闻名，在原有果干风味的基础上又增添了橘酒独有的单宁口感，使配餐选择更加多变。这种以农业复兴为旗号的复古产品，是意大利如今一大特色，非常受年轻人追捧，可以当做一个特色进行标注。

与此同时，意大利有非常多历史悠久的烈酒和加强酒值得放入你的酒单，格拉巴酒（Grappa）、马萨拉（Marsala）甜酒，或者桑布卡（Sanbuca）茴香酒都是受当地人喜爱的饮品。

引导问题 8：你为一家家庭式的传统西班牙餐厅制作一款大酒单，请详细阐释你的理由。

_____

_____

小提示：

西班牙虽然是传统的产酒大国，但是由于产区与品种较为复杂，所以一直不为人所熟知。西班牙知名度最高的干红分别出产于两个主流产区，里奥哈与杜埃罗河谷。前者可以说是西班牙在葡萄酒世界奠定了国际地位的产区，出产的葡萄酒有浓郁的橡木桶气息，更偏向太妃糖般细腻的口感，无论是红葡萄酒还是白葡萄酒都有非常出色的表现。杜埃罗河谷也因为某些顶级的西班牙酒庄而渐渐为人所熟知，如"两大酒王"Dominio de Pingus、Bodegas Vega Sicilia 等，它们都是西班牙餐厅酒单脸面般的存在，产区自然也名声大噪。

以上两个产区奠定了一个西班牙餐厅的酒单主调，但西班牙除了这些传统产区外还涌现出非常多有探索精神的产区，如今有非常多新派的酿酒师投身到这片大地，创新与探索成为现代西班牙酿酒的代名词。作为一本优秀的酒单，我们应该将这些产区加以突出，例如 PRIORAT 产区出产的许多高萃取的浓郁风的歌海娜，如今已经成为葡萄酒世界一面新的旗帜。这个产区的出品与上面提到的两个产区一道，为西班牙烹饪的肉食主菜提供了丰富的搭配选择，非常适合加泰罗尼亚内陆菜和西班牙特色的羊排或野味。

西班牙白葡萄酒和起泡酒的整体风格以清爽为主，西班牙东西海岸的海产有所区别，东靠地中海，西临大西洋，葡萄酒的产出也有一些区别，东边以卡瓦（Cava）起泡酒闻名，而更靠近西北的产区更加阴冷，下海湾的阿尔巴利诺（Albarino）以及比埃尔索（Bierzo）的格德约（Godello）等品种非常出众，对于拥有大量海鲜菜肴的西班牙来说，选择无疑已经足够丰富。

同产区的冷凉风格的门西亚（Mencia）红葡萄酒同样十分值得关注，轻盈优雅的 Mencia 在如今的西班牙酒单中已经变成了不可或缺的一部分。Mencia 不仅酒体适中，可以搭配一些禽类和重调味的海鲜，同时改变了西班牙红葡萄酒在人们心中厚重老派浓郁的形象。

在做西班牙酒单时，除了这种特色产区，还有非常多的千奇百怪的酿酒师能为酒单增加卖点，如劳尔·佩雷斯（Raul Perez）会将自己的葡萄酒装瓶后浸在深水中陈年，又有人以山体为容器酿造葡萄酒，都为丰富酒单增添了趣味。

另外不要忘记的是西班牙出现了越来越多的 PAGOS，这些新兴产区的新兴酒庄，也将极大丰富你酒单的趣味性。

当我们解决了搭配加泰罗尼亚内陆菜或是巴斯克精致美食的红葡萄酒单，又拥有了可以搭配地中海、大西洋两个海域菜肴的白葡萄酒时，我们依然不要忘记西班牙大部分地区的酒馆中还是延续着享用 TAPAS 这种美食的传统，小小的分量，但变化多端。足够多的杯卖，不失为搭配这种美食的最好的尝试。

西班牙白葡萄酒的整体风格以清爽为主，也会有部分新兴酒庄倾心于饱满圆润的风格。下海湾干白适合搭配海鲜为主的地中海菜式，里奥哈产区的干白更易受橡木桶影响，口感更加饱满，香气更偏向饼干黄油。

西班牙知名度最高的干红分别出产于三个主流产区：里奥哈、普里奥拉托（位于加泰罗尼亚）、拉曼恰。里奥哈出产的葡萄酒有浓郁的橡木桶气息，更偏向太妃糖般细腻的口感；普里奥拉托葡萄酒通常以歌海娜为主要葡萄品种，口感更佳甜美；拉曼恰产区以国际品种为主，风格更加轻松易饮，因其产量巨大，所以价格更低，是平价酒的上佳选择。

在年份选择上，由于红葡萄酒较强的单宁感需要时间软化，所以推荐5~10 年的干红比较适宜，白葡萄酒风格更加清新，所以新年份就比较适宜。

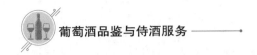

引导问题 9： 虽然酒款的选择非常有趣，但老套的排版方式似乎都太过无聊了，可以使用哪些不落俗套的方式来增加酒单的趣味性呢？

_____

_____

小提示：

除了刻板的酒单排版外，我们可以使用大量的插画形式来装饰与丰富酒单。

插画的主题可以根据餐厅的特色而定，除了食物是一个特色切入点外，国家的特有的文化或是餐厅的装修都可以成为插画的切入点。如果大酒单使用酒店是一个电影主题酒店，我们就可以利用好莱坞经典影片中出现的场景来带入酒店，比如《007》中经常出现的 Bollinger 香槟，《了不起的盖茨比》中出现的 Moet 香槟等。若是意大利餐厅，可以变成意大利旅游地图。西班牙酒店可以开胃酒为序曲，带入一场弗拉明戈的演出。

除此之外，还有人会以葡萄酒的发展史为时间线做大酒单，目录从6000BC（公元前 6000 年）格鲁吉亚酒开篇，然后来到公元前的希腊作为第一个篇章，然后按照罗马帝国的发展史，将葡萄带到欧洲大陆的每个角落，这就是如今的意大利。再之后便到了宗教控制的葡萄酒园的中世纪，这个部分我们将看到大量西多教会的领地，也就是勃艮第。时间离我们越来越近，1600—1855 年，现代的波尔多雏形初现。与此交织的事情，便是伟大的大航海时代，水手们带着马德拉开始扬帆起航。1540 年到如今，我们发现了新世界，这又是一个新的篇章。

我们看到这个酒单的目录和内容完全没有按照传统老套的酒单排版走，其中可以加入大量历史的插画，内容包含宗教、历史、战争、文明兴衰。材质可以使用羊皮纸。酒单的内容叙述了葡萄酒的发展史，也同时叙述了西方的发展史，情节激荡，宛如史诗。

这样的大酒单就是一种有趣的、使客人感兴趣的好酒单。

	序幕：在故事开始前，不如我们先喝上一杯
6000 BC － 1000 BC	第一章：自然的起源 1.从中亚到格鲁吉亚 2.自然酒革命
550 BC － 100 BC	第二章：孪生兄弟 3.希腊文明崛起
500 BC － 850 AD	第三章：罗马帝国 4.从西西里到亚平宁半岛昌盛 5.神圣罗马帝国的雷司令
775 AD － 1400 AD	第四章：僧侣与弥撒 6.勃艮第公国
1600 AD － 1855 AD	第五章：那些贵族们 7.从波尔多的荷兰人开始讲起
1387 AD － 1675 AD	第六章："扬帆吧，水手们" 8.加强酒！航海家之酒 9.后来的西班牙
1540 AD － Today	第七章：发现新大陆 10.美国：葡萄酒新贵 11.澳洲的淘金热 12.智利与阿根廷：说西班牙语的国际品种 13.新西兰：回归纯净
	永不谢幕：从一杯餐后烈酒开始的夜生活

图 4-7　大酒单样例

引导问题 10：一个以生物动力法或自然酒为主题的餐厅酒吧，如何去做一份有趣的酒单？

_____

_____

小提示：

如我们之前所讲，有趣的选品当然是一个酒单的核心。自然酒或生物动力法的酒单因为是当下大热的话题，选品上自然更要精益求精。

除此之外，形式也非常重要，如酒单可以设计成跟生物动力法日历相接近的，某些口味的葡萄酒可以和某些星座相对应，酒单的形式也可以设计成星盘的样式。或者跟口味挂钩，某些偏果味的酒，划分在果日饮酒的推荐部分，某些偏花香的酒，划分在花日饮酒的部分等。

表4-27 工作计划表

工作名称：			
（一）工作时所需工具			
1	6	11	16
2	7	12	17
3	8	13	18
4	9	14	19
5	10	15	20
（二）所需材料及消耗品			
名称	说明	规格	数量
（三）工作完成步骤			
序号	工作步骤	卫生安全注意事项	工作注意事项
1			
2			
3			
4			
5			
6			
注意：现在你已经完成你的作业，请不要着急提交，先思考一下，有没有其他更好的办法呢？有没有遗漏呢？请将你的作业交给老师，然后再开始工作。			

五、评价反馈

表4-28 工作计划评价表

工作计划评价项目	分数					
	优	良	中	可	差	劣
	10	8	6	4	2	0
1. 材料及消耗品记录清晰						
2. 使用器具及工具的准备工作						
3. 工作流程的先后顺序						
4. 工作时间长短适宜						
5. 未遗漏工作细节						
6. 器具使用时的注意事项						
7. 工具使用时的注意事项						
8. 工作安全事项						
9. 工作前后检查改进						
10. 字迹清晰工整						
总分						
等级						
A=90分以上；B=80分以上；C=70分以上；D=70分以下；E=60分以下。						

表4-29 卫生安全习惯评价表

卫生安全习惯评价项目	是	否
1. 正确使用规定器具，不随意更换		
2. 器具及材料放于适当位置并摆放整齐		
3. 操作时，集中精神，不嬉闹		
4. 操作过程中不擅自离岗		
5. 不以任何物品或肢体接触运转中的器具或设备		
6. 玻璃器皿等器具摆放之前检查是否干净安全		

续表

卫生安全习惯评价项目	是	否
7. 根据规定穿着工作服装，符合侍酒师仪容仪表规范		
8. 对工作环境进行规范和整理，保持清洁安全		
9. 随时注意保持个人清洁卫生		
10. 恰当清洗及保养器具		
总分		
等级		

A=90分以上；B=80分以上；C=70分以上；D=70分以下；E=60分以下。
每一项"是"者得10分，"否"者得0分。

表 4-30　学习态度评价表

学习态度评价项目	分数					
	优	良	中	可	差	劣
	10	8	6	4	2	0
1. 言行举止合宜，服装整齐，容貌整洁						
2. 准时上下课，不迟到早退						
3. 遵守秩序，不吵闹喧哗						
4. 学习中服从教师指导						
5. 上课认真专心						
6. 爱惜教材教具及设备						
7. 有疑问时主动要求协助						
8. 阅读讲义及参考资料						
9. 参与班级教学讨论活动						
10. 将学习内容与工作环境结合						
总分						
等级						

A=90分以上；B=80分以上；C=70分以上；D=70分以下；E=60分以下。

表4-31　总评价表

评分项目	单项得分	单项等第	比率（%）	单项分数	总分	等级
1.服务流程			40%			□A
2.工作计划			20%			□B
3.对客沟通			20%			□C □D
4.学习态度			20%			□E
总评	□合格		□不合格			
备注						
A=90分以上；B=80分以上；C=70分以上；D=70分以下；E=60分以下。						

六、相关知识点

"年度酒单大奖"（Wine List of the Year Awards）由 Tucker Seabrook 公司（创建于1838年）于1994年成立，旨在对每年特定地区和国家的优质酒单进行表彰和奖励。

2012年，国际年度酒单大奖的创办者 Rob Hirst 和中国侍酒师大赛的创办者林志帆先生发起了首届中国年度酒单大奖（2013年度），由此开启了酒单大奖在大中华区的每年一度的航程。

值得一提的是，基于酒单背后的葡萄酒团队及酒窖在统筹及投资方面的重要性，2020年，酒单大奖设立新奖项——"中国年度杰出餐饮管理者"。该奖项将颁发给提名餐厅的老板、餐饮总监或葡萄酒经理，共设2个获奖名额。这一新奖项，是对老板、餐饮总监和葡萄酒经理为中国最佳葡萄酒单所做贡献的认可、奖励和尊敬。

任务五　活动策划与管理

一、任务情境描述

你是海思酒店的首席侍酒师，旧的一年即将过去，新的一年即将到来。今天你需要和餐饮总监、各个餐厅的经理及侍酒师一起制定新的一年的促销计划，以帮助酒店在新的财务年实现酒水业务的增长以及稳定的获客。

除此之外，你应在新的一年中利用商业资源尽自己所能地多策划小型葡萄酒晚宴，增加酒店葡萄酒高净值客户的黏度。与此同时，新的一年，你要协助宴会部门完成已经预订好的重要的商务客户的大型宴会的酒水服务，以及策划公司的大型酒展服务。

促销计划制定的过程中应能够符合《葡萄酒推介与侍酒服务职业技能等级标准（2021 年 1.0 版）》和《SB/T10479—2008 饭店业星级侍酒师技术条件》等相关标准要求。

二、学习目标

通过完成该任务，理解促销活动的意义及目的，能够独立策划营销活动，为公司带来利益。

通过完成该任务，能够独立策划葡萄酒晚宴，帮助团队完成含有葡萄酒服务的大型宴会，以及有能力帮助进口商、策划公司完成大型葡萄酒展会等。

具体要求如下：

表 4-32　具体要求

序号	要求
1	能够根据餐厅的定位和特色，选择合适的合作伙伴或平台策划并开展日常促销活动。
2	能够根据餐厅定位与不同节日特点，准确选择和设计节日促销活动，能根据促销活动方案，提前准备相应酒款，确保供应充足。

续表

序号	要求
3	若餐厅为主办方，能够根据活动的主题和形式，设计适合的活动内容和流程及制定合理的预算方案。
4	若餐厅为承办方，能够与主办方有效沟通，全面掌握宴会的人数、桌数、主要参与人员、酒款要求、菜品要求、预算和其他特殊需求。
5	能够根据活动方案，提前安排人数适宜的工作团队，确保团队成员明晰各自的工作职责。
6	若餐厅为主办方，能够根据活动期间的菜品搭配合适的酒款，做好酒水安置，提前准备充足的器具，在活动前将酒水准备妥当，核查侍酒服务中的重要事项，包括温度、醒酒时间、倒酒时机等。
7	能够确保宴会过程中合适的环境温度和酒水温度，正确把握每款酒的服务时机，留意活动进程中每款酒的用量，保证每位需要饮酒的客人都能享用到。
8	能够应对一些突发情况，如客人数量临时增减、酒款增减或改变、宴会时间改变等。同一场地后续还有其他活动时，能提前准备并协调各方及时整理和布置场地。

三、任务分组

表 4-33 学生分组表

班级		组号		指导老师	
组长		学号			
组员		学号	姓名	角色	轮转顺序
备注					

表4-34　工作计划表

工作名称：			
（一）工作时所需工具			
1	6	11	16
2	7	12	17
3	8	13	18
4	9	14	19
5	10	15	20
（二）所需材料及消耗品			
名称	说明	规格	数量
（三）工作完成步骤			
序号	工作步骤	卫生安全注意事项	工作注意事项
1			
2			
3			
4			
5			
6			
注意：现在你已经完成你的作业，请不要着急提交，先思考一下，有没有其他更好的办法呢？有没有遗漏呢？请将你的作业交给老师，然后再开始工作。			

四、促销方式

引导问题1：促销的目的是什么？

小提示：

促销的目的是为了提高酒店与餐厅的收入。

引导问题 2： 低价促销一定意味着餐厅成本增高吗？

_____

_____

引导问题 3： 圣诞即将到来，你将如何选择圣诞节促销的产品？

_____

_____

小提示：

在圣诞节，西方国家有喝香槟、甜酒、热红酒甚至蛋奶酒的传统，诸如此类的传统搭配，作为侍酒师一定要烂熟于心。

引导问题 4： 又是一年一度的情人节，你将如何选择情人节的主推产品，又会制定怎样的促销策略呢？

_____

_____

小提示：

情人节有喝桃红葡萄酒、桃红香槟的传统。传统西方节日的促销通常不太需要以打折、买赠、优惠的形式来体现。通常情况下此类传统节日无论是西餐，还是高档中餐，都是人满为患，侍酒师需要用这一天为公司谋得最好的业绩。消费者无论如何都需要美酒助兴，侍酒师只需要提前采购好适合当日消费场景的产品即可，如 Chateau Calon Segur 这种酒标上带有心形标志的传统名庄，在情人节之前无论是在进货渠道，还是零售市场都会变得抢手，需要提前准备。另外在餐厅装饰上可以增加节日气氛更浓的精选酒推车，让客人更直观地选择产品，成为客人当晚完美体验的一部分。

引导问题 5： 中国节日的消费场景与西方节日的消费场景有什么不同？

_____

_____

小提示：

如果说西方传统节日带来的更多的是在餐厅中的即时消费，中国人的节日送"礼"的习俗，就体现了酒店与餐厅侍酒师的零售功能。中秋或是春节亲人朋友相聚，自然少不了美酒相伴，但消费场景会大幅从餐厅转向家中，所以侍酒师在酒店与餐厅有条件的情况下，一定要申请在端午粽子礼盒、中秋月饼礼盒或是春节大礼包中增加一套配酒礼盒，随着如今人民生活水平的逐渐提高，对礼品葡萄酒的质量要求也越来越高。侍酒师在中国的发展也应在职能多元化与本土化方面越走越远。

引导问题 6：在我国传统的中秋节如何设置酒水类促销？

小提示：

由于"月饼"这个非常有中国特色的产品销售压力普遍存在于酒店行业，所以导致了很多侍酒师对中国传统节日礼品销售有所抵触的事实。其实，礼品配酒如果加以足够多的思考是非常有趣并有意义的项目。比如，侍酒师可以提前几个月找自己喜欢的酿酒师联合打造一款定制的 OEM 酒款，这样无论从酒与产品的口味契合性、酒标的设计、销售的噱头上都有非常多的可玩性。例如上海静安香格里拉大酒店曾在中秋节与陆壹酒庄甜酒定制了一套"陆月"月饼甜酒套装，雷司令合适的甜度与大部分月饼相宜，品种的特有的高酸度又不会使搭配过于甜腻。这套产品在问世的第一天就卖出 1600 套。为酒店增加了销售额的同时，也为客人提供了更有趣的礼品选择，侍酒师也与酿酒师产生了行业内的互动，属于一举多得的促销案例。

引导问题 7：人造节日及电商节日，侍酒师应该做哪些准备？

小提示：

中国近些年由电商兴起造节风，打造出比较重要的"520"、"521"、"双 11"、"双 12"等节日。

侍酒师首先需要辨别此类人造节日的主要战场是在线上还是线下，如"双 11"线上类节日，传统餐厅侍酒师没有必要在为了迎合这种节日的推广和促销上花时间和精力，因为当日消费者的注意力都在线上抢购打折商品，不用为了这种不符合餐厅定位的节日做太多无用功。另外，如果是线下类的节日，也要搞清楚它更深一层的性质，是单纯的刺激消费还是其中被赋予了其他的含义，比如"520"被赋予了"情人节"的特质，侍酒师就可以按"情人节"的规格去准备。

引导问题8：你知道哪些葡萄酒的节日呢？

_____

_____

小提示：

葡萄酒有一些专属的节日，例如，每年11月第三个星期四的博若莱新酒节，这一天是全球薄若来新酒上市的日子，在法国等地因为早些年的宣传，所以异常火爆，但在中国的热度相对较低。

酒店和餐厅应把握市场趋势，不可盲目参与促销，因为新酒可储藏时间短、利润空间较低，不能为酒店和餐厅带来理想的收入，还有可能影响其他酒类销售。

此外还有世界香槟日、马尔贝克日、黑皮诺日、雷司令日、霞多丽日等单一品种节日，会有特定的粉丝群体，可以做些小范围促销与推广以增加客户黏性。

引导问题9：若海思酒店有一家牛排馆恰逢淡季，又没有什么法定或传统节日，你将如何自主策划一次纯商业性的营销？

_____

_____

小提示：

商业性的营销活动可以采用主题促销的方式开展。主题促销是指主打菜品搭配主打酒款的促销方式。这种方式通常多用于西餐高价单品，西餐的明星菜品通常在市场上定位比较明晰，比如牛排馆的干式排酸牛排在市面上知名度很高，可以设计原价1988牛排配酒的促销，即牛排原价1988元不变，但再购买特定酒款可享五五折优惠。

设计此类促销活动时要注意，促销不一定要使某一方吃亏，不代表一定有损失方。

上述促销活动的具体思路如下：

如果加入的这款酒正常定价是1000元，五五折就是损失了450元的收入；但是在商业操作上完全可以变成多赢的局面，分担这部分的成本，同时把成本转化成收益。

第一步，找到供应商，让供应商让利 1000 元的 15%。

第二步，让供应商找到酒庄品牌方，让酒庄市场部让利 15%。

第三步，酒店或餐厅方自己让利 15%。这样客人就直观地享受到了 450 元的让利。

从源头开始复盘该促销活动，让利的三方其实并没有损失：

首先从酒庄的角度看，在明星餐厅搭配明星餐厅的明星菜品，做了一次长效的营销活动，搭配明星餐厅的明星菜品的酒自然也就拥有了"明星"的定位，同时增加了对进口商（供应商）的品牌支持力度。

其次，供应商大幅提高了明星单品的销量，同时有了明星餐厅的销售背书。

最后，酒店大大增加了葡萄酒与牛排的销售，客人享受的是实实在在的五五折优惠。

这场促销并没有输家。但是这需要一些硬性条件，比如实力相当的品牌选择，不能太高或太低，酒与餐厅一定是在一个标准线上，另外就是量一定要大，才能谈成足够好的条件。

引导问题 10：若海思酒店的餐厅有非常多的座位，客人有很好的消费能力却因侍酒师忙不过来而减少了很多卖出葡萄酒的机会，针对该情况，你将用怎样的促销方式来提高葡萄酒的销量？

小提示：

针对此类情况可以采取大众促销的方式增加销量。大众促销是指没有针对性的促销技巧，也被称为无差别促销，通常用于人流量较大的餐厅。通常以海报、台卡打折等传统形式呈现。

大众促销活动的具体思路如下：

餐厅人流量大的情况下，侍酒师难以进行一对一服务和销售。大众促销的产品不宜多，三款为最佳，从产品特性与价格上给消费者选择的余地。比如白葡萄酒 299 元，起泡酒 399 元，红葡萄酒 599 元，价格阶梯与品类区别一目了然，客人不需要在做消费决定上做过多斟酌，从而影响最后的消费决定。

另外就是三款酒的类别不同，区分明显，比较容易做好员工培训，在侍酒师不在的情况下，服务员、主管也很容易介绍清楚三款酒的区别，这为同事的工作提供最方便和简单的解决方案。除此之外，打折依然是采用台卡这种比较容易抓住消费者注意力的方式，白葡萄酒 299 元现价 159 元，起泡酒 399 元现价 259 元，红葡萄酒 599 元现价 419 元。让利方式依然可以沿用前面的酒庄、酒商、酒店三方让利法。

引导问题 11：以上的促销活动大多是通过酒店的渠道或者到店客户完成的促销活动，使用大众的传播平台又无法获得精准的葡萄酒客户，你还有什么渠道能够从外部获得更多精准的葡萄酒客户吗？

_____

_____

小提示：

平台或第三方促销：餐厅周、雷司令周、长相思月这种三方平台促销已经非常普及。在你的餐厅周套餐中加上一杯配酒，将很好地提升你的销售额与净利润，同时培养更多的葡萄酒消费者。

五、活动策划

引导问题 12：筹备大型葡萄酒晚宴或活动主要包括哪些内容呢？

_____

小提示：

筹备大型葡萄酒晚宴或活动涉及大量的会展专业的知识，主要包括活动策划与统筹、活动筹备、活动实施与控制等内容。活动策划与统筹通常可以分为有明确主办方的大型宴会和餐厅/侍酒师自行组织和统筹的葡萄酒宴会。

引导问题 13：侍酒师在有明确主办方的大型宴会上的主要工作内容有哪些？

_____

小提示：

侍酒师在有明确主办方的大型宴会上的工作内容更多的是操作层面的筹备工作。大型高端宴会活动，如某上市公司的年度晚宴、慈善晚宴、某跨国银行的年会等。这些活动不乏老年份名庄名酒出现，甚至出现定制名家的伯恩济贫院慈善拍卖会（Hospice de Beaune）单桶酒等情况也不在少数，所以此类活动必定需要侍酒师的团队支持。

此类过百人的大型活动通常会有公司多个部门的协同合作，销售部门的同事谈好活动利润并负责合同签订，宴会部门的同事根据客人要求做好企划，葡萄酒只是作为整个庞大体系中的一个环节（一个相对重要，可以展示出活动水平，同时比较能展示出自身公司水准的环节）。在这种情况下，侍酒师团队做好操作环节的准备工作（Mis en place）显得尤为重要。

引导问题 14：餐厅 / 侍酒师自行组织和统筹的葡萄酒宴会主要工作内容有哪些呢？

小提示：

与有明确主办方的大型宴会不同，餐厅 / 侍酒师自行组织和统筹的葡萄酒宴会情况会相对更加复杂，客人是否对策划活动感兴趣也是自发组织葡萄酒宴会需要考虑的重要事项。

侍酒师的工作除了前期与酒庄的沟通之外，还包括与厨房沟通菜单的制定，活动宣传，服务人员协调等，除了这些运营上的细节之外，侍酒师最重要的是要制定活动的收支损益表。

葡萄酒宴会活动除去人力成本、房租成本、食品成本等固定支出后，这个活动能带来的纯利润是否高于本餐厅日常运营所带来的纯利润也是关键因素之一。因此侍酒师在举办活动的时候可以考虑在保证活动质量的前提下，通过与酒庄或酒商洽谈赞助活动用酒，降低成本，提高活动利润。

六、活动管理

引导问题 15：宴会活动筹备时，如何做好活动用酒的仓储与安保工作呢？

小提示：

活动用酒的仓储与安保是活动前的关键控制点之一。在对接大型宴会时，大批量的客户名庄酒提前到达酒店的案例经常发生。造成这种情况的原因主要分为下列三种情况：

第一，宴会用酒由企业客户直接海外采购，企业客户本身内部系统庞大繁杂，分管单项的部门会提前做好采购，以避免意外发生，酒有可能会提前几周甚至一个月到达活动场地。

第二，客户方非常专业，懂得酒在长途运输后会出现晕瓶的状况，对酒的表现状态产生影响，所以会提前一个月将酒运到活动场地做静置储存。

第三，多酒庄或多国多地采购的酒款，因为采购时间不同，船期不同，清关时间不同，会出现几种酒款分几批次多个时间到达活动场地的情况。

上述情况，都会造成葡萄酒需要仓储空间的问题。对仓储的要求，除了稳定的温度和湿度之外，较大的活动也意味着更大的储藏空间，会对原本的葡萄酒仓储造成极大的压力，所以在活动前需要确定自己的酒窖或仓库具有足够的容积。另外，尽量不要与其他商品混放，因为数量大，存放时间长，有些侍酒师会暂放公司或酒店总仓，又或宴会部冷库房，这些地方虽然有专职的仓库管理员，但是每日进出人流货流非常大，长时间储存难免不出意外，所以不建议混放。若实在没有空间，一定要做好账目交接，以防出现意外，影响活动进程。

引导问题 16：宴会活动实施与控制时，如何做好活动用酒的温度控制工作呢？

_____

_____

小提示：

葡萄酒宴会活动实施前需要做好酒类的控温工作。根据活动当日的天气、是否在户外等因素尽可能准确地预估每一种酒到饮用时的适饮温度。

假设一个宴会活动，第三款使用的是 2010 年一款结构与平衡兼具的波尔多葡萄酒，适饮温度是 16~18℃，即使是冬天，侍酒师也会在宴会开始前 1 小时才从 14℃的酒窖中拿出酒。因为大型宴会的用量，是侍酒师考虑的重要指标，如果过早地拿出一款酒，酒会在人声鼎沸的房间很快升温。这时侍酒师如果再想重新冰酒，不同于单瓶葡萄酒的服务，侍酒师团队可能面临的是将几十瓶打开的红葡萄酒在不弄湿酒标的情况下在短时间内迅速降温，这是非常有挑战的工作。所以提前预估适饮温度是非常重要的准备工作。

引导问题 17：宴会活动实施与控制阶段，如何做好活动用酒的醒酒工作呢？

_____

_____

宴会活动的醒酒部分也不同于平时的一对一服务。主要有两个难点：

第一，活动用酒量的区别，大型宴会的葡萄酒用量动辄 3~5 款，总量上百瓶。如果做一次传统的醒酒，醒酒器的需求数量会非常惊人。

第二，不同于一对一服务，客人自己选择的酒款通常酒液在进入醒酒器之后，酒瓶通常留在客人的桌上展示。大型宴会如果只用醒酒器倒酒，服务过程中要为上百位来宾逐一讲清楚每款葡萄酒标，是非常困难的事情。

所以，大型宴会中会采用回瓶醒酒（Double Decanting）的方式醒酒，即把酒倒进醒酒器，待达到期望状态后，在不污染酒标的情况下，将酒倒回瓶中，之后还是拿原酒瓶服务客人。

回瓶醒酒应注意如下三点：

第一，确保开瓶前，酒的温度适宜，避免温度过低影响香气判断。

第二，提前检查每瓶酒的状态，确保没有木塞污染等情况，否则使用同一个醒酒器做回瓶醒酒的时候很容易交叉污染。

第三，品尝后确定葡萄酒的状态是否适合回瓶醒酒，结构强壮、酒体闭塞需要提前几小时醒酒，结构松散、年份久远的酒款回瓶醒酒需要格外注意醒酒动作的轻柔和醒酒时间的控制。

引导问题 18： 宴会活动实施与控制阶段，需要准备哪些酒具呢？

_____

_____

宴会活动时，酒店需要准备醒酒器、冰车、海马刀、老酒酒刀和纱网等酒具。

引导问题 19： 宴会活动实施与控制阶段，醒酒器有哪些准备注意事项？

_____

_____

醒酒器的使用是为了提高宴会的效率，以及优化宴会后台的使用空间。

大型活动最好使用 U 型或者所谓天鹅形的醒酒器，这种醒酒器倒酒便捷，口细，回瓶醒酒不容易弄脏酒标，直接用于服务也方便掌握，同时比传统醒酒器占用的空间更少。此外，需要精确计算醒酒器的用量，必要时，提前向各部门借用或向租赁公司租赁。

引导问题 20：宴会活动实施与控制阶段，冰车主要有哪些作用？

_____

_____

小提示：

冰车是侍酒师平时不太会用到的大型宴会设备，一般为双层塑胶材质，上面开盖装入冰，像一个装满冰的冰柜，容量比较大，大型号冰车可以轻松容纳 50 支香槟。

根据宴会葡萄酒的需求调整冰车使用方法。首先准备一个大号塑料袋，将需要的酒整瓶放入塑料袋中，将口扎紧。然后将塑料袋放入冰车内，在上面铺满大量的冰块或碎冰，并加上一些水，这样一个巨型的冰桶就做好了。使用的时候只要打开塑料袋自由拿取即可。这样做的好处就是，在不弄湿酒标的情况下，可以为白葡萄酒或香槟快速地降温或储存。

引导问题 21：宴会活动实施与控制阶段，为什么要准备老酒酒刀和纱网呢？

_____

_____

小提示：

在大型活动中准备老酒酒刀和纱网的目的是应对断塞等突发情况。

引导问题 22：宴会活动实施与控制阶段，人员安排方面要注意哪些事项呢？

_____

_____

小提示：

宴会活动实施和控制阶段，要确保有足够的侍酒师进行准备工作与宴会服务。需要确保侍酒师团队成员非常清楚活动流程、客人要求、酒款信息，以及对葡萄酒服务工作的把握。

引导问题 23：酒店或餐厅承接酒展活动时，侍酒师应当做哪些工作？

_____

_____

小提示：

酒展也是酒店或餐厅侍酒师经常会遇到的活动，这种活动通常主办方的计划会比较详细明确。作为侍酒师应竭尽所能地在硬件与服务上积极配合主办方。服务上主要注意每个展台冰桶内冰块的添加与吐酒桶的及时清理。

七、评价反馈

表 4-35　工作计划评价表

工作计划评价项目	分数					
	优	良	中	可	差	劣
	10	8	6	4	2	0
1. 材料及消耗品记录清晰						
2. 使用器具及工具的准备工作						
3. 工作流程的先后顺序						
4. 工作时间长短适宜						
5. 未遗漏工作细节						
6. 器具使用时的注意事项						
7. 工具使用时的注意事项						
8. 工作安全事项						
9. 工作前后检查改进						
10. 字迹清晰工整						
总分						
等级						
A=90 分以上；B=80 分以上；C=70 分以上；D=70 分以下；E=60 分以下。						

表 4-36　卫生安全习惯评价表

卫生安全习惯评价项目	是	否
1. 正确使用规定器具，不随意更换		
2. 器具及材料放于适当位置并摆放整齐		
3. 操作时，集中精神，不嬉闹		
4. 操作过程中不擅自离岗		
5. 不以任何物品或肢体接触运转中的器具或设备		
6. 玻璃器皿等器具摆放之前检查是否干净安全		
7. 根据规定穿着工作服装，符合侍酒师仪容仪表规范		
8. 对工作环境进行规范和整理，保持清洁安全		
9. 随时注意保持个人清洁卫生		
10. 恰当清洗及保养器具		
总分		
等级		

A=90 分以上；B=80 分以上；C=70 分以上；D=70 分以下；E=60 分以下。
每一项"是"者得 10 分，"否"者得 0 分。

表 4-37　学习态度评价表

学习态度评价项目	分数					
	优	良	中	可	差	劣
	10	8	6	4	2	0
1. 言行举止合宜，服装整齐，容貌整洁						
2. 准时上下课，不迟到早退						
3. 遵守秩序，不吵闹喧哗						
4. 学习中服从教师指导						
5. 上课认真专心						
6. 爱惜教材教具及设备						
7. 有疑问时主动要求协助						

续表

学习态度评价项目	分数					
	优	良	中	可	差	劣
	10	8	6	4	2	0
8.阅读讲义及参考资料						
9.参与班级教学讨论活动						
10.将学习内容与工作环境结合						
总分						
等级						
A=90分以上；B=80分以上；C=70分以上；D=70分以下；E=60分以下。						

表 4-38 总评价表

评分项目	单项得分	单项等第	比率（%）	单项分数	总分	等级
1.服务流程			40%			□A
2.工作计划			20%			□B
3.对客沟通			20%			□C □D
4.学习态度			20%			□E
总评	□合格		□不合格			
备注						
A=90分以上；B=80分以上；C=70分以上；D=70分以下；E=60分以下。						

八、相关知识点

酒会策划是侍酒师必备的工作技能。酒会策划可大致分为三个阶段：前期准备、活动执行与后续反馈。

1. 前期准备

首先，要确定酒会的目的，这个目的可以是客户答谢、新品发布或品牌宣传等。有了明确目的的酒会，就有了一定的方向性。以客户答谢酒会举例。

根据酒会目的确定酒会的时间、地点、主要客户群、预计人数、整体要求以及预期效果，并做出相应预算。我们假设把客户答谢酒会的地点定在五星级酒店内，时间选在客户都比较方便的周五或周六晚上，主要针对企业 VIP 大客户，预计 30 人，采用定向邀请的方式，预计可以更好地增加客户黏性，预算是酒店给出的场地费用、食物成本、酒水成本、人员成本、消耗品成本等费用的总和。由于酒会是以答谢客户为目的，所以不售门票，没有收入。

人员安排也可按照前期准备、活动执行与后续反馈三个部分进行划分。筹备团队主要负责酒店的场地安排、菜单与酒单的确定、客户邀请、试菜、设计酒会流程、确定酒会细节、物料准备等工作；活动执行团队可分为接待、主持、发言、翻译、侍酒师、摄像、整体把控等工作；后续反馈可分为客户回访及报道等相关工作。要做到分工明确合理，每项工作都有明确的时间节点。

在筹备团队与酒店确认了场地、菜单与酒单之后，我们可以开始邀请函的制作与酒会流程设计。一份合格的邀请函必须包含酒会的时间、地点、主题、形式、着装要求等信息，并保证所有信息的准确性及邀请函的美观度。

2. 活动执行

活动执行团队按照流程进行，并在酒会结束后清点物料、剩余酒水等；接待人员根据客人情况提供相应服务，如代驾、叫车、酒店安排等。

3. 后续反馈

活动结束后后续反馈团队要及时整理客户名单、进行客户回访、整理活动照片、发表相关报道、评估酒会效果，并计算出酒会总支出。

酒会成功的关键在于细节的准备工作，例如座位的安排、餐具与杯具的选择、客户接送、就餐等，甚至工作人员的一个细微的表情，都会影响客户体验。但是我们也不需要过度紧张，只要按照计划分工与流程进行，保持节奏，时刻将客户利益与体验放在首位，策划一场成功的酒会，并不是什么困难的事情。酒会策划更注重实践得来的经验，从每次的酒会中总结经验教训，只有经过不断的学习与完善，酒会策划才能越来越精彩。

任务六　侍酒师团队管理

一、任务情境描述

侍酒师除了做好对客服务工作之外，随着职级的提升，工作内容逐渐转向侧重团队管理。团队建设与管理需要结合酒店或餐厅的定位来设置职业发展路径，为侍酒师的成长做好规划与培训，做好侍酒师团队的激励工作，为酒店或餐厅的酒水服务质量及管理建设高质量的工作团队。

侍酒师团队管理的过程中应能够符合《葡萄酒推介与侍酒服务职业技能等级标准（2021 年 1.0 版）》和《SB/T10479—2008 饭店业星级侍酒师技术条件》等相关标准要求。

二、学习目标

通过完成该任务，能够根据餐厅定位设置侍酒师岗位类型及数量，能够做好侍酒师团队的沟通与培训，能够做好侍酒师团队的激励等。

具体要求如下：

表 4-39　具体要求

序号	要求
1	能够根据餐厅定位做好侍酒师团队的职业生涯规划。
2	能够针对不同等级的侍酒师工作特点，制定培训方案。
3	能够根据酒店或餐厅特点，制定侍酒师团队激励计划。
4	能够根据不同的激励模式，设计激励方案和奖励计划。
5	能够做好组织和培训侍酒师团队专业知识及各类大赛的工作。

三、任务分组

表 4-40　学生分组表

班级		组号		指导老师	
组长		学号			
组员		学号	姓名	角色	轮转顺序
备注					

表 4-41　工作计划表

工作名称：			
（一）工作时所需工具			
1	6	11	16
2	7	12	17
3	8	13	18
4	9	14	19
5	10	15	20
（二）所需材料及消耗品			
名称	说明	规格	数量

续表

（三）工作完成步骤			
序号	工作步骤	卫生安全注意事项	工作注意事项
1			
2			
3			
4			
5			
6			
注意：现在你已经完成你的作业，请不要着急提交，先思考一下，有没有其他更好的办法呢？有没有遗漏呢？请将你的作业交给老师，然后再开始工作。			

四、侍酒师团队建设

引导问题 1：请介绍一下侍酒师的职业。

_____

_____

小提示：

侍酒师，国际通用名称叫 Sommelier。Sommelier 源于法语，字源是"储存"的意思，即负责存储的人。侍酒师在欧洲有着悠久的历史，在 16 世纪是指给贵族运输和保管葡萄酒的职位，到 19 世纪现代餐饮概念形成后，侍酒师成为在高级餐厅或酒店中服务的一类人群，主要的工作是酒与餐点的搭配、酒的采购、贮藏和看管酒窖。他们也是负责酒单的设计、酒的递送与服务、酒水鉴别、品评、采购、销售、培训餐厅其他服务人员以及酒窖管理的专业人士。

引导问题 2：侍酒师的职业晋升路径是怎样的？

_____

_____

小提示：

侍酒师的晋升路径可以分为五个等级，由低到高依次是：侍酒师学徒

（Apparenti de sommelier）、侍酒师助理（Commis de Sommelier）、侍酒师（Sommelier）、助理首席侍酒师（Assistant de Chef Sommelier）、首席侍酒师（Chef Sommelier）。

引导问题 3： 侍酒师学徒（Apparenti de sommelier）的主要工作内容有哪些呢？

_____

_____

小提示：

侍酒师学徒（Apparenti de sommelier）通常为侍酒师专业的在校学生，在校学习时间为 1~2 年。其中会有两次到餐厅或酒店实习 3 个月的机会。学徒的工作内容通常与侍酒师助理一样，只是学徒时期还不需要独自承担工作的责任，通常会长期跟随侍酒师助理工作，同时由侍酒师助理指导，两人的工作内容没有差别。

引导问题 4： 侍酒师助理（Commis de Sommelier）的主要工作内容有哪些呢？

_____

_____

小提示：

侍酒师助理（Commis de Sommelier）一般为应届毕业生，是正式员工，协助侍酒师工作。其工作内容包括从大酒窖领酒到服务酒柜，帮侍酒师准备所有的用具，擦杯子，当侍酒师卖出高昂价格的葡萄酒时通常需要侍酒师助理去大酒窖取酒（侍酒师不能离开前场），准备客用的物品如杯子、蜡烛、醒酒器等。侍酒师助理在这个岗位上的时间通常只有 1~2 年，通常是不直接面客，欧洲通常拥有非常巨大的酒窖酒藏，侍酒师助理需要时间去熟悉所有的酒款及年份。

引导问题 5： 侍酒师（Sommelier）的主要工作内容有哪些呢？

_____

_____

小提示：

侍酒师（Sommelier）是主要对客的葡萄酒销售及服务人员，其主要工作职责就是对客服务。为客人推荐合适的酒款，为客人推荐合适的配餐，为客人把关每一瓶酒的质量、适饮温度、醒酒的状态等，当然侍酒师也是酒店餐厅最重要的酒水销售人员，要有相当丰富的专业知识和机敏的随机应变能力。侍酒师这个职位是一名侍酒师在职业生涯中最为纯粹的专业工作，几乎所有精力都在专业的侍酒服务与销售上，也是与酒和客人的关系最为紧密的时期，通常侍酒师在服务期间不会离开前场来到后台。这个职位也是侍酒师生涯最有趣的时期，有些侍酒师会因为热爱长久停留在这个职位上选择不晋升。

引导问题6：助理首席侍酒师（Assistant de Chef Sommelier）的主要工作内容有哪些？

_____

_____

小提示：

助理首席侍酒师（Assistant de Chef Sommelier）是首席侍酒师的左膀右臂，首席侍酒师休假或不在酒店时，助理首席侍酒师就是侍酒师部门的最高领导者。这个职位通常是你工作内容最多的时期，因为要帮首席侍酒师执行很多战略工作，同时又要为侍酒师们处理很多琐碎的事情，排班、监督销售业绩、侍酒师请假时要顶一线侍酒师的服务工作，首席侍酒师不在时要顶酒店所有相关的工作汇报会议。总之就是工作量大，工作内容杂，但是却不需要做决策的时期。一名侍酒师在这个职位通常会停留很久，主要原因是晋升通道单一，首席侍酒师职位稀少，但助理首席侍酒师的管理能力、领导力、协调能力与各部门餐厅协作能力等会在这一时期得以大大提升。

引导问题7：首席侍酒师（Chef Sommelier）的主要工作内容有哪些呢？

_____

_____

小提示：

首席侍酒师（Chef Sommelier）除了具备过硬的专业知识以外，还要在行业内有相当的名誉和影响力，通常在业界甚至是世界范围内有过得奖经历或者排名，一名优秀的首席侍酒师可以说是一家餐厅或酒店的招牌。与此同时，在实际工作中又需要首席侍酒师拥有较强的管理能力，战略规划能力，报表分析能力，甚至葡萄酒投资能力。当一名侍酒师成长为首席侍酒师后，就变成了管理级别的领导者，他的工作内容更多会转向幕后，业绩规划、成本控制、收入分析、营销策划、联系组织葡萄酒宴会等都变成

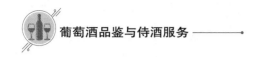

了更加重要的任务。因此，服务期间的对客变成了类似于客户关系维护的性质。

引导问题 8：除了上述的五个等级的晋升路径外，侍酒师还有其他的职业发展空间吗？

_____

_____

小提示：

除了以上五个职位，侍酒师还有如下晋升空间：

第一，酒水总监。在单体酒店或餐厅，酒水总监工作内容与首席侍酒师区别不大，但会监督部分烈酒与鸡尾酒的工作。首席调酒师也在监管范围之列，但通常都是监管大于直接管理。

第二，集团侍酒师或集团酒水总监。随着国内小型精致餐饮集团的崛起，集团侍酒师越来越多地出现在餐饮行业内。集团侍酒师通常会管理多家餐厅或酒店，接受各餐厅的首席侍酒师直接汇报，但工作性质更偏向于顾问与监管，专注于更多的书面工作与供应商管理。

引导问题 9：酒店一般在餐厅中设置哪些等级的侍酒师岗位？

_____

_____

小提示：

通常一个酒店的餐饮部内会有首席侍酒师与助理首席侍酒师各一名。餐饮部的每个餐厅下设置至少一名侍酒师和助理侍酒师，侍酒师向首席侍酒师或助理首席侍酒师汇报工作，同时也协助餐厅经理的工作。侍酒师学徒会根据酒店与合作院校的学生顶岗实习情况来设置。

五、侍酒师团队激励

引导问题 10：侍酒师团队管理过程中，有哪些激励措施呢？

_____

_____

小提示：

侍酒师团队管理的激励通常分为两个方面：一是学术上的激励，其中包括比赛、考试等学术成就。二是收益上的激励，侍酒师是需要在学术上付出极大精力与财力的职业工种，收入与学习效率相辅相成。

引导问题 11： 侍酒师团队管理的学术激励主要包括哪些内容呢？

_____

_____

小提示：

学术是侍酒师工作的最基本要求，也是向客人做合适的酒水推荐，为公司产生效益的基础。

学术激励方面主要是多鼓励团队参加比赛，让团队对自身学术产生更高的要求。若酒店管理规定较为严格，需要首席侍酒师或葡萄酒总监帮助初级侍酒师申请比赛时间，与餐厅经理协调调休时间。比赛如果夺魁，会赢得大量的媒体曝光，对酒店或餐厅本身也起到了至关重要的宣传作用。团队成员夺冠后，会赢得众多国际产区游览的机会，这会让侍酒师身临其境地看到大量的葡萄酒生产环节，有助于理论知识更加扎实。首席侍酒师或葡萄酒总监同样需要帮助获奖侍酒师合理安排年假与出行时间，尽量避免在餐厅高峰季节休假出行。

引导问题 12： 侍酒师团队管理的收益激励主要包括哪些内容呢？

_____

_____

小提示：

收益激励包括传统的销售额提成激励和企业合伙人制度激励两种方式。

引导问题 13： 传统的销售额提成激励是如何设置的呢？

_____

_____

小提示：

侍酒师团队管理中的传统激励模式为提成式，此类激励方式在星级酒店或大型餐饮集团比较常见。当酒水销售超出财务设立的当月销售预算时，侍酒师团队可以得到超出部分的指定百分比作为奖励。

例如，以超出预算部分的 20% 为例，一个三人的侍酒师团队，本月的葡萄酒销售预算是 80 万元，而实际销售为 90 万元，那么奖励给团队的金额就是（90-80）×20%=2 万元。若三人均分，即 6666 元 / 人，若有级别差异亦可阶梯式分成。

引导问题 14： 合伙人制度的团队激励是如何设置的呢？

_____

_____

小提示：

合伙人制度的激励方式比较前卫，更适合创业公司，其根本是借鉴了大型律所与销售公司的合伙人制度。把优秀、有上进心、具备可培养潜力但年轻的侍酒师锁定为潜在合伙人，由股东会制定其潜在合伙人侍酒师的学术、管理及销售的 KPI 绩效系统。其系统必须明确化、明细化，如设立初级合伙人、合伙人、高级合伙人等级别对应不同的分红标准与晋升年限。

表 4-42　侍酒师团队合伙人制度表

级别	晋升年限	学术要求	管理要求	销售要求	享受股权
初级合伙人	1 年	2 次进入中国十强	能够独立管理店铺基本运营	团队销售 1200 万 / 年	2%
合伙人	3 年	2 次进入中国三强	能够独立招募管理自己的团队	团队销售 1400 万 / 年	3%
高级合伙人	5 年	国家级比赛夺冠	能够独立运营单店所有事务	团队销售 1600 万 / 年	5%

当然这只是一个非常直观的例子，现实中的绩效方式和细节要比以上表格复杂得多，但是不难看出合伙人制公司的雏形。随着社会经济的发展，各类创业公司的逐渐增多，侍酒师面临的选择也越来越多。

六、评价反馈

表 4-43　工作计划评价表

工作计划评价项目	分数					
	优	良	中	可	差	劣
	10	8	6	4	2	0
1. 材料及消耗品记录清晰						
2. 使用器具及工具的准备工作						

续表

工作计划评价项目	分数					
	优	良	中	可	差	劣
	10	8	6	4	2	0
3.工作流程的先后顺序						
4.工作时间长短适宜						
5.未遗漏工作细节						
6.器具使用时的注意事项						
7.工具使用时的注意事项						
8.工作安全事项						
9.工作前后检查改进						
10.字迹清晰工整						
总分						
等级						
A=90分以上；B=80分以上；C=70分以上；D=70分以下；E=60分以下。						

表4-44 卫生安全习惯评价表

卫生安全习惯评价项目	是	否
1.正确使用规定器具，不随意更换		
2.器具及材料放于适当位置并摆放整齐		
3.操作时，集中精神，不嬉闹		
4.操作过程中不擅自离岗		
5.不以任何物品或肢体接触运转中的器具或设备		
6.玻璃器皿等器具摆放之前检查是否干净安全		
7.根据规定穿着工作服装，符合侍酒师仪容仪表规范		
8.对工作环境进行规范和整理，保持清洁安全		
9.随时注意保持个人清洁卫生		

续表

卫生安全习惯评价项目	是	否
10.恰当清洗及保养器具		
总分		
等级		

A=90分以上；B=80分以上；C=70分以上；D=70分以下；E=60分以下。
每一项"是"者得10分，"否"者得0分。

表4-45 学习态度评价表

学习态度评价项目	分数					
	优	良	中	可	差	劣
	10	8	6	4	2	0
1.言行举止合宜，服装整齐，容貌整洁						
2.准时上下课，不迟到早退						
3.遵守秩序，不吵闹喧哗						
4.学习中服从教师指导						
5.上课认真专心						
6.爱惜教材教具及设备						
7.有疑问时主动要求协助						
8.阅读讲义及参考资料						
9.参与班级教学讨论活动						
10.将学习内容与工作环境结合						
总分						
等级						

A=90分以上；B=80分以上；C=70分以上；D=70分以下；E=60分以下。

表 4-46　总评价表

评分项目	单项得分	单项等第	比率（%）	单项分数	总分	等级
1. 服务流程			40%			□ A
2. 工作计划			20%			□ B □ C
3. 对客沟通			20%			□ D
4. 学习态度			20%			□ E
总评	□ 合格		□ 不合格			
备注						
A=90 分以上；B=80 分以上；C=70 分以上；D=70 分以下；E=60 分以下。						

七、相关知识点

侍酒师（Sommelier）

侍酒师，国际通用名称叫 Sommelier。Sommelier 源于法语，字源是"储存"的意思，即负责存储的人。侍酒师在欧洲有着悠久的历史，从 16 世纪给贵族运输和保管葡萄酒的职位，到 19 世纪现代餐饮概念形成后，侍酒师是指高级餐厅或酒店中服务的一类人群，主要的工作是酒与餐点的搭配、酒的采购、贮藏和看管酒窖。他们也负责酒单的设计、酒的递送与服务、酒水鉴别、品评、采购、销售、培训餐厅其他服务人员以及酒窖管理的专业人士。

一名优秀的侍酒师不仅要精通以葡萄酒为主的酒类知识，对茶、咖啡甚至是雪茄、餐酒搭配等方面的知识都应广泛涉猎，从而能够更加专业自如地应对工作中的各种问题。在西方国家，几乎所有的中高端餐厅都配有侍酒师，首席侍酒师更是可以比肩厨师长，两者分工协作，分别负责餐厅与酒水、后厨与菜品。

在国内，侍酒师行业起步较晚，中华人民共和国职业分类大典（2022年版）首次将侍酒师（4-03-02-12）列为职业工种。国内侍酒师行业也在快速发展，将会更加专业、更加强大、更加前景广阔、更加有影响力。2017 年香格里拉集团葡萄酒总监吕扬先生成为全球第一位华人侍酒师大师（Master of Sommelier），在国际上展示了中国侍酒师的风采。

侍酒师的职能目标围绕着酒精饮料的购买、储存、库存、销售与服务而来。他们是餐饮业中一个重要的岗位，是餐饮业的行家，也是餐饮企业的管理者，包括客户服务与员工管理，当然也包括自我潜能不断地提升。

在企业管理方面，侍酒师的职能是创建酒单。在安排一个晚宴时，侍酒师同样是酒水的建议者与安排者。侍酒师需要不断地维护与更新酒单，以便符合市场的要求。创立侍酒服务标准与确保这个标准的落实是侍酒师的工作目标。对于西餐厅而言，芝士单的创立与更新维护也是侍酒师的工作职责。侍酒师还要负责餐厅宴会所有玻璃器皿的预算与选择，确保客人所挑选的葡萄酒有正确的杯子使用，让客人用餐享受美酒的时候充满愉悦感。

管理葡萄酒窖是侍酒师工作的重中之重，葡萄酒状态如何，与酒窖环境息息相关。如何做到葡萄酒保存环境恒温、恒湿、避光、避震，需要日常密切细致的观察。侍酒师要做好酒窖内的酒水进出管理，评估库存与采购设置在一个合理的范围之内，酒窖的环境卫生、清洁标准的制定与实施也是必不可少的工作内容。

侍酒师需要与餐厅等前台部门一起举办一些关于提高葡萄酒销量的促销活动，并确保活动的服务质量。同时要做好酒水成本控制，扩大餐饮赢利。

侍酒师在客户服务方面，主要是为客人提供餐酒搭配的建议，确保葡萄酒的侍酒温度，确保使用正确的玻璃器皿，提供专业的醒酒服务，有时候，为增强客户与餐厅的黏性，需要定期举办葡萄酒品尝会与葡萄酒研讨会，以掌握客户对葡萄酒的需求。

侍酒师需要为餐饮员工制定符合餐厅现状的葡萄酒培训课程讲义并实施培训，鼓励与培养大家对于餐饮事业的热爱，为他们提供更多的葡萄酒培训机会。

侍酒师也是一个终身的学习者，应保持谦逊的态度，定期去参加一些行业的品酒会，了解新酒年份、目前市场的新产品，建立与其他侍酒师的关系，多去游历世界著名的葡萄酒的产区，扩大自己的眼界。

参考文献

1.［英］休·约翰逊，［英］杰西斯·罗宾逊.世界葡萄酒地图（第八版）王文佳，吕杨，朱简，李德美，林力博译.北京：中信出版社，2021.

2.［美］玛德琳·帕克特，［美］贾斯汀·海默克.看图学葡萄酒.黄瑶译.北京：中信出版社，2019.

3.［美］尼尔·柏登，［美］詹姆斯·弗莱维伦.葡萄酒及盲品宝典.陈翔宇，梁扬，吴坦，付丹妮译.上海：上海三联书店，2017.

4.［美］埃文·戈斯登.完美搭配.周维译.上海：上海交通大学出版社，2015.

5.［英］简希斯·罗宾逊.品酒：罗宾逊品酒练习手册.吕杨，吴岳宣译.上海：上海三联书店，2011.

6.［英］布莱恩·K.朱利安.葡萄酒的营销与服务（英文版）（第五版）上海：上海交通大学出版社，2020.

7.刘雨龙，［英］Vivienne ZHANG.葡萄酒品鉴与侍酒服务（初级）.北京：中国轻工业出版社，2021.

8.刘雨龙，［英］Vivienne ZHANG.葡萄酒品鉴与侍酒服务（中级）.北京：中国轻工业出版社，2021.

9.刘雨龙，［英］Vivienne ZHANG.葡萄酒品鉴与侍酒服务（高级）.北京：中国轻工业出版社，2021.

10.［瑞士］马丁·埃拉赫，［瑞士］丹尼尔·托姆特，［瑞士］萨布丽娜·凯勒.餐厅服务：世赛培训手册.杨红波，吴臻珍，陈凌，董佳译.昆明：云南科技出版社，2021.

11.www.courtofmastersommeliers.org.

12.www.sommelier-international.com.

13.www.winespectator.com.

14.www.winemaniacs.club.

15.www.wine-world.com.

16.www.decanter.com.

17.winefolly.com.

图书在版编目（CIP）数据

葡萄酒品鉴与侍酒服务 / 王培来，王立进，梁扬主
编. -- 北京：旅游教育出版社，2022.8（2024.1重印）
葡萄酒文化与营销系列教材
ISBN 978-7-5637-4463-3

Ⅰ．①葡… Ⅱ．①王… ②王… ③梁… Ⅲ．①葡萄酒
－品鉴－教材 Ⅳ．①TS262.6

中国版本图书馆CIP数据核字(2022)第125709号

葡萄酒文化与营销系列教材

葡萄酒品鉴与侍酒服务

王培来　王立进　梁　扬　主　编

邢宁宁　杨月其　陆　云　孙　昕　副主编

总 策 划	丁海秀
执行策划	赖春梅
责任编辑	赖春梅
出版单位	旅游教育出版社
地　　址	北京市朝阳区定福庄南里 1 号
邮　　编	100024
发行电话	（010）65778403　65728372　65767462（传真）
本社网址	www.tepcb.com
E - mail	tepfx@163.com
排版单位	北京旅教文化传播有限公司
印刷单位	唐山玺诚印务有限公司
经销单位	新华书店
开　　本	710 毫米 × 1000 毫米　1/16
印　　张	22
字　　数	303 千字
版　　次	2022 年 8 月第 1 版
印　　次	2024 年 1 月第 3 次印刷
定　　价	78.00 元

（图书如有装订差错请与发行部联系）